물리학자와 양자론

새로운 물리를 찾아서

a New Physics
PHYSICISTS AND THE QUANTUM THEORY

바바라 러벳 클라인 지음
차동우 옮김

전파과학사

Acknowledgment is made to copyright holders for permission to use the following copyrighted matterial:

Excerpts and the diagram on page 239 from Albert Einstein, Philosopher-Scientist, Volume I, edited by Paul Arthur Schilpp. copyright 1949, 1951 by the Library of Living Philosophers. now published by the Open Court Publishing Company. La Salle, Illinois.

Excerpts from Rutherford by A. S. Eve, Cambridge University Press. New York, 1939.

Excerpts from the Scientific American in Chapter 13.

Men Who Made a New Physics

The University of Chicago Press, Chicago, 60637
The University of Chicago Press, Ltd., London

새로운 물리를 찾아서
Men Who Made a New Physics

머리말

C. P. 스노(C. P. Snow)가 쓴 소설 『진리를 찾아』에는 한 학생이 강의시간에 교수가 어떤 부분은 그것이 옳은지 그른지 아직 잘 모른다고 한 말을 듣고 나서 보여 준 반응이 묘사되어 있다. 그 학생은 물리학자들 사이에서 서로 의견의 일치를 보지 못하는 문제도 있음을 알려 주는 이러한 암시가 놀라웠다. 예전에는 그런 과학적 논쟁도 있었다는 이야기를 들은 적이 있었지만, 그가 배우고 있는 오늘날의 과학은 마치 과학적으로 권위 있는 사람들이 만장일치로 밀어 주어서 논쟁의 여지가 전혀 없는 것처럼 보였다. 스노는 "과학은…사람이 개입되어 있지 않거나 모순을 포함하지 않은 것처럼 보였다"라고 썼다.

물리학이 밖에서 보는 것처럼 누구에게나 천편일률적으로 똑같지도 않으며 피가 나오지 않을 정도로 냉정하지도 않다는 사실을 알고 나 역시 놀랐다. 나는, 예를 들면 양자론에 대해서 알버트 아인슈타인과 닐스 보어가 벌인 지성적 충돌에 관해 더 알고 싶었다. 양자론은 두 사람이 모두 크게 기여해 탄생된 이론이다.

그래서 조사를 시작했으며, 이 책은 그 뒤로 내가 배운 것들의 결실이다. 구체적으로 말하면, 이 책은 상대론과 양자론의 모양이 갖추어진 기간인 금세기 초반 25년 동안 물리학을 성공적으로 연구한 특별한 개인들에 관한 이야기이다. 나는 양자론이(그리고 상대론도 약간 포함해) 발전해 나간 과정을 중심으로 양자론에 기여한 아인슈타인과 보어를 포함한 특별한 개인들에

6

게 초점을 맞추면서 그들이 어디서 어떻게 연구했는지를, 그들이 어떤 유형의 사람이었는지, 그들에게는 물리학이 어떤 다른 의미를 지녔는지를 이야기하는 것으로 이 책을 구성했다.

과학이 발전한 경로를 이런 식으로 소수의 개인에 의한 공헌과 그들의 생애를 중심으로 구성하면, 과학이 소수인 몇 사람에 의해서 형성되었다는 인상을 전달하게 마련이다. 나는 그러한 왜곡을 될 수 있는 대로 줄이려고 노력했지만, 아주 제거할 수는 없었다. 소수에게 초점을 맞추다 보면 다른 사람들은 그림에 덜 선명하게 나오거나 아니면 아예 그림 안에 들어오지조차 못한다.

나는 필립 프랑크가 쓴 『아인슈타인: 그의 생애와 시대』 그리고 빅토어 F. 바이스코프의 『지식과 경이』를 비롯해 이 책의 마지막에 열거한 논문들과 다른 책들로부터 많은 도움을 받았으며 여기서 감사드리고 싶다. 이 책의 주제에 대해 여러 가지 측면으로 잘 알고 계신 분들도 또한 나를 직접 도와주었다. 그들은 나의 질문에 대답해 주었고 미심쩍은 부분을 선명하게 밝혀 주었으며, 어떤 경우에는 내가 쓴 것을 읽고 비평도 해주었다. 이 책에서 혹시 내가 범한 어떤 오류 또는 내가 지닌 어떤 편견도 다음 분들과 책임을 함께하겠다는 뜻이 아님을 명백히 하면서, S. 헬만 부인, C. 존 부인, H. 파울리, B. 슐츠 부인, A. 보어, G. 가모, S. 구드스미트, D. 그린버그, J. 하일브런, G. 헤베시, M. 클라인, O. 클라인, C. 묄러, R. 오펜하이머, D. 프라이스, L. 로젠펠드, M. 샤모스, 그리고 V. 바이스코프에게 감사를 드린다.

P. 하인은 친절하게도 그의 『익살 물리학 논문집』에서 그림을

베껴도 좋다고 허락해 주었으며, W. 하이젠베르크도 몇 장의
사진을 사용해도 좋다고 허락해 주었다. 코펜하겐의 이론 물리
학 연구소와, 미국 물리학 연구소의 두 부설 기관인 물리 역사
에 대한 닐스 보어 도서관과 『오늘의 물리(Physics Today)』 잡
지사는 여러 가지 방법으로 이 책에 도움을 주었다.

마지막으로 처음부터 격려해 준 R. 펄터와 여러 가지 일에
나의 눈을 뜨게 해준 A. 피터슨, 그리고 충고와 요령을 제공해
준 C. 클라인에게 감사의 말을 전하고 싶다.

차례

첫 번째 마당

어니스트 러더퍼드: 원자핵의 발견

방금 내 예전 논문들을 정리하며 읽어 보았는데,
다 읽고 나서 '러더퍼드란 녀석 정말로 똑똑한 친구셨군' 하고
혼자 중얼거리지 않을 수 없었네.
—Lord Rutherford to Sir. Henry Tizard

오래전 얘긴데, 영국 맨체스터에서 두 물리학자가 그때 나이로 열아홉 살이었던 어니스트 마스든(Ernest Marsden)이라는 학생에 대해서 얘기하고 있었다. "어린 마스든이 실험실에서 제 일을 도운 지도 이제 꽤 오래되었지요"라고 첫 번째 물리학자가 말하면서 다음과 같이 물었다. "그 친구 혼자서 하라고 시켜 봐도 되지 않을까요?"

두 번째 물리학자가 바로 이 연구소 소장인 어니스트 러더퍼드(Ernest Rutherford)인데, 그는 양쪽으로 갈라 빗은 커다란 콧수염을 기르고 큰 체구에 우렁찬 음성을 지닌 정력적인 활동가였다. 러더퍼드는 당시에 맨체스터 대학교에서 물리학을 강의하고 있었으므로 '어린 마스든'을 실험실뿐 아니라 강의실을 통해서도 잘 알고 있었다.

한번은 러더퍼드가 이 어린 친구더러 중요한 실험을 방해했다고 몹시 나무란 적이 있었다. 지난 십 년 동안 러더퍼드는 몇 가지 방사성 원소로부터 항상 방출되는 입자의 정체가 무엇

인지 알아내려고 전력하고 있었다. 그는 이 입자를 '알파'라고 불렀다. 그는 진공으로 만든 유리관 속에 모아 놓은 알파 입자들이 만들어 낸 스펙트럼을 질량 분석기로 조사하고 이것을 사진 건판에 기록해 목표를 거의 달성해 가는 중이었다. 하루는 러더퍼드가 이 실험이 진행되고 있는 실험실에 들어와서 질량 분석기에 가까이 가 보니 실험 기구에 딸린 프리즘이 제자리에 놓여 있지 않았다. 실험실 저쪽에서는 마스든이 광학 집게를 가지고 무엇인가 다른 일에 매달려 있었고 주위에 다른 사람은 아무도 없었다.

마스든은 자기 목 뒷덜미를 갑자기 붙잡는 손길을 느꼈고—그는 그 손길이 우악스러웠다고 말했다—화가 머리끝까지 오른 러더퍼드가 천둥치듯이 고함치며 "너 프리즘 만졌지?"라고 질책하는 우렁찬 목소리를 들었다.

마스든은 침착하게 "아니요"라고 조용히 대답했다. 지난 경험으로부터 그는 조금도 두려워할 필요가 없다는 사실을 잘 알고 있었을 뿐 아니라, 오히려 선생님이 벌컥 화내는 것을 보는 것을 즐기는 편이었다. 아니나 다를까, 누구 짓인지 밝히려고 실험실을 나갔던 러더퍼드는 반 시간도 채 되기 전에 돌아와 마스든 옆으로 바짝 다가앉으면서 미안하다고 사과했다. 그리고는 그들의 연구에 대해서 이야기하기 시작했는데, 처음에는 러더퍼드의 계획을 마스든이 열심히 들었고 다음에는 그에 못지않게 러더퍼드도 마스든이 하는 얘기를 열심히 들었다. 이때 어린 마스든은 누가 선생이고 누가 학생인지 잊고서 열변을 토했다.

러더퍼드의 조수인 한스 가이거(Hans Geiger)가 마스든을 위한 '작은 연구'에 대해 러더퍼드에게 물어 보던 날, 러더퍼드는 자기도 똑같은 생각을 가지고 있었다고 대답하면서 한 가지 실험을 제안했다. 시력이 좋아야 될 뿐 아니라 참을성과 조심성이 필요한 일이었지만 마스든은 충분히 해낼 수 있으리라 믿었다. 마스든의 임무는 과녁을 맞고 튀어 나가는 알파 입자를 관찰하는 일이었다.

1909년 그 당시에는 원자 세계에 속한 입자로는 오직 전자(電子)만 알려져 있었다. 물질의 성질을 설명하기 위해서 물리학자들은 원자 속에 전자가 어떻게 배열될 수 있을 것인가 궁리했다. 이러한 전자의 배열, 즉 원자 모형은 물질이 전기를 띠지 않고 중성이라는 잘 알려진 사실을 설명할 수 있어야 했기 때문에 음(陰)의 전기를 띤 전자를 상쇄하기 위해서 원자 속에는 어떤 형태로든 양(陽)의 전기도 포함되어 있어야 했다. 그 당시에는 전자와 비견할 만한 양의 전기를 띤 입자가 존재하는지 알지 못했으므로 양의 전기가 입자가 아닌 다른 모양, 어쩌면 액체 상태로 원자 속에 들어 있을 것도 같았다. 전자를 최초로 발견한 사람 중의 하나였던 영국 물리학자 J. J. 톰슨(J. J. Thomson)이 바로 그런 생각에 기반을 둔 원자 모형을 제안했다. 톰슨의 원자는 양의 전기로 충전된 액체를 담고 있었으며 이 액체 속에 양의 전기를 상쇄시키기에 딱 알맞은 수의 전자가 들어 있었다. 이 원자 모형은 그때까지 알려진 실험 사실에 근거해서 만들어졌으며 그럴듯해 보였지만 틀림없이 옳다는 증거가 충분하지는 못했다. 많은 사실이 더 밝혀져야 했는데, 그때 바로 러더퍼드의 알파 입자가 그런 사실들을 밝혀내는 데 가장 알맞은 방법으로 생각되었다.

알파 입자는 원자보다 작지만 무겁고(질량이 크고) 방사능 물질로부터 방출된 다음에 대단히 빠른 속력으로 날아간다. 그러므로 인위적인 방법으로 높은 에너지를 지닌(속력이 빠른) 입자를 만들 수 없었던 그때는, 알파 입자가 원자의 모양을 알아내는 탄환 구실을 할 수 있었던 것이다. 러더퍼드는 그가 이름 지은 알파 입자의 정체가 무엇인지 밝히는 일과 더불어 알파 입자를 다른 실험의 수단으로 사용했다. 실험실에서 러더퍼드는 알파 입자들이 원자를 거쳐서 검출 스크린에 충돌하는 장치를 설계했다. 이 장치로부터 알파 입자가 원자의 내부를 통과하면서 지나간 길이 얼마나 휘는지를 관찰할 수 있었다.

이러한 탐구 방법은 마른 풀더미 속에 숨겨진 작은 곡괭이를 찾으려고 풀더미를 향해 탄환을 마구 쏘아대는 것에 비유할 수 있다. 마른 풀을 통과한 대부분의 '탄환은 풀더미 건너편을 향해 똑바로 날아가겠지만, 만일 어떤 탄환이 우연히 곡괭이에 맞는다면 오던 길과 비뚤어지게 튀어서 나갈 것이다. 그래서 만일 풀더미를 향해 곡괭이가 여러 번 맞을 만큼 수없이 많은 탄환을 쏘아댄다면, 비뚤어지게 나오는 탄환의 여러 가지 방향으로 미루어 보아서 곡괭이가 숨겨진 장소나 곡괭이의 모양까지도 알 수 있다.

러더퍼드와 가이거는 원자를 향해 수천 개나 되는 알파 입자를 발사했지만 2, 3도보다 더 많이 휘어 나가는 탄환은 없었다. 알파 입자들이 원자 내부를 지나오면서 이렇게 조금밖에 휘지 않는 것은 원자 속에서 전자와 마주칠 때 받는 전자의 음전기 영향 때문이라고 가정하면 설명될 듯이 보였다.

그런 계산이나 그와 비슷한 계산을 제대로 하기 위해서는,

확률(우연의 법칙)에 관한 수학 이론을 잘 알아야만 한다. 러더
퍼드는 뛰어난 수학자와는 거리가 멀었으며, 그래서 연구 과제
를 고를 때는 수학 해석이 별로 필요하지 않은 것만 주로 골랐
다. 그러나 이제 알파 입자가 휘어져 나온 실험 결과를 해석하
는 문제에 직면하자, 그는 실험실을 떠나 학교로 돌아갔다. 맨
체스터 대학교의 교수인 그의 평소 일과 중에 하나는 학생들을
상대로 물리학을 강의하는 것이다. 그의 강의를 듣던 학생 중
에서 몇 명은 수학 강의실에서도 러더퍼드를 만날 수 있었는데
이번에는 교수가 아니라 그들과 함께 앉아서 열심히 필기하는
같은 학생의 입장이었다.

　수학 강의를 들으면서 러더퍼드는 여러 가지 단계의 확률을
계산하는 방법을 배웠다. 이렇게 배운 것을 토대로 계산한 결
과에 의하면, 알파 입자 한 개가 원자를 지나가면서 전자를 연
달아 만날 수 있는 확률은 무척 작았지만 0은 아니었다. 만일
알파 입자가 전자를 연달아 계속해 만난다면, 그 효과는 알파
입자를 훨씬 더 큰 각도로 어쩌면 45도까지도 휘게 할 수 있
다. 그렇지만 그렇게 전자를 연달아 만날 확률은 정말 얼마 되
지 않았다. 이 작은 확률을 확인하기 위해서는 대단히 많은 알
파 입자를 충돌시켜 보는 수밖에 없었다.

　이것이 바로 러더퍼드가 어니스트 마스든더러 해 보라고 권
한 '작은 연구'였다. 원자 속을 지나온 알파 입자 중에서 큰 각
으로 휘어 나가는 알파 입자가 있는지 감독하는 일이 마스든의
임무였고, 러더퍼드가 나중에 말해 주었지만 모든 증거로 미루
어 보아서 실제로 그런 알파 입자를 찾아내는 것은 불가능할
것으로 생각되었다. 그렇더라도 이 일은 꼭 확인하고 넘어가야

만 했다.

그래서 마스든은 연구소의 어두컴컴한 지하실로 내려갔다. 지하실의 마루 위에는 이리저리 수도관들이 어지럽게 엉켜 있었다. 사람들은 그 수도관에 발이 걸려서 넘어지곤 했다. 그뿐 아니라 천장에도 이마를 찧기에 딱 알맞은 높이에 또 다른 관들이 걸려 있었다. 거기에 러더퍼드의 지시를 따라서 만든 간단한 장치 한 개가 놓여 있었다. 이 장치란 알파 입자를 내보내는 방사능 물질이 담긴 유리관과 과녁으로 사용될 물질, 그리고 검출 스크린이 거의 전부였다. 좁은 틈새를 통과해 나온 알파 입자는 얇은 금속막(마스든은 금을 사용했다)으로 만든 과녁을 지나서 검출기 구실을 하는 형광을 내는 스크린에 부딪친다. 스크린에 부딪친 알파 입자는 희미하지만 반짝이는 빛을 만들어 낸다. 스크린에서 반짝하고 빛난 그 위치가 바로 과녁인 원자를 지나오면서 알파 입자가 얼마나 휘었는지 (만일 조금이라도 휘었다면) 알려 준다. 마스든은 만일 45도보다 더 크게 휘어 나오는 알파 입자가 존재한다면 손쉽게 찾아낼 수 있도록 이 장치를 조금 개선했다.

마스든은 망원경을 통해 희미하게 나타났다가 바로 사라져 버리는 수천 개의 반짝임을 관찰해야만 했다. 실험을 시작하기 전이면 늘 눈이 어둠에 익숙해질 때까지 약 반 시간 정도 기다리는 것이 필요했다.

그래서 연구원들은 어둠 속에 둘러앉아서 가십거리나 농담을 주고받으면서 '실험실 차'를 마시곤 했다. 러더퍼드도 매일 실험실을 돌아보는 일과 중에 가끔 그들과 어울리곤 했다. 그렇지만 그는 반짝임을 세는 데 인내심이 조금도 없어서 단 한 번 시도해 볼 때도 겨우 2분 정도를 채우고 일어나면서 도저히 할 일이 못 된다고 말했다(러더퍼드와는 대조적으로 한스 가이거는 '실험의 귀재'라고 알려졌다. 그는 나중에 자기 이름을 딴 기계를 발명했는데, 이 기계는 알파 입자를 전기로 탐지해 사람이 그 수를 세는 노고를 덜어 주었다). 러더퍼드는 직접 반짝임을 세지는 않았지만, 맨체스터에서 행해지는 모든 연구에 능동적으로 참여했다. 앞으로 연구할 과제를 선정하거나 주어진 문제를 어떻게 풀어 나갈 것인지 계획하는 것 말고도, 실험 장치에서 발생하는 크고 작은 문제를 해결해 내는 사람도 러더퍼드였고 (강의실에서든 실험실에서든) 그들 연구의 목표가 무엇인지 설명해 주는 사람도 러더퍼드였다. 또한 실험 장치가 한 가지라도 망가지면 불같이 화를 내는 사람도 러더퍼드였지만, 연구가 순조로이 진행되면 그가 아는 거의 유일한 노래인 Onward Christian Soldiers라는 곡조를 엉터리로 외치며 의기양양하게 실험실을 오락가락하는 사람도 바로 러더퍼드였다.

마스든이 실험을 다 마치고 나서 몇 달 뒤인 1911년 초에, 매우 신바람 나 있는 러더퍼드가 즐거운 소식 한 가지를 전해 주려고 한스 가이거를 찾았다. 그는 매우 흥분된 억양으로 "이제 나는 원자가 어떻게 생겼는지 알아냈네!"라고 외쳤다.

기대했던 것과는 전혀 어긋나는 일이었지만, 마스든은 금박막을 지나온 수천 개의 알파 입자 중에서 대단히 큰 각도로 휘어져 나온 것을 몇 개 발견했다. 이것들 중에서 한두 개는 90도 이상이나 휘어져 나왔다. 이 한두 개는 알파 입자가 과녁을 향해 들어온 쪽으로 되돌아서 튀어나간 셈이다. 계산을 자세히 해본 러더퍼드는 알파 입자가 원자 내부에서 전자들을 연달아

만난 것만 가지고는 이렇게 많이 휘어진 것을 도저히 설명할
수 없다고 확신했다. 무엇이 이렇게 많이 휘도록 만들었을까?
J. J. 톰슨의 원자 모형은 이 문제에 아무런 대답도 제공할 수
없었다.

　일이 이쯤 되면, 마스든이 발견한 것은 실수 때문이라든지
아니면 어떤 알지 못하는 이유나 불순물 때문에 이렇게 황당한
결과를 가져 왔다고 결론지어도 아무도 이상하게 생각하지 않
을 것이다. 일이 잘못될 수 있는 이유는 무척 많았으며 그렇다
고 그 하나하나를 모두 제대로 되었는지 확인해 볼 만한 가치
는 조금도 없었다. 실험에서 나타난 참된 실마리를 거짓 결과
와 구별해 내는 데 탁월한 재능을 지닌 러더퍼드는 마스든의
실수 때문이라고 결론짓지 않았다. 그는 마스든의 결과를 진지
하게 받아들였다. 원자 내부에 알파 입자와 같이 빠르고 무거
운 탄환을 다시 튀겨 낼 수 있는 무엇이 존재한다는 사실은 마
치 '펼쳐진 창호지 한 장을 향해 직경이 15인치인 포탄을 쏘았
더니 포탄이 창호지를 맞고 튀어나온 것'만큼이나 도무지 믿기
지 않는 일이었다. 그는 즉시 마스든의 결과가 의미하는 것이
무엇인지 알아내려고 궁리하기 시작했다. 무엇이 탄환을 다시
튀겨 냈을까?

　계산에 의하면 탄환은 대단히 강력한 전기장을 지나왔음이
틀림없었다. 그런 전기장은 매우 작은 공간에 밀집된 전하에
의해서만 만들어질 수 있다. 그는 곧 한 가지 가설을 세웠다.
원자가 포함하고 있는 양전기는 J. J. 톰슨이 믿었던 것처럼 원
자 내부에 골고루 퍼져 있는 액체가 아니다. 그 양전기는 원자
중심부에 빽빽이 모여 있으면서 무거운 핵을 이룬다.

이 가설에 기반을 두고, 러더퍼드는 문제를 하나 만들었다. 중심부에 밀집된 전하의 양과 이를 향해 들어오는 알파 입자의 수, 그리고 그 속력을 알 때 가장 잘 일어나리라고 기대되는 산란 형태(알파 입자가 튀어나오는 모양)는 어떤 것일까? 알파 입자가 양전기를 띤 중심부에 충분히 가까이 다가가서 20도, 45도, 60도 또는 90도의 각으로 튀어나가는 알파 입자의 수는 각각 몇 개쯤일까? 그는 자기가 세운 가설을 이용해 이 문제의 해답을 계산하고, 마스든이 관찰한 결과는 물론 그보다 더 이전에 수행되었던 산란 실험들의 결과와도 비교했다. 그랬더니 계산과 실험이 매우 잘 일치했다. 러더퍼드는 방향을 제대로 잡은 셈이었다. 그는 다른 실험 자료와도 비교해 보고서 역시 그의 가설이 옳음을 발견했다. 그래서 러더퍼드는 가이거에게 말한 것처럼 원자가 어떻게 생겼는지 안다고 확신했다. 그렇지만 그 가설은 더 철저하게 조사될 필요가 있었고 그래서 그는 마스든, 가이거와 함께 새로운 산란 실험들을 또 구상했다. 그리하여 이 일이 다 끝날 때까지 그들은 백만이 넘는 반짝임을 셌다.

러더퍼드는 1911년 5월 그들이 함께 발견한 결과에 대한 첫 번째 논문을 발표했고, 이로써 그가 나중에 원자핵이라고 이름 지은 원자의 내부에 존재하는 양전기를 띤 핵의 발견을 공포했다. 산란 실험에 근거해서 그는 원자핵의 크기를 추정할 수 있었다. 원자핵은 원자에 비하면 만 배나 더 작은데, 그것은 강당이 원자라면 실바늘의 머리가 원자핵이라고 비교할 만하다. 그런데 원자가 지닌 질량이 실질적으로 거의 다 원자핵 속에 들어 있다. 원자의 중심부에 자리 잡은 이 매우 작으나 무거운 입자의 바깥쪽은 비어 있는 공간이다. 그 공간 속에 원자핵의 양전기를 상쇄하기에 딱 알맞은 수의 전자가 돌아다닌다.

러더퍼드와 그의 동료들이 이룬 업적으로부터 알게 된 원자 모형은 마치 태양계를 닮았는데, 그것은 태양이 행성을 붙잡아 두는 힘이나 원자핵이 전자를 붙잡아 두는 힘이 동일한 일반 형태로 표현되기 때문이다. 중력과 전기력은 모두 그 세기가 거리의 제곱에 반비례한다. 이로부터 원자핵의 양전기가 잡아 당기는 힘을 받는 전자는 행성이 태양 주위를 회전하는 것과 같은 모양으로 원자핵의 주위를 회전해야 함을 알 수 있다.

원자 세계가 바로 하늘 세계의 축소판이라는 것은 멋있고도 강력한 생각이었다. 그것은 물질에 관해 수많은 중요한 발견으로 이어지게 된 생각이기도 했다. 그렇지만 그것은 아직 시작에 지나지 않았고, 원자가 태양계처럼 생겼다는 모형은 실제로는 근본적으로 옳지 않은 점도 지니고 있었다. 그 옳지 않은 점에 대해서는 다음 장에서 알아보자. 우선은 시간을 다시 거슬러 올라가서, 원자에 대한 초기 연구를 모두 휩쓸었고 그를 아는 사람들이 "추진력을 타고난 사람", "지도력을 갖춘 사람" 또는 "틀림없는 사람" 등으로 묘사한 어니스트 러더퍼드의 업적과 생애를 좀 더 알아보자.

러더퍼드가 원자핵을 발견했을 때 그는 마흔 살이었으며 이미 노벨상을 수상한 뒤였다. 이 상은 방사성 원소가 저절로 성질이 다른 원소로 변한다는 사실을 알아낸 공로로 수여되었는데, 이 발견이 물리학자들로 하여금 원자의 구조에 관심을 갖도록 유도했다. 원자핵을 발견함으로써 그는 원자 구조의 가장

캐번디시 연구소에 도착하기 3년 전 스물한 살인 어니스트 러더퍼드의 모습

실질적인 부분을 밝혀 낸 셈이었다.

　원자핵의 발견에 뒤이은 그의 연구는 극적인 변화를 보이게 되는데, 그는 원자핵의 일부를 떼 내서 인위적인 방법으로 한 원소를 다른 원소로 바꾼 최초의 사람이었다.

　러더퍼드가 이렇게 연달아 성공하는 것을 보고서 그의 물리학자 친구 중에서 한 명이 이렇게 말했다. "자네 참 운도 좋군. 항상 유행의 첨단을 타네 그려!"

　"글쎄"라면서 사양이라고는 조금도 모르는 러더퍼드는 "내가 바로 그 유행을 만드는 사람인 줄 자네 모르고 있었나?"라고

22

물었다.

그런 유행은 러더퍼드가 고향인 뉴질랜드를 떠나 영국으로 향한 뒤 바로 만들어지기 시작했다. 그때 러더퍼드는 주관이 뚜렷했으며, 큰 목소리로 자기 생각을 분명히 말하곤 했고, 과학 문제에서 늘 앞서가는 강력한 추진력을 가졌으며, 돈은 별로 없었지만 몸집이 크고 살갗은 가무잡잡하며 약간 들창코인 스물네 살의 젊은 청년이었다.

그는 성적이 뛰어나 뉴질랜드에서 영국의 케임브리지 대학교에 소속된 캐번디시 연구소에서 대학원 과정을 연구할 수 있는 장학금을 받게 되었다. 이 연구소는 세계에서 처음으로 오로지 물리학 실험만을 위해서 세워진 곳이었는데, 그때 이 연구소의 소장은 J. J. 톰슨으로 러더퍼드가 후에 깨뜨린 원자 구조에 대한 모형을 제안한 바로 그 사람이었다.

영국에 도착하자마자 러더퍼드는 자기 연구를 지도해 줄 사람인 톰슨 교수에게 인사했다. 교수를 포함해 직위란 그때나 나중에나 러더퍼드에게는 별 의미가 없었다. 그는 권위를 좋아하지 않았고, 자신의 특수한 전공에만 관심을 두는 학자는 별로 쓸모가 없다고 생각했다. 그러나 톰슨 교수는(또는 모든 사람들이 애칭으로 부르는 J. J.는) "전혀 진부해 보이지 않았다"고 러더퍼드는 고향으로 보낸 편지에 묘사했다. 톰슨은 친절했고, 아직도 무척 젊었으며(J. J.는 그때 마흔 살이었다), 면도한 모습은 꼴불견이었다. 캐번디시 연구소의 다른 사람들은 이 뉴질랜드 출신의 촌뜨기를 J. J. 톰슨처럼 따뜻하게 맞아 주지 않았다. 케임브리지 대학교에서 러더퍼드와 같은 영국 식민지 출신의 대학원생에게도 문호를 개방한 지가 별로 오래되지 않았으며,

케임브리지 출신들은 신입생과 '장학금'이나 좋은 직장을 함께 나누어 가져야만 했기 때문에 엉뚱한 '침입자'는 별로 달갑지 않았다. 더구나 캐번디시 연구소에서는 J. J.의 절약 정책 때문에 몇 안 되는 실험 장치나 기구를 모두 함께 사용해야만 했다. "캐번디시에서 실험을 준비할 때는 왼손에 실험 장치를 움켜쥐고 오른손에는 칼을 빼 들고 있어야 한다"는 말이 전해져 내려왔다.

뉴질랜드에서 온 이 새내기는 그들과 같은 동네에서 오지 않았을 뿐 아니라 선비의식 또는 계급의식이 강하게 박힌 영국 학생들이 자기와 대등한 신분이라고 받아 줄 만한 어떤 것도 갖추지 못한 형편이었다. 러더퍼드의 가문은 전혀 특별나지 않았다(그의 아버지는 뉴질랜드에서 목재소를 경영했다). 더구나 그는 옷차림새라든지 언행을 조금도 조심하지 않았다. 마지막으로 그는 영국에 가장 나중에 편입된 식민지 태생이었는데, 영국 사람 대부분은 뉴질랜드가 미개한 곳임에 틀림없으며 싸우기 좋아하는 마오리(Maori) 부족이나 키위새 따위가 사는 곳 정도로 짐작하고 있었다.

러더퍼드는 J. J.에게 인사한 뒤에 곧 연구에 착수했다. 그는 다른 많은 캐번디시 학생들처럼 윗사람에게 연구할 제목을 정해 달라고 청하지도 않고 스스로 한 과제를 시작하면서 우선 중요한 장치를 수집하러 돌아다녔는데, 이런 행동이 그의 인기를 올려 주지 못할 것은 뻔하였다. 그는 첫 번째 연구 과제로 라디오 전파를 검출하는 기구를 만들었다. 이것은 전자파가 처음 발견된 지 얼마 지나지 않아 뉴질랜드에서 혼자 힘으로 발명한 원시 형태의 무선 장치였다. 마르코니*처럼, 아니 그보다

24

도 더 먼저 러더퍼드는 이 전자파를 응용할 수 있는 방법을 찾아냈던 것이다.

J. J.도 러더퍼드의 이 연구에 적잖은 관심을 보이자, 고급 연구반에 속한 선배 학생 중에서 몇 명은 러더퍼드의 말을 빌리면 "부러워서 이를 부드득부드득 갈았으며" 그의 연구를 더 이상 훼방 놓지 못했다. 집에 보낸 편지에서 러더퍼드는 "바로 코앞에서 마오리 부족의 전쟁 춤을 춰 보이고 싶은 녀석도 있다"고 썼다.

러더퍼드는 물리학에서 성공하려고 자신을 온통 불태웠다. 만일 그의 연구가 인정받는다면 대학교에서 일할 수 있는 자리를 보장받는다. 그렇게 되어야만 영국까지 오는 뱃삯으로 꾼 돈을 갚을 수도 있으며, 가장 중요한 것은 뉴질랜드에 남겨 두고 온 메리 뉴턴(Mary Newton)이란 처녀와 결혼할 수도 있다.

그는 그녀에게 자주 긴 편지를 보냈는데, 한 편지에서는 자기의 과학 논문 중에서 한 편만이라도 소설이 되어 그녀에게 바칠 수 있다면 얼마나 좋을까라고 썼고, 다른 편지에서는 영국에서 미남으로 보일까 봐 일부러 면도도 자주 하지 않는다고 썼다. 그는 또한 그녀에게 캐번디시에서 굉장히 치열하게 경쟁하고 있다고 말하면서, 너무 많은 과학 벌레들 사이에서 앞으로 떠오르기가 그리 쉬운 일은 아니라고 썼다. 그러나 무척 짧은 기간 안에 그는 바로 앞으로 떠올랐다. 러더퍼드의 생애에

*마르코니(Guglielmo Marconi 1874~1937): 이탈리아 출신으로 라디오의 아버지라고 불리며 헤르츠가 전자파를 발견한 후 1895년 최초로 전파를 볼로냐에서 시작해 1마일이 떨어진 곳까지 보냈고 그로부터 6년 뒤에는 전파가 대서양을 횡단하게 만들었다. 1909년 이러한 공로로 노벨 물리학상을 받았으며, 그의 연구를 이용한 사업도 크게 번창했다.

1. 어니스트 러더퍼드: 원자핵의 발견 25

서 오로지 인정받기만을 위해 애쓴 기간이라고는 별로 없었다.

러더퍼드가 캐번디시에 도착한 후 겨우 두 주일이 지나기도 전에 이미 이 신입생이 '대단히 특출난 능력과 추진력'을 갖추고 있음을 알았다고 J. J.가 나중에 회고했다. 톰슨은 망설이는 일이 없이 단호하고 명료하게 자기 생각을 말하지만 그렇다고 교만하게 굴지도 않는 이 젊은이가 마음에 들었다. 그리고 러더퍼드는 'J. J.의 사교 모임'에 발표자로 초대되어 무선 장치를 선보일 것이라고 자랑하는 편지를 메리 뉴턴에게 보냈다. 발표는 대성공이었고 다른 많은 사람들도 줄이어 그를 초대했다. 그의 무선 장치가 내는 신호의 도달거리가 반 마일 정도로 길어지자, 그는 케임브리지에서 꽤 널리 알려졌다. 그에게 한때는 차갑게 굴던 연구원들이 이제는 무엇이든지 도와줄 일이 없느냐고 물어 왔고 자기들 연구의 속내 얘기까지 해주곤 했다. "세상은 변하는구나"라는 것이 러더퍼드의 느낌이었다. 그는 또한 메리 뉴턴에게 신바람 나서 "요즘 선생님(J. J.)이 여러 과학자에게 연구소에서 자기 학생들이 무슨 일을 하고 있는지 자랑할 때면 으레 나의 경우를 얘기하곤 하시지. 전파의 기막힌 현상들이 선생님을 깜짝 놀라게 해드렸어"라고 적어 보냈다.

러더퍼드 자신은 스스로 발명한 무선 장치가 그렇게 흥분스럽지 않았다. 그래서 X-선에 대한 성질을 연구하는 새로운 계획에 함께 참가해 보지 않겠느냐고 J. J.가 청했을 때, 러더퍼드는 무선 장치로 언젠가는 큰돈도 벌 수 있으리라고 예상했음에도 불구하고 그 장치를 미련 없이 포기했다(그가 옳았다. 러더퍼드가 발명한 장치와 비슷한 것을 개선시킨 마르코니는 돈을 많이 벌었다). J. J.가 계획하는 것 같은 기본 연구가 러더퍼드의 흥미를 끌었다. 그것이 물리학이라고 느꼈다. 그렇지만 무선 장치를 개선하는 일은 단순히 기술에 불과했다.

러더퍼드는 이 결정을 1896년에 내렸다. 바로 그때 빌헬름 뢴트겐(Wilhelm Röntgen)이 정체가 무엇인지 몰라서 'X-선'이라고 이름 붙인 방사선을 발견했다고 발표했다. 다른 많은 중요한 발견이 발표되었을 때와는 다르게, 이 발견은 발표되자마자 큰 반응을 불러일으켰다. 뢴트겐은 X-선으로 자기 손바닥 뼈라든지 나무 상자 속에 숨겨진 쇳조각 따위의 사진을 찍었다. 러더퍼드의 말을 빌리면, 과학자들은 "자기 뼈를 보려고" 뢴트겐의 연구를 되풀이했다. 캐번디시 연구소는 이 발견에 대한 흥분으로 매우 들떠 있었다. 러더퍼드는 메리 뉴턴에게 "모든 사람들의 최대 목표는 누구보다도 먼저 물질에 대한 이론을 발견하는 것이야. 유럽에 있는 거의 모든 교수가 이 경주에 뛰어들었어"라고 말했다.

러더퍼드와 J. J.는 끝내 물질의 이론을 발견하지 못한 채 연구를 마쳤지만, 나중에 원자를 연구하는 데 결정적으로 이용된 X-선의 어떤 한 가지 성질에 대해 배웠기 때문에 그들의 연구가 아주 보람 없지는 않았다. 그 성질은 원래 뢴트겐이 기체에 X-선을 통과시키면 그 기체가 전기를 전달할 수 있도록 변하는 것을 관찰하면서 알려졌다. 이제 러더퍼드와 J. J.는 X-선이 왜 그런 성질을 갖는지 알아냈다. 그것은 다름이 아니고 X-선을 공기와 같은 기체에 통과시키면 X-선과 부딪친 기체를 이루는 입자들이 이온(전기를 띤 입자)으로 바뀌기 때문이었다. J. J. 톰슨은 전자가 지닌 전하와 그 질량을 측정할 예정이었는데, 바로 이 이온을 만드는 X-선의 성질로부터 도움을 받을 수 있었다. 러더퍼드는 또한 바로 그 성질을 연구하면서 방사능에 대한 이해도 넓힐 수 있었다.

그러나 이러한 성공은 두 사람이 더 이상 함께 연구하지 않게 된 더 나중에 생긴 일이었다. 그들의 공동 연구는 단지 여섯 달 정도만 계속되었으며, 둘이서 함께 연구하는 동안에도 실제 실험은 러더퍼드 혼자서 거의 도맡았다. J. J.는 실험 계획을 세우기는 했지만 실험에 직접 손을 대지는 않았다. 그의 아들인 조지 톰슨(George Thomson, 그도 역시 물리학자이며 노벨상을 받음)은 그 이유를 다음과 같이 설명했다. "J. J.는 어찌나 신경이 무딘지…비록 장치의 어떤 결함을 지적해 내는 일은 신통할 정도로 정확했지만, 그가 장치를 직접 만지기 시작하면 만사가 끝장이었다."

그렇지만 러더퍼드는 톰슨과는 대조적으로 실험 솜씨가 아주 좋았다. 그가 만든 장치의 모양은 매우 엉성한 것이 사실이었고 "지상에서는 찾아보기 힘든 꼴불견거리"라고 묘사되곤 했지만, 실험의 목적에는 아주 알맞았다. "장치가 간단할수록 잘못될 확률도 줄어든다"라고 한 동료가 말했다. 러더퍼드가 목표로 향하는 방법은 조금도 복잡하지 않았다. 그리고 별로 큰 힘을 들이거나 막히는 법이 없이 원하는 결과를 얻었다. 그의 다른 동료인 러셀(A. S. Russell)은 러더퍼드의 그러한 능력을 "말하자면 그는 단번에 멀리 떨어진 바늘귀에 실을 꿰 넣는 사람이었지"라고 매우 잘 묘사했다. 혼란스럽게 보이는 수많은 자료 중에서 쓸모 있는 것만 골라내는 능력과 함께 실험 장치를 설계하는 데 보인 그의 탁월한 감각이 물리학자로서 러더퍼드의 가장 위대한 자질이었다. 이 두 가지 모두를 간결하다는 단

28

지 한마디로 특징지을 수 있다.

X-선이 기체 입자를 이온화시키는 성질에 대한 공부가 끝난 뒤에도 러더퍼드는 무선 장치에 다시 손대지 않았다. 그 대신 그는 자기가 습득한 새로운 지식을 활용해 독자적인 연구를 시작했는데, 이번에는 (X-선과 마찬가지로 방사선의 일종이지만 약간 다른) 자외선도 기체를 이온화시키는 성질을 갖고 있는지 조사했다. 이 조사가 다 끝난 다음에는 또다시 방사능 원소인 우라늄에서 방출되는 방사선에 대해서도 똑같은 방법으로 연구하기 시작했는데, 이 연구가 그의 일생에서 중요한 전환점이 되었다.

방사능이 발견된 것은 X-선이 발견된 지 겨우 몇 달이 지나지 않은 때였다. 헨리 베크렐(Henri Becquerel)이 실제로는 X-선에 대한 정보를 더 찾으려고 연구하던 중에, 의도적이었다기보다는 거의 우연히 우라늄에서 투과력이 매우 센 방사선이 나온다는 증거를 발견했다. 베크텔이 자기가 발견한 것을 발표했을 때, 마리 퀴리(Marie Curie)와 같은 주목할 만한 특별한 예외를 제외하면, 대부분의 물리학자가 X-선을 연구하는 데 골몰하고 있었기 때문에 거의 아무도 새 발견에 관심을 보이지 않았으며 그의 실험을 되풀이해 보려는 사람도 없었다. 그러나 그보다 두 해 뒤인 1898년, 마리 퀴리가 우라늄보다 수백만 배나 더 강력한 라듐과 같은 몇 가지 새로운 방사능 물질을 발견했다고 보고하자 사정은 극적으로 뒤바뀌었다. 이제 물리학자는 물론이고 화학자까지도 이 방사능 물질에 굉장한 관심을 보이기 시작했고, 곧 자신을 '방사능 인간'이라고 부르는 과학자 그룹이 형성되었다. 그래서 물리학에서는 방사능이 한동안 열병처럼 유행하며 인기를 끌었고, 그 뒤를 이어서 원자가 그리고 그다음에는 원자핵이 똑같은 인기를 차지했다.

그리고 그 인기의 대상이 새롭게 바뀔 때마다, 러더퍼드가 바로 그 맨 앞에 서 있었다. 그는 딱 알맞은 시기에 딱 알맞은 과제를 골라서 연구했다. 그래서 J. J.와 함께 곧장 방사능에 대해 더 연구할 수 있는 기초 지식을 습득했으며 이 새로운 발견에 도전할 만반의 준비를 갖추어 놓았던 것이다. 그 뒤 얼마 지나지 않아서, 그는 우라늄에서 나오는 방사선이 기체를 이온으로 만드는 성질을 조사하면서 아주 중요한 점을 발견했다. 원소에서 나오는 방사선을 두 가지 서로 다른 형태로 나눌 수 있었다. 한 가지는, 그가 '알파선'이라고 이름 지은 것으로서 물질에 쉽사리 흡수되었고, 다른 한 가지인 '베타선'이라고 부르는 것은 물질 속을 알파선보다 훨씬 더 멀리 투과했다(이보다 1년 뒤에는 다른 물리학자가 앞의 두 가지보다 훨씬 더 멀리 투과하는 세 번째 방사선인 '감마선'을 찾아냈다). 이 방사선들의 정체가 무엇인지를 알지 못했기 때문에, 뢴트겐이 'X-선'이라는 이름을 사용했던 것과 마찬가지로 러더퍼드도 그리스 알파벳의 맨 앞 글자를 따서 '알파'라고 이름 붙였다. 그는 이 방사선들의 진정한 정체가 무엇인지 알고 싶었다.

방사능에 대한 연구가 진행되고 있는 동안에, 러더퍼드에게 좋은 일자리를 제공하겠다는 제의가 들어왔다. 그러나 그 일자리는 못마땅한 점이 한 가지 있었다. 그 일자리란 캐나다의 몬트리올시에 위치한 맥길(McGill) 대학교의 물리학 교수직이었는데, 겉으로 보자면 이 일자리야말로 러더퍼드가 간절히 기다리던 것과 바로 딱 일치하는 그런 기회였다. 그는 (스물일곱의 어린 나이에) 대학교의 교수가 되고 결혼하기에도 충분한 급료를 받을 것이다. 그리고 맥길 대학교를 방문하고 돌아온 러더퍼드는 그 학교가 갖춘 실험실이 "참 멋졌다"고 쓴 편지를 집으로 보냈다. 그렇지만 그는 여전히 망설였다. 그 일자리는 캐번디시를 떠남을 의미했으며, 그것은 또한 이 세계에서 물리학이 벌어지고 있는 바로 본고장을 떠남을 의미했다.

그 당시에는 전 세계의 물리학자를 다 모아도 사백 명이 채 못 되었다. 이 작은 그룹의 거의 대부분이 영국이나 유럽 대륙에 자리 잡은 케임브리지 대학교, 베를린 대학교, 괴팅겐 대학교, 그리고 파리 대학교 등에 속해 있으면서 그곳에서 가르치고 연구했다. 이 대학교들은 서로 멀리 떨어져 있지 않았으므로 물리학자들은 실험을 하면서 나타난 정보를 주고받든가, 또는 실험 결과에 대한 서로 다른 해석을 비교하든가, 아니면 단순히 질문을 주고받기 위하여 서로 자주 만나서 어울릴 수가 있었다. 그러한 만남은 모두에게 중요했다. 그래서 오늘날에도 마찬가지지만 과학 연구에 종사하는 사람은 다른 사람이 이미 해 버린 연구를 공연히 되풀이하는 잘못을 저지르지 않고 다른 사람의 연구로부터 덕을 보려면 빠른 정보의 흐름에 의지해야 했다. 과학 논문집에 출판된 논문만을 읽고서는 맨 일선에서 이루어지고 있는 연구를 제대로 따라갈 수가 없었다. 논문집에 실린 논문이란 연구가 끝난 후 여러 주일 또는 여러 달이 지난 뒤에야 출판되었다. 무슨 일이 지금 일어나고 있는지 잘 알기 위해서는 그 일이 벌어지고 있는 현장에 머물러야 한다.

그러나 맥길 대학교로 간다면, 러더퍼드는 이런 행동이 일어나는 현장으로부터 바다를 사이에 둔 항해를 해야 될 만큼 멀리 떨어져 있게 된다. 유럽과 비교한다면 캐나다와 미국에서는 물리학에 대한 연구가 거의 이루어지지 않는 셈이었다. 단지 몇 사람이 서로 굉장히 멀리 떨어져서 실질적으로 고립된 채 연구에 매달렸다. 과학 논문집은 거의 대부분 유럽이나 영국에서 출판되었기 때문에 미국이나 캐나다에는 뒤늦게 도착했다. 캐나다를 향해 영국을 떠나오면서, 러더퍼드는 한 친구에게 "나는 바야흐로 진정한 세계를 떠나려고 한다"고 말한 적이 있었다. 그는 비록 생활 자체의 진정한 세계가 아니고 물리학의 세계를 의미했겠지만, 러더퍼드와 같은 사람에게는 그 둘이 크게 다르지 않았다(역자 주: 영어 단어 'Physical'이 '실질적인'과 '물리학의'란 두 가지 의미를 지니고 있음을 이용하여서 한 말임).

맥길 대학교에서 러더퍼드에게 교수직을 제의한 것은 J. J. 톰슨의 영향력 때문임이 거의 분명했는데, 러더퍼드는 만일 그가 캐번디시에 그대로 더 머무른다면 J. J.가 또 한 번 물리학의 세계에서 멀지 않은 곳에 일자리를 주선해 줄지 확신할 수가 없었다. 그렇게만 해 준다면 물론 맥길 대학교의 제의를 거절하는 것이 더 현명할 듯싶었다. 러더퍼드는 득과 실을 저울질해 보고 나서 맥길 대학교로 가기로 결정했다. 참고 기다리면서 단지 희망에만 매달려 사는 것은 그의 성미에 맞지 않았다. 사랑할 때와 마찬가지로 그는 실제적인 사람이었다. 그가 일단 맥길 대학교의 교수가 되고 나면, 다른 대학교에 빈자리가 생겼을 때 그 자리의 후보로서도 더 유리할 것이다.

그래서 러더퍼드는 메리 뉴턴에게 다음과 같이 써 보냈다. "나의 사랑, 우리가 결혼할 수 있는 날이 지척까지 가깝게 다가왔으니 함께 기뻐합시다." 그들은 그로부터 두 해 뒤에 결혼했다. 같은 편지에서 다음과 같이 말하기도 했다. "나는 그런 교수 자리를 맡기에는 너무 어려…다 큰 사람들의 연구를 지도한다는 것을 생각하면 우습지만, 모든 일이 잘되기만 빌어. 실험실에서는 네 명의 대학원생들이 공부하고 있는데 그들 중에는 나와 동갑내기도 있어. 그렇지만 어떻게 해서든 잘해 볼 작정이야."

20세기로 바뀌기 몇 해 전에, 러더퍼드는 캐번디시 연구소를 떠나서 (뉴질랜드를 거쳐) 캐나다로 향하는 배에 몸을 실었다. 그는 영국의 한 식민지에서 태어나 영국의 다른 식민지로 다시 돌아가는 셈이었다. 맥길 대학교에서는 교수로서의 직분과 실험실을 어떻게 운영할지를 배우면서, 동시에 그도 역시 베크렐이나 퀴리 등이 속한 방사능 인간 그룹이 풀어내려고 애쓰고 있는 문제를 공략하면서 방사능에 대한 연구를 계속할 참이었다. 그는 유럽으로부터 떨어진 거리가 얼마나 큰 장애가 될지는 알 수 없지만 "경주에는 쉬지 않고 참가"할 것이라고 말했다.

두 번째 마당

어니스트 러더퍼드: 방사능

> 그래, 그것은 멋진 한평생이었어.
> —Lord Rutherford

맥길 대학교의 교수직에 대해 메리 뉴턴에게 보낸 편지에 의하면, 러더퍼드는 자기가 다른 사람을 지도할 수 있는 능력을 가지고 있을지 미심쩍어 하는 것처럼 들렸다. 그러나 막상 그가 교수가 되고 난 다음에는 맥길 대학교의 물리 실험실을 즉시 방사능 연구에 알맞도록 고쳤고, 자기보다 여덟 살이나 더 나이가 많은 조교가 한 일을 보고 "잘했군, 착하네!"라고 칭찬하는 그의 음성을 듣기까지 별로 오래 기다릴 필요가 없었다. 이제 바야흐로 다양하게 그리고 오랫동안 지속된 첨단 연구를 지휘하는 러더퍼드의 생활이 시작되려는 참이었다.

그는 경쟁심이 대단히 강한 사람이었다. 과학이란 '항상 자기의 트랙을 따라서 다른 경쟁자와 함께 벌이는 경주'였다. 그러나 그가 노리는 목표는 상을 타는 것이(비록 그런 상들을 즐기기는 했지만) 아니었다. 러더퍼드는 정열적으로, 아니 심지어 필사적으로 뭔가 새로운 것을 배우고 찾아내려고 발버둥 쳤다. 그래서 교수의 입장에서 강의할 때는 과거에 이루어진 일보다는 자기가 해나가고 있는 연구의 내용을 포함해 현재 진행되고 있는 물리학 분야의 첨단 연구, 즉 아직 해결되지 않은 문제를 다루기를 좋아했다. 그런 결과로 몇 학생들이 불평한 것처럼, 그의 제자들은 꼭 알고 넘어가야 할 기초 분야를 제대로 공부하지 못하기가 일쑤였다. 더욱 기막힌 일은 전혀 기본 지식이나 훈련을 쌓지도 않은 채 그들은 러더퍼드가 풀려고 시도하는 문제를 연구하는 실험실에서 일하도록 강요당하는 것이 보통이었다. 그런 연구 과제가 학생에게는 항상 벅찼고 새로운 문제점이 자꾸 튀어나왔다. 어떤 사람은 문제가 너무 빨리 새롭게 변해서 정신을 차리지 못할 지경이라고 말했다. 러더퍼드는 항상 그들에게 "자세가 해이해지면 안 된다"고 주의를 주었다.

맥길 대학교나 또는 다른 대학교에서 그의 제자였던 학생들은 러더퍼드가 그들을 얼마나 혹독하게 다루었는지에 대해 입을 다물지도 비평을 삼가지도 않았다. "아주 사소한 일을 이유로 러더퍼드처럼 불같이 화를 내는 사람은 본 적이 없어. 비록 나중에 반드시 사과하는 것을 잊지는 않았지만"이라고 말하는 사람도 있었다. 그렇지만 전체적으로 미루어 보면 "야비하다고 생각될 만한 결점은 하나도 갖지 않았으며" 또한 "과학계에서 이미 잘 알려진 유명 인사를 대하는 것과 똑같은 태도로 가장 어린 학생까지도 기꺼이 돌봐주고, 가능하다면 학생에게서도 무엇이든지 배우려 들며" 게다가 "우리가 마치 과학 사회의 바로 중심지에 살고 있는 것처럼 느끼도록 만들어 주는" 러더퍼드를 모두 좋아한다고 말했다. 러더퍼드에게 과학이란 경주 중에 하나였지만 결코 혼자 뛰는 경주는 아니었던 것이다.

러더퍼드의 제자였던 H. R. 로빈슨(H. R. Robinson)은 선생님과 함께 방사능 원소가 들어 있는 농축된 액체 공기에서 순수 방사능 물질만 걸러 내려고 애쓰며 보냈던 긴 토요일 오후를 다음과 같이 회고했다. 그 실험은 러더퍼드가 실수를 저지르는 바람에 성공하지 못하고 끝낼 수밖에 없었는데, 설상가상으로 러더퍼드는 "이 일을 자네가 아니고 내가 했기에 이 정도라도 되었군"이라고 말했다. 둘이서 함께 엉망진창이 된 실험실을 치우면서 로빈슨은 토요일 오후를 헛되게 보낸 것이 어느 정도 씁쓸하게 느껴졌다. 그렇지만 러더퍼드는 전혀 그렇게 보이지 않았을 뿐 아니라 파이프 담배를 만족스러운 듯이 빨면서 "이렇게 연구할 수 있는 실험실조차도 갖추지 못한 친구들은 너무 불쌍하지"라고 말했다.

이 일화는 러더퍼드가 맥길 대학교를 떠난 다음에, 그리고 맥길 대학교에서 수행했던 연구 결과가 그를 일류 물리학자로 만들어 놓은 다음에 일어난 이야기였다. 그는 그 후에 얼마 지나지 않아서 기사 칭호를 하사받고 '어니스트 기사'라고 불렸고 그보다 얼마 뒤에는 다시 작위를 수여받고 '러더퍼드 경'이 됐다. 물리학 사회와 동떨어져서 캐나다에 홀로 고립되어 있었지만 그는 결코 경주에서 뒤처지지는 않았다.

맥길 대학교에서는 그가 영국을 떠날 때 연구하던 제목인 알파선과 베타선의 정체를 알아내는 연구로부터 시작했다. 마리 퀴리와 피에르 퀴리 부부, 헨리 베크렐, 그리고 다른 '경쟁자'들은 이미 '그가 이름 붙인' 베타선의 정체가 무엇인지 밝혀내는 데 성공했다. 처음에 사람들은 그것이 복사선의 한 형태일 것이라고 예상했지만 그 예상은 빗나갔고, 거의 빛의 속력에 가까운 빠르기로 재빨리 움직이는 전자들임이 밝혀졌다. 그렇다면 알파선은 무엇일까? 러더퍼드는 알파선도 역시 빠른 속력으로 움직이는 입자임을 증명해 보일 수 있었다. 그 입자는 베

36

타선인 전자보다 훨씬 더 무거웠으며 양전하를 띠었다. 그런데 그런 성질을 지닌 입자는 아직 알려져 있지 않았다. 러더퍼드는 방사성 원소를 포함한 광석을 보면 예외 없이 항상 헬륨 원소가 지나간 흔적이 남아 있음을 발견하고 나서는 곧 알파선의 정체가 무엇인지 알 것 같기도 했다. 그렇지만 그때는 그가 맨체스터에서 수행한 스펙트럼 실험을 통해 알파 입자가 정말로 양의 전기를 띤 헬륨 원자라고(오늘날에는 헬륨 원자핵이라고 부른다) 의심할 여지없이 증명해 보일 수 있었던 때보다도 10년 전이었다.

방사성(放射性)에 대한 연구는 "알파선의 정체가 무엇인가?"라는 질문과 더불어 다른 많은 의문도 함께 제기했다. 이 의문들 중에서 가장 근본적인 문제는 "방사능과 함께 방출되는 그 엄청나게 큰 에너지는 어디서부터 나올까?"라는 질문이었다. 원자 자체가 이렇게 막대한 에너지를 품고 있으리라고는 도저히 상상할 수 없었던 시기였다. 그래서 일반적으로 방사능 물질은 주위 환경으로부터 아직 알 수 없는 어떤 방법에 의해서 에너지를 흡수할 것이라고 가정했다. 이 가정이 방사능을 명료하게 이해하는 데 오히려 방해가 되었다. 과학자들은 알파선이나 베타선의 성질 등 방사능과 연관된 과정에 대한 자료를 계속 수집해서 쌓아 두고 있었다. 그들은 마리 퀴리가 검출한 것 말고도 또 다른 방사능 물질도 계속해서 찾아냈다. 그러나 새로 발견된 방사능 물질과 거기서 방출되는 방사선 사이의 관계가 무엇인가라는 의문은 잘 풀리지 않았다. 또한 새로 찾아낸 물질이 이미 알려진 원자가 모여서 이루어진 화합물인지 아니면 아직 알려지지 않은 원자로서 전혀 새로운 원소인지조차 알 수 없었다. 실험 결과를 모두 그럴듯해 보이는 한 가지 틀에 맞추는 일이 잘 진척되지 않았다. 다른 말로 표현하면, 방사능에 관한 일반 이론을 아직 만들지 못했다. 러더퍼드와 그리고 맥길 대학교에서 만난 젊은 동료인 프레드릭 소디(Frederick Soddy)가 앞으로 그런 이론을 만들어 내게 될 것이다.

소디는 1900년 러더퍼드와 함께 연구를 시작했을 때 겨우 스물세 살의 청년이었다. 그는 러더퍼드와 마찬가지로 영국에서부터 맥길 대학교 화학과 교수로 부임하기 위해 캐나다로 건너왔다. 러더퍼드는 방사능을 연구하기 위해서 여러 물질로부터 한 가지 원소를 화학적인 방법으로 걸러 내는 과정을 거쳐야 했는데, 이때 화학자의 도움이 절실하게 필요했다. 소디가 회고한 것에 의하면, 그가 맥길 대학교에 도착한 지 몇 주일도 채 지나지 않았을 때 "러더퍼드가 내게 찾아왔다. 나는 그와 함께 일하기 위해서 내가 하던 일을 모두 포기하지 않을 수 없었다. 거의 두 해에 걸쳐서 한 사람이 일생을 다 보내면서도 해 낼 수 없을 정도로 많은 과학에 대한 연구 생활을 쉬지 않고 계속해 나가는데 도무지 정신을 차릴 수 없었다."

소디는 뉴질랜드 출신인 이 선배 교수가 화학을 별로 수준 높은 학문이라고 쳐주지 않고 있음을 알고 있었다. 실제로 러더퍼드는 물리학을 제외하고 다른 모든 자연과학을 시시하다고 생각하는 듯싶었다. 러더퍼드에 따르면 물리학은 그 자체가 다른 학문보다 한 계급 위였다. 물리학은 보편된 진리 등과 같이 큰 원칙을 탐구하는 학문이었다. 러더퍼드가 느끼기에 다른 과학은 미세 부분이나 국부(局部)에 한정된 변화를 조사하는 데 불과했다. 비록 그의 연구를 위해서 '미세 부분'에 대한 소디의 지식이 필요했지만 (그리고 소디의 이론적 능력으로부터 큰 도움을 얻은 것도 사실이지만), 러더퍼드는 그의 동료에게 화학 문제에서 조차 물리학자가 화학자보다 더 잘할 수 있음을 보여 주면서 무척 즐거워하곤 했다.

하루는 러더퍼드가 소디에게 화학적 방법을 전혀 사용하지 않고서도 한 가지 원소를 분리해 낼 수 있음을 보여 주려고 했다. 우선 그는 주위에서 쉽게 볼 수 있는 물질인 이산화토륨을 여러 갤런에 해당하는 굉장히 많은 물에 녹였다. 그리고는 결연한 자세로 그 물질을 물에 녹이기 위해 녹초가 될 때까지 물을 휘저었다. 마지막으로 잘 섞인 이 액체를 끓여서 물을 모두 증발시켰다. 그리고 나서는 매우 흡족한 표정으로 그는 자기 노동의 대가로 얻은 마지막 결과를 소디에게 보였다. 거기에는 새로운 물질이 아주 조금 남아 있었는데, 그것이 러더퍼드가 소디와 함께 곧 발견하게 될 토륨 X였다.

이 두 사람이 정신없이 몰두해서 공동으로 연구한 결과로부터 그들은 잇달아 여러 편의 논문을 발표했는데, 그 논문들이 모두 합해져서 방사능에 대한 이론이 세워졌다. 방사성 원소인 토륨이 지닌(방사능을 내는 정도를 알려 주는) 기체를 이온으로 만드는 성질을 측정하라는 과제를 받은 러더퍼드의 제자 중의 한 사람이 어떤 어려움에 부딪친 결과, 새 이론에 이를 수 있는 첫 번째 실마리가 발견되었다. 기체가 이온으로 변한 정도를 알려 주는 검전기의 눈금이 측정할 때마다 다른 값을 나타내서 어떤 한 가지 측정값에 도달하기가 어려웠다. 그리고 아주 이상스럽게도 그 눈금은 실험실의 문이 열렸는지 닫혔는지에 따라서 영향을 받는 것처럼 보였다. 일이 이쯤 되자 러더퍼드는 이 문제에 큰 흥미를 느꼈다. 그리고 나서 곧 토륨 원소가 (오늘날에는 '토론'이라고 부르는) 방사능을 띤 기체를 방출한다는 사실을 발견함으로써 이 이상한 실험 결과를 설명할 수 있었다. 실험실 문이 닫혔을 때는 이 기체가 토륨 주위에 머물러 있기 때문에 토륨과 이 기체의 방사능이 더해져서 작용했지만, 문이 열렸을 때는 이 기체가 공기의 흐름을 따라서 날아가 버린다는 것이다. 이 발견을 소개하면서 물리학자인 P. M. 블래킷(P. M. Blackett)은 다음과 같이 말했다. "젊은 과학자들은 모두 명심하시오. 실험을 하다가 이상한 결과가 여러 번 반복되면, 그것이 일생에 한두 번밖에 찾아오지 않을 중요한 발견에 이를 수 있는 비밀을 숨기고 있을지도 모른다는 가능성을 놓치지 말도록 주의하시오."

이 발견에 대해 더 자세히 조사해 보니 토론이 토륨으로부터 직접 만들어진 것은 아님이 분명했다. 거기에는 우리가 이미 언급했던 토륨 X가 중간 과정에서 나온 물질로 들어가 있었다. 즉 토륨 자신은 토륨 X로 변한 뒤에 토륨 X가 토론이 되었다. 그렇다면 아마도 방사성 원소는 모두 알파선이나 베타선을 내보내면서 저절로 성질이 다른 원소로 바뀌는지도 모른다. 즉 새로운 원소가 만들어지는 것이다. 그리고 이 새롭게 만들어진 원소도 다시 쪼개져서 또 다른 새 원소가 형성된다. 방사능에서 나오는 에너지는 한 원소가 다른 원소로 변하면서, 즉 전문 용어로 말하면 원소가 붕괴하면서 원자 자체로부터 흘러나오는 에너지인 것이다.

이것이 방사능에 대해 알려진 많은 사실을 설명하는 데 러더퍼드와 소디가 제안한 모형이다. 그들은 방사능 원소를 세 가지의 주된 가족으로 분류할 수 있음을 입증했는데, 하나는 토륨으로부터, 다른 하나는 악티늄으로부터, 그리고 마지막 하나는 우라늄으로부터 시작하는 가족이었다. 다른 모든 방사성 원소는 이 세 원소 중의 하나가 붕괴하면서 만들어진 자손이다. 예를 들자면, 라듐은 우라늄에서 시작해 붕괴해 나가면서 만들어진 원소 중의 하나이다. 그런데 소디와 러더퍼드의 방사능 이론은 한 가지 매우 중요한 점을 빠뜨리고 있었다. 그 이론은 방사성 원자가 언제 입자를 방출하면서 자신을 변화시킬지, 즉 변화가 일어날 시간이 어떻게 정해지는지에 대해 전혀 이야기해주지 못했다. 방출 과정이 일어나게 만드는 까닭이 무엇인지도 알 수 없었다. 방사능 붕괴가 좀 더 빠르게 일어나도록 또는 좀 더 느리게 일어나도록 만들 수 있을지 알아보았지만 그러한 시도도 모두 실패하고 말았다. 뜨겁게 만들거나 차게 만드는 것과 같은 외부 조건도 붕괴가 일어나는 비율에 전혀 영향을 끼치지 못했다. 이 비율은 방사성 원소를 다른 원소와 결합시켜서 화합물을 만들더라도 역시 변하지 않았다. 그리고 원자가 만들어진 지 얼마나 오래되었나 하는 점도 또한 이 비율과는 전혀 무관했다. 라듐이 붕괴하는 비율은 그것이 천 년 전부터 존재해 왔든지 또는 더 무거운 원자로부터 방금 만들어졌든지 관계없이 늘 똑같았다.

방사능 붕괴가 원자 내부의 변화 때문임은 분명해 보였지만 (즉 원자핵이 쪼개지는 것임이 나중에 밝혀졌다), 무엇이 이 변화를 유발시키는지 알 수 없었다. 그래서 이 방사능 이론으로는 어떤 원자가 앞으로 어떻게 행동할지 미리 알 수 없었다. 방사능 붕괴가 일어나는 비율에 대해 조사하면서 러더퍼드와 소디는 어떤 의미로 보험 회사에서 사람의 수명(壽命)을 산출하는 데 사용하는 것과 비슷한 통계 방법을 이용하지 않을 수 없었다. 어떤 특정한 사람이 얼마나 오래 살지는 도저히 미리 알 수가 없으므로, 보험회사에서는 수백만 명의 수명을 근거로 예견표를 만든다. 같은 방법으로, 러더퍼드와 소디는 서로 다른 종류의 방사성 원자들이 붕괴하는 비율을 조사했다. 그 결과 그들은 라듐이 1600년의 반감기를 갖는다고 결론지었다. 이것은 수없이 많은 양의 라듐 원자들 중에서 절반이 1600년 뒤에는 우라늄 가족의 다음 차례에 해당하는 붕괴 산물인 라돈으로 변함을 의미한다. 이 이론은 여러 가지 붕괴 비율을 정확히 알려 주지만, 그것은 굉장히 많은 양의 같은 원자가 모인 모임에만 적용될 뿐이지 어떤 특정한 원자 한 개에 대해서는 아무것도 알려 주지 않는다.

이렇게 붕괴 비율을 처음으로 결정하던 시기에는, 언젠가 앞으로 실험을 통해 "방사능에 의해 원자가 변하도록 만들어 주는 것이 무엇인가?"라는 질문의 해답을 결국 얻을 수 있으리라고 믿었다. 그러나 오늘날 물리학자는 그것이 해답을 갖고 있지 않은 질문임을 알게 되었다. 물리학자는 러더퍼드와 소디의 이론이 그보다 훨씬 뒤에 만들어질 원자 물리학의 효시였다고 생각한다. 원자 물리학은 원자 하나의 행동을 예견하려고 시도하지 않고 동일한 수많은 원자들이 모여 있는 대상의 행동만을 예견한다. 이 책의 뒷부분에서 러더퍼드와 소디의 연구 중 그러한 측면에 대해 알아볼 것이다.

두 사람이 지금부터 반세기 전에 제안한 방사능 이론은 오늘날에도 거의 변하지 않고 그대로 성립한다. 많은 새 이론들이 그 이론에 더 첨가되었지만, 원래 이론 중에서 틀리다고 제거된 것은 하나도 없다. 원자의 내부 에너지라든가 원자의 변환 등과 같이 러더퍼드와 소디가 처음 도입한 개념이 오늘날에는 일상생활처럼 늘 사용되고 있다. 그렇지만 1902년에는 그런 개념이 어떤 사람에게는 매우 야릇하고 도저히 상상할 수 없는 일처럼 들렸다. 1902년이 지난 후 여러 해에 걸쳐서 러더퍼드를 비롯해 많은 사람들이 이 새로운 개념을 뒷받침해 주는 증거를 점점 더 많이 쌓게 되면서 비로소 과학자 사회에서 그것들이 차츰차츰 인정받게 되었다. 그러나 처음에는 화학자나 나이가 많은 물리학자가 그런 생각에 의문을 품었다. 심지어 퀴리 부부까지도 처음부터 그런 생각을 믿지 못했다.

"당시에는 누구든지 나를 공격하려고 했지"라고 러더퍼드는 회고했다. 가장 강력한 반대자 중 한 사람이 유명한 영국 물리학자인 켈빈(W. T. Kelvin) 경이었는데, 그때 그는 여든 살이 넘었다. 켈빈 경은 물체가 식는 법칙을 만든 것으로 유명한데, 그는 오래전에 그 법칙을 적용해 지구의 나이를 계산해 보았다. 그런데 이제 러더퍼드는 만일 방사능과 함께 나온 원자의 내부 에너지까지 고려한다면 지구가 식는 데 걸린 기간이 켈빈이 전에 계산했던 기간보다 훨씬 더 길 것이라고 주장했다. 러더퍼드는 새 방법을 이용해 지구의 나이를 다시 계산했다. 그는 라듐과 우라늄을 포함하는 광석에 남아 있는 헬륨의 양을 측정했다. 우라늄 가족이 (러더퍼드가 헬륨이라고 가정한) 알파 입자를 내보내면서 붕괴하는 비율을 이미 알기 때문에, 그 광석이 농축된 형태로 얼마나 오랫동안 존재해 왔는지 계산할 수 있었다.

켈빈은 자신의 이론이 여전히 옳다고 방어하면서, 방사능에 대한 새 이론은 완전히 엉터리라고 주장했다. 그는 라듐이 원소가 아니고 납과 헬륨이 결합해 만들어진 분자 형태의 화합물이며 '에테르 파'를 흡수해 그 에너지를 얻는다고 설명했다.

러더퍼드는 물리학 학술회의에 참석하고자 영국을 방문했을 때 오랫동안 학문적으로 그의 앙숙이었던 켈빈 경을 직접 만났다. 러더퍼드는 "켈빈 경은 하루 종일 쉬지 않고 거의 라듐에 대해서만 계속해 말했지. 나는 정말이지 자기가 잘 알지도 못할 뿐 아니라 알려고 노력조차 해 보지 않은 문제에 대해서 그렇게 뻔뻔스럽게 이야기할 수 있는 배짱을 보고 놀라지 않을 수 없었어"라고 쓴 편지를 아내에게 보냈다.

그 당시에 과학자들은 저녁에 손님을 초대하면 흔히 응접실에서 새로 발견된 방사능 원소를 가지고 여러 가지 놀이를 벌이며 즐기곤 했는데, 러더퍼드는 회의 기간 중에 한 파티에서 라듐을 이용해 어떻게 형광 물질이 어두운 곳에서도 빛을 내도록 만들 수 있는지 직접 보여 주었다. 켈빈 경도 그 자리에 참석해 그 광경을 보았다. 러더퍼드는 집으로 보낸 편지에 "켈빈 경이 얼마나 좋아했는지 알겠어?"라고 쓰고서 "내가 그에게 준 작은 형광 물질 몇 개를 가지고 몹시 좋아하면서 자러 들어갔지"라고 마치 어린아이를 달래는 아빠처럼 덧붙였다.

러더퍼드가 쓴 편지들을 살펴보면 젊은 뉴질랜드 출신의 대단한 자신감은 명성을 날리는 물리학자 한 명이 그의 이론을 반박했어도 아무런 영향을 받지 않았으나, 어떤 비평은 그를 무척 화나게 만들었음을 알 수 있다. 러더퍼드의 친구들 중에서 가장 친한 친구들은 화학자들이라고 말해도 거의 손색이 없

44

었다. 그 화학자 친구들 중에서 한 사람이 예일 대학교 교수이며 역시 방사능을 연구하는 버트램 B. 볼트우드(Bertram B. Boltwood)였다. 이 두 사람은 자주 편지를 주고받았는데, 한 번은 러더퍼드가 이 화학자 친구에게 어떤 과학 논문집에서 자기 이론이 실험에 의거한 증거에 충분히 뒷받침되지 못했다고 반박하는 논문을 읽고 있다는 편지를 보냈다. 이때 러더퍼드는 화가 머리끝까지 치밀어서, "그 논문을 쓴 사람은 완전히 바보이고 화학자 출신임에 분명하다고 믿네"라고 말했다. 그러나 문득 볼트우드도 화학자임을 기억해 내고는 "미안하네, 자네를 두고 한 말은 아니야"라고 덧붙이고 나서, "그 논문을 쓴 사람은 내 이론이 기체의 운동론만큼이나 많은 증거를 갖고 있으며 …그들이 영원불변의 진리라고 믿는 전자기 이론보다 더 확고하게 옳다는 사실에 대해서 눈곱만큼도 모른다"고 했다.

그렇지만, 그의 새 이론은 그로부터 얼마 후에 널리 인정받게 되었으며, 러더퍼드는 상을 받기 위해서 다른 물리학자처럼 20년씩이나 또는 그 이상 기다리지 않아도 되었다. 그는 상, 특히 금메달 따위를 받는 데 큰 신경을 쓰지는 않았지만 1908년 「원소의 붕괴와…방사능 물질의 화학에 관한 연구」에 대한 업적으로 노벨상을 받게 됨을 알았을 때 무척 기뻐했다. 그는 자기 어머니에게 "노벨상은 명예와 부를 함께 주므로 매우 받을 만한 가치가 있습니다"라고 써 보냈다.

그렇지만 그가 받은 상이 노벨 물리학상이 아니라 화학상이었다는 점이 그의 가치관으로는 좀 꺼림칙했다*. 노벨상 수상

---

*당시에는 원소에 관계된 연구들은 모두 화학이라고 여겼으며 따라서 러더퍼드에게 노벨 화학상이 수여되었다. 오늘날에는 사정이 크게 바뀌었다.

식에서는 모든 수상자들이 연설하는 것이 관례인데, 러더퍼드
에게 차례가 돌아오자 그는 방사능을 연구하면서 한 원소가 다
른 원소로 변하는 모양을 많이 관찰했지만 자신이 물리학자에
서 화학자로 변신한 것만큼 빨리 변하는 것은 보지 못했다고
따끔하게 침을 놓았다.

러더퍼드는 서른다섯 살에 영국으로 돌아왔으며, 그 뒤로는
다시 영국을 떠나지 않았다. 그는 맥길 대학교에 머무르면서
몇 가지 조건을 두루 갖춘 교수직을 찾았다. 그중에서 가장 중
요한 조건은 물리학의 중심지인 유럽에서 가깝고 좋은 실험실
을 갖출 것이었다. 맨체스터 대학교에서 이 두 가지 조건을 모
두 겸비한 제의를 보내왔다. 그리고 앞에서 본 것처럼 그곳에
서 원자핵이 발견되었다.

원자핵은 1911년에 발견되었는데, 1914년에 제1차 세계 대
전이 일어난 후로는 맨체스터 대학교에서도 거의 모든 연구가
중지되었다. 마스든은 영국 편에서 그리고 가이거는 독일 편에
서 싸웠다. 러더퍼드의 제자 중에서 가장 촉망받던 H. G. J.
모즐리(H. G. J. Moseley)는 갈리폴리 전투에서 전사했다.

1911년에서 1914년까지의 짧은 기간은 맨체스터 대학교의
황금기에 해당한다. 새 원자 모형의 결과가 무엇을 의미하는지
추적하는 실험이 진행되면서 많은 발견이 '거의 일주일에 한
번꼴로' 발표되었다고 전해진다. 덥수룩한 콧수염을 단 크고 붉
은 얼굴의 뉴질랜드 출신인 러더퍼드가 매일같이 실험실을 돌
아볼 시간이면 Onward Christian Soldiers 곡조는 엉터리지
만 우렁차게 건물 안에 울려 퍼졌다.

심지어 반 농담으로 화학이 물리학의 한 분야가 되었다고 말한다.

오후에 차를 마시는 휴식 시간이면 러더퍼드와 그의 연구원들은 현재 진행되고 있는 일을 토의하고 다음에 할 일을 결정짓곤 했다. 이렇게 매일 모이는 시간에 새로운 생각들이 매우 자유롭게 교환되었다. 보통 어떤 사람이 새로운 생각을 남에게 발설하면, 그 생각을 다른 사람이 더 빨리 진행시켜서 공을 가로챌까 조심하지만, 이때는 그런 걱정을 조금도 할 필요가 없었다. 원자핵이 발견된 까닭에 탐구해 나갈 광대한 새 세계가 펼쳐져 있었다. 누구든지 모두 좋은 아이디어를 가지고 있었다. 마스든은 "누가 어떤 일을 연구하고 발표하느냐에 대해서는 아무도 개의치 않았다. 어느 누구에게든지 골라잡을 수 있는 좋은 과제가 무진장 쌓여 있었고 아무도 어떤 특별한 주제에 매달리지 않았다"라고 말했다.

그러나 맨체스터 연구소를 벗어나면 사정이 매우 달랐다. 새 원자 모형이 포함하고 있는 것이 무엇인지를 탐구하려는 물리학자가 별로 없었다. 사람들이 러더퍼드의 연구에 무관심했던 책임은 어떤 면에서 러더퍼드 자신에게 있었다. 그는 자기 논문에서 그의 연구 결과가 얼마나 중요한지 보여 주는 데 실패했다. 그는 자신이 수행한 충돌 실험의 결과에 의하면 원자 내부에는 원자핵이 있다고 결론지어진다고 발표했을 뿐이었다. 그는 원자핵이 얼마나 중요한 존재인지 강조하지 않았다. 예를 들면 원자핵이 발견된 후에 만들어진 새 모형에 의해서 원소가 지닌 화학적 성질이 얼마나 잘 설명될 수 있는지 보여 주려고 시도하지도 않았다. 그런데 J. J. 톰슨의 원자 모형은 원소의 화학적 성질 중에서 몇 가지를 실제로 잘 해결해 주었다. 물리학자 중에서 알파 입자 산란에 대해 관심을 가지고 지켜보는

ULLSTEIN

두 제자들 사이에 선 어니스트 러더퍼드 왼편에 선 사람이 E. T. S. 월턴 (E. T. S. Walton)이고, 오른편은 J. D. 코크로프트(J. P. Cockcroft)이다. 이 사진은 1930년대 초기에 캐번디시 연구소에서 코크로프트와 월턴이 러더퍼드의 지도 아래 인위적으로 가속시킨 원자에 의해서 처음으로 원자 핵을 변환시키는 데 성공하고서 찍은 것이다.

사람은 러더퍼드가 원자 내부에 원자핵이 존재함을 알려 주는 증거를 발견했음을 알았다. 그러나 그와 같은 문제에 관심을 갖고 지켜보는 물리학자가 별로 많지 않았다.

당시에는 그런 종류의 연구에 흥미를 느낀 사람이 무척 드물었다. 원자에 관해 믿을 만한 결론에 도달할 수 있기 위해서는 실험에 의해 광대한 양의 증거가 모아져야만 했다. 그러나 그런 증거가 별로 없었고 (아니면 없다고 생각되었고) 그런 증거를 얻을 수 있으리라는 전망도 밝지 못했다. E. N. da C. 안드라

제(E. N. da C. Ardrade)에 의하면, 그때의 물리학자는 원자가 너무 단단해서 실험에 의해 원자 속으로 들어가는 것은 행성에 도달하는 것만큼이나 기대하기 어렵다고 믿었다. 1911년에 "다른 행성에도 생물체가 존재할까?"라고 묻는다면 그것은 무모한 질문이었다. 그것은 "원자는 어떻게 생겼을까?"라고 묻는 것만큼이나 쓸데없다고 여겼다. 그런 점에 대해서는 아직 모두가 너무 몰랐다.

그리고 나서 1913년 사정을 극적으로 바꾸어 놓은 사건이 벌어졌다. 러더퍼드의 제자 중에서 한 사람이 근본적인 문제를 풀었는데, 그렇게 함으로써 원자 내부에 들어갈 수 없다는 물리학자들의 생각이 옳지 않았음을 분명하게 보여 주었다. 원자의 구조와 행동을 정확하고 자세하게 알아낼 수 있는 방법이 존재했다. 이 학생의 연구 결과로부터 원자에 관한 과학을, 오늘날 우리가 사용하는 것과 같은 정확한 방법인 수치를 이용해 정량적으로 풀 수 있는 길이 열렸다. 1913년을 출발점으로 해 여러 해 동안에 걸쳐서 원자에 대한 연구가 물리학에서 가장 널리 연구된 분야였으며, 제자 덕택으로 다시 한 번 러더퍼드가 이 유행의 맨 앞을 이끌었다.

그 학생의 이름은 닐스 보어(Niels Bohr)였다. 그는 케임브리지 대학교에서 저녁 파티가 열렸을 때 러더퍼드를 처음 보았다. 그것은 매년 열리는 캐번디시 연구소 만찬 파티였는데 J. J. 톰슨과 그의 제자들이 이미 졸업한 제자들과 함께 만나서 연설하고 먹고 마시고 농담하고 노래하는 와자지껄한 잔치 마당이었다. 그때 보어는 J. J.의 제자였다. 러더퍼드가 16년 전에 그랬듯이 보어도 캐번디시 연구소의 훌륭한 연구 업적에 이

끌려서 자기 나라(보어의 경우에는 덴마크)에서 영국으로 건너왔다.

저녁 파티에서 젊은 덴마크 출신 학생은 과학사에서 가장 경이로운 한 가지 장치를 극찬하는 러더퍼드의 우렁찬 목소리를 들었다. 그는 C. T. R. 윌슨(C. T. R. Wilson)이 새로 만든 안개상자에 대해 얘기하고 있었는데, 이것은 X-선이나 방사선 등이 만들어 내는 이온화 과정을 직접 눈으로 관찰할 수 있는 기구였다. 보어는 나중에 이 뉴질랜드 사람의 '매력적이고도 강력한' 개성에 깊은 감명을 받았다고 고백했다.

맨체스터 대학교로 돌아온 뒤 얼마 오래 지나지 않았을 때, 러더퍼드는 그의 친구인 볼트우드에게 보낸 편지 속에, "덴마크 출신의 보어라는 친구가 방사능 연구에 참여하려고 케임브리지 대학교를 떠나 우리 학교로 왔다네"라고 적었다.

이 젊은 친구는 원자핵이 발견된 지 겨우 몇 달 뒤인 1912년 이른 봄에 맨체스터 대학교로 옮겼다. 이곳에서는 많은 학생들이 열광적으로 새 발견이 만들어질 때마다 얻을 수 있는 새로운 결과를 추구하고 있었다. 그러나 실험실에서 진행되고 있는 연구에 '합류'하라는 러더퍼드의 지시와, 보어 자신이 실험을 좋아했으며 바로 그런 실험을 하고 싶어서 맨체스터로 옮겼음에도 불구하고, 그는 스스로 '좋은 과제'를 찾아서 실험을 시작하려고 들지 않았다. 그는 원자핵이 암시해 주는 가능성 중에서 한 가지를 풀어 보려고 시도하는 대신에, 오히려 그것이 암시하고 있는 불가능성에 대해서 생각하려 들었다. 우리가 전에 암시했던 것처럼 새로 발견된 원자핵에 근거한 원자 모형, 즉 원자를 축소된 태양계처럼 묘사한 모형에는 무엇인지 옳지 않은 구석이 있었다.

그 모형에 의하면 전자는 반대 부호의 전기를 띤 원자핵에 이끌린다. 그러므로 전자는 태양계의 행성처럼 태양의 자리에 놓여 있는 원자핵의 주위로 타원 궤도를 그리며 움직인다. 그러나 움직이는 전자란 불가능하다. 왜? 그 까닭은, 전기에 관한 법칙에 의하면 움직이는 전하는 꼭 전자기 방사, 즉 빛을 만들어 내야만 되기 때문이다. 움직이는 전자는 늘 쉬지 않고 방사를 만들어 낼 것이다. 따라서 모든 원자가 항상 빛을 내보내야만 된다. 그러나 우리는 흔히 겪는 보통 조건 아래 놓여 있는 물질이 빛나지 않음을 잘 알고 있다.

이것이 태양계 모양의 원자 모형이 지닌 한 가지 결점이었으며, 이것과 긴밀히 연관되는 다른 결점 또한 가지고 있었다. 다시 말하지만, 움직이는 전자는 빛을 내보내야만 한다. 그렇게 빛을 내보낸다는 사실은 전자가 에너지를 잃음을 의미하며 따라서 나선형을 그리며 원자핵 쪽으로 빨려 들어가야 된다. 그것은 마치 인공위성이 공기의 마찰 때문에 에너지를 잃고 나선형을 그리며 지구로 다시 떨어지는 모양과 마찬가지이다. 인공위성이 지구로 다시 떨어지는 데 걸리는 시간은 몇 주일에서 몇 달 정도이지만, 전자가 원자핵으로 떨어지는 데는 1초보다도 훨씬 더 짧은 시간이 걸릴 것이다. 그렇다면 원자라는 것 자체가 존재할 수도 없으며 오직 원자핵만 존재해야 한다. 원자의 구조를 대표한 모형이 동시에 그 구조를 가질 수 있는 가능성을 부정한다. 이것이 바로 닐스 보어가 풀려고 시도한 문제였으며, 그것을 풀어냄으로써 그는 오늘날 원자 물리학이라고 부르는 것으로 발전된 과학의 한 분야를 세웠다.

 뒷장에서 우리는 다시 보어와 그가 발견한 원자 모형의 풀이, 그리고 그의 생활에 러더퍼드가 어떤 영향을 끼쳤는지에 대해 설명하기 위해 다시 돌아올 것이다. 지금은 원자핵 때문에 생긴 문제점들을 한쪽으로 미루어 놓자. 그 이유는 그런 문제점들을 해결하기 위해서는 '양자론'이라고 부르는 개념을 이해해야 되는데, 우리는 아직 그 개념을 소개하지 않았기 때문이다. 보어가 원자의 경우에 이 이론을 적용했을 때가 이미 그것이 제기된 지 13년이 지난 뒤였는데, 따라서 보어는 양자론이 물질의 근본 구조와 긴밀한 관계가 있음을 보여 준 셈이 되었다.

 다음 장에서 우리는 막스 플랑크(Max Plank)에 대해 이야기하기 위해 시간을 거슬러 올라갈 것이다. 그는 복사에 관한 문제를 풀려고 끈질기게 노력해 결국 양자라는 개념을 제안한 사람이다. 앞으로 설명할 것이지만, 그는 매우 이상한 방법으로 그의 발견에 도달했다. 그래서 어쩌면 그 개념으로 끌려 들어갔다고 말하는 편이 더 정확할지도 모른다. 플랑크에 대해 설명하고 난 뒤에도 우리는 맨체스터 대학교에서 일하는 닐스 보어에게로는 다시 돌아오지 않을 것이고, 플랑크의 양자 이론을 확장했으며 이 책에서 한 번 이상 등장할 사람인 알버트 아인슈타인(Albert Einstein)을 먼저 소개할 것이다.

 이렇게 시간을 거슬러 올라가고 장소도 영국이 아니라 플랑크나 아인슈타인이 태어난 독일로 옮기면, 우리는 앞에서 제기한 원자 문제뿐 아니라 어니스트 러더퍼드가 뛰어나게 잘했던 물리학의 분야라는 동떨어진 곳으로 인도될 것이다. 이제 우리는 원칙적으로 실험을 수행하지 않고 "물리 이론이란 무엇인

가?"라는 따위의 의문에 매달리는 이론 물리학자에게 관심을
돌릴 것이다. "그런 이론을 만든 사람은 연구를 어떻게 진행시
켜 나갈까?" 이제 우리가 닐스 보어에게로 다시 돌아오면, 그
가 어떻게 플랑크와 아인슈타인의 연구로부터 출발해 원자 이
론을 이끌어 냈으며 어떻게 그 이론이 확장되고 수정되어 오늘
날 쓰이는 것과 같이 만들어졌는지 알 수 있게 될 것이다.

세 번째 마당

막스 플랑크: '절대적인 것'에 대한 추구
—엔트로피 법칙

> 새로운 개념을 창안한 사람은…예외 없이
> 새 진리를 발견하는 것보다 훨씬 더 힘든 일이
> 다른 사람들은 왜 자기를 이해하지 못하는지 알아내는 것임을
> 발견한다.
> —Hermann von Helmholtz

  어니스트 러더퍼드가 물질을 구성하는 것의 정체가 무엇인지 조사할 수 있는 방법을 고안하고 있던 때와 비슷한 시기에, 다른 실험학자들은 복사(역자 주: 뜨거운 물체에서 나오는 빛)를 측정하는 기술을 개선해 나가고 있었다. 그들은 거의 완벽한 발광체를 만들었다. 발광체란 높은 온도까지 가열되면 어떤 주어진 제한 아래서 나올 수 있는 모든 파장(역자 주: 빛 또는 복사는 파장과 진동수로 특징지어지며, 이 둘을 곱하면 광속 c가 된다)을 다 포함한 복사를 내보내는 물체를 말한다. 그들이 만든 '검은 물체 복사'라고 부르는 발광체가 낸 빛은 우리가 얻을 수 있는 가장 넓은 스펙트럼(역자 주: 빛을 프리즘에 통과시키면 생기 는 여러 가지 색깔로 펼쳐진 띠)을 지니고 있다고 알려졌는데, 여러 가지 종류의 조명 기구를 개발하는 표준으로 사용되었다.
  실제 생활에 응용하는 문제를 떠나서, 순수하게 학문적 입장

에서 관심을 갖고 있던 과학자들도 또한 검은 물체가 내보내는 스펙트럼에 흥미를 느꼈다. 스펙트럼을 이루는 여러 색깔의 밝은 정도가 그 복사에 존재하는 에너지 세기를 알려 준다. 검은 물체의 경우에는, 빛을 내는 물체가 어떤 물질로 구성되었는지 또는 물체의 표면이 지닌 조건 등에 전혀 영향을 받지 않고 물체가 내보내는 복사 스펙트럼이 정해진다. 그래서 검은 물체 스펙트럼은 순수하고 이상적인 경우에 해당한다. 만일 이상적인 경우에 에너지가 파장에 따라 어떻게 분포되는지 설명하는 이론을 알아내면, 모든 경우에 복사 과정이 어떻게 일어나는지를 알 수 있게 된다. 그런 이유 때문에 여러 명의 물리학자들이 검은 물체 문제를 연구의 대상으로 삼았다. 당시에 알고 있던 열과 빛에 대한 이론에 근거한 가정으로부터 시작해, 그들은 검은 물체 스펙트럼에서 관찰되는 에너지 분포를 설명할 공식을 유도하려고 노력했다. 그러나 그들의 시도는 모두 실패로 끝났으며, 이 실패가 '자외선 재난'이라고 일컬어졌다. 그것은 논리에 따라 이론을 전개해 그런 특별한 경우에 적용하면 얻어지는 공식이, 스펙트럼의 자외선(역자 주: 파장이 가장 짧은 가시광선인 자주색 광선보다 파장이 더 짧은 빛) 영역에서 관찰되는 에너지 분포를 제대로 설명할 수 없었기 때문에 붙여진 이름이었다.

그 이론의 결론에 의하면, 검은 물체는 높은 온도로 가열되면 높은 진동수* 영역, 다시 말하면 자외선이나 그보다 더 큰

---

*파동의 진동수란 주어진 시간 동안에 어떤 한 점을 통과하는 봉우리(또는 골짜기)의 수이다. 파장이 짧은 파동은 파장이 긴 파동보다 한 점을 더 자주 통과한다(즉 진동수가 더 크다).

진동수 영역에서 무한히 많은 양의 에너지를 방출해야만 했다. 만일 자연이 실제로 이 공식이 예언하는 것처럼 행동한다면, 화로에서 타고 있는 한 움큼의 석탄이라든지 아니면 어떤 다른 복사를 내보내는 물질이 매우 위험한 짧은 파장의 복사 형태로 (역자 주: 빛은 파장이 짧을수록, 즉 진동수가 클수록 투과력이 더 세 며 그래서 더 위험하다) 에너지를 내뿜을 것이다.

원자의 경우와 마찬가지로, 검은 물체의 경우에도 새 이론은 실제로는 일어나지 않는 재난을 예언했다. 그런데 두 예언이 모두 똑같은 가정, 즉 '자연은 건너뛰는 법이 없고' 에너지는 연속적(떨어져 있지 않은)이라는 가정에 근거했다. 이제 좀 더 자 세히 살펴보자. 사람이 직접 다시 말하면 감각을 통해 관찰하 는 자연의 변화는 예외 없이 모두 연속되어 있다. 공중에서 자 유롭게 흔들거리는 추는 점차로 그리고 부드럽게 정지한다. 추 의 운동이 갑자기 멈추거나 갑자기 다시 움직이기 시작하지 않 는다. 자연이 연속되어 있다는 생각이 옛날 한때는 자명할 뿐 아니라 의문을 품을 필요가 없는 진리라고 여겼던 것을 이해하 기란 별로 어렵지 않다. 오늘날 우리는 그렇지 않음을 알고 있 다. 우리는 자연 중에서 원자의 내부 세계와 같은 곳에서 일어 나는 현상은 우리가 직접 관찰할 수 있는 대상이나 사건과 근 본적인 면에서 서로 다르다는 사실을 알고 있다. 물리학자는 일상적인 경험과 일치하지 않거나 경험에 위배되는 개념을 이 용해서 연구하는 법을 터득했다.

과학 분야에서 일어난 이런 극적인 상황의 변화는, 검은 물 체로부터 나오는 복사 에너지를 올바로 설명하는 공식을 세우 는 과정에서 그 에너지가 연속되지 않음이 밝혀지면서 시작되었다. 그 공식을 세우는 데 성공했으며, 그렇게 함으로써 양자론을 도입한 막스 플랑크는 의도적으로 에너지가 연속적이라는 사실을 부정한 것은 아니었다. 그러니까 그가 자신에게 다음과 같이 말한 것은 아니었다. "검은 물체 복사를 설명할 공식을 만들려는 시도는 모두 실패하고 말았다. 그러니 자연에 대한 우리의 근본 가정 중에서 무엇인가가 잘못되었음에 틀림없다. 만일 내 감각이 가져다주는 증거와 그 증거를 뒷받침하는 지금의 과학에 위배되는 어떤 다른 가정을 한번 사용해 보자…." 일이 이렇게 진행된 것이 아니었다. 과학에서 만들어진 많은 다른 발견과 마찬가지로 플랑크의 발견도 부분적으로는 운 좋은 우연한 사건으로부터 도움을 받았다.

　옛날 불이 발견되기 전에 한 사람이 살았는데 그는 구멍을 뚫는 가장 좋은 방법을 알아내고 싶었다. 그래서 그는 찾아낼 수 있는 모든 물체에 생각할 수 있는 모든 방법을 다 동원해서 몇 달이 걸리건 몇 년이 걸리건 아니 몇 십 년이 걸리건 계속 한결같이 구멍을 뚫었다. 그러던 중에 그 사람은 우연히 불을 발견했다. 플랑크도 마치 그런 사람과 같았다. 다시 말하면, 플랑크는 일련의 사고를 추구했다. 그것을 조직적으로 끊임없이 끈질기게 추구했다. 다른 사람에게는 그가 추구하는 길이 어떤 중요한 결과에도 도달할 수 없을 것처럼 보였다. 그렇지만 위대한 발견을 그것이 발견되기 전에 미리 알아볼 수 있는 방법이란 없다. 그리고 우연히도 플랑크의 끈질기고 고집 센 추구가 드디어 '불'이 발견될 수 있는 곳까지 그를 인도해 주었다. 이어지는 다음 몇 장에서 우리는 이런 일이 어떻게 일어났는지 보게 될 것이다.

막스 플랑크는 어릴 적부터 물리를 좋아했다. 그는 독일의 '김나지움'에서 물리학의 법칙에 대해 배웠는데, 선생님으로부터 다음과 같은 설명을 들었던 날을 결코 잊지 못했다. "무거운 돌덩어리를 들어 올리는 인부를 상상해 보자. 그 돌덩이가 무거워서 지붕 위까지 들어 올리는 것은 무척 힘들다. 그렇지만, 인부가 이 일을 하는 데 사용한 에너지는 결코 없어지지 않는다. 어쩌면 그 다음날 아니면 여러 해가 지난 뒤에라도 그 돌덩이가 느슨해져서 떨어지면 아래 있던 사람의 머리에 맞을지도 모른다."

소년 플랑크는 에너지 보존 법칙에 대한 이 예를 듣고 마치 그 예에 나오는 '어떤 사람'이 돌덩이로 얻어맞은 것만큼이나 커다란 감동을 맛보았다. 그때부터 그에게는 세상이 사람의 능력으로 이해할 수 없을 만큼 복잡하지는 않다고 확신하기 시작했다. 겉으로는 끝없이 복잡하고 수많은 변화가 있을지라도 인간의 마음은 그 안에서 질서를 골라내고 법칙을 찾아낼 수 있다니. 인간이 이치를 따라서 생각할 수 있는 능력이 무궁무진하다는 점이 플랑크에게는 기적처럼 느껴졌다. 그는 이 능력을 '극치'라고 불렀으며 순수한 절대적 진리를 발견하는 것이라고 생각했다. 그래서 그는 물리학자가 되리라고 결심했다.

대학교에 들어갈 나이인 열일곱 살이 되었을 때, 플랑크는 가까운 대학교의 물리학과 주임교수를 찾아가서 자기의 포부를 말했다. 그러나 그 교수가 보여 준 반응은 별로 신통치 못했으며, 아무런 감정도 나타내지 않고 "물리학은 이제 거의 완성 단계에 있는 학문 분야라네"라고 말해 줄 뿐이었다. 그리고 "중요한 발견은 이미 다 이루어졌지. 지금부터 물리학을 시작해서 앞으로 내다볼 수 있는 전망이란 거의 없다네"라고 덧붙였다.

이런 대화를 나눈 것은 1875년의 일이었다. 그로부터 약 200년 전에 아이작 뉴턴(Isaac Newton)이 발견한 운동 법칙으로부터 시작한 물리학은 여러 방면으로 확장되어 열이나 소리, 전기, 그리고 빛 등이 뉴턴의 법칙과 조화를 이루는 여러 가지 모형에 의해 이해되었다. 그래서 물리학자는 우주를 지배하는 거대한 동작 원리가 어떻게 운행되는지에 대한 기본 사항을 모두 파악했다고 생각하기에 이르렀다. 이런 잘못된 착각을 일깨워 줄 발견은 아직 나오지 않았다. 그런 새로운 발견이 나온 뒤에야 오늘날 '뉴턴 물리학' 또는 '고전 물리학'이라고 부르는 1875년의 물리학은 결국 자연의 한 부분만을 이해한 것에 지나지 않음이 밝혀질 것이다. 그러나 플랑크가 교수와 대화를 나누었을 때는 다른 물리학은 아직 나오지 않았으며, 그래서 이 분야에서 연구하는 대부분의 사람들은 당시의 물리학이 마지막이라는 견해를 가졌던 것이다.

만일 누가 물리학에서 매우 중요한 것을 발견하려고 희망한다면 그 전망은 매우 어두워 보였다. 그래서 플랑크는 인생의 출발점에서부터 실망의 쓴맛을 보며 시작했다. 그뿐이 아니다. 플랑크는 자기 일생 동안 일찍 인정받아 보지도 못했고 큰 성과를 올려서 의기양양해 보지도 못했다.

그리고 그에게는 실험실, 함께 연구하는 사람 또는 젊은이들이 모인 연구 그룹도 없었다. 러더퍼드와는 달리 플랑크는 혼자서 연구했으며, 그의 이론에 직접 필요한 자료를 제외하고는 실험에 별 흥미를 느끼지 않았다. 실제로 그는 일생 동안 단 한 번도 실험을 해 본 적이 없다는 풍문이 돌 정도이다. 비록 이 풍문이 꼭 사실은 아닐지라도 아주 틀리지도 않을 것이다.

물리학자로서 플랑크는 러더퍼드와는 아주 달랐다. 플랑크는 모든 일을 안일하게 처리하든지 예의가 없다든지 또는 크게 떠벌리는 종류의 사람은 결코 아니었다. 그가 말할 때는 조용조용한 음성으로 한마디 한마디를 조심스럽게 골라서 말했다. 그의 행동은 조심스러울 뿐 아니라 아주 예의 바르고, 어두운 색깔의 옷을 즐겨 입었고, 셔츠는 늘 빳빳하게 잘 다려져 있었다. 그렇지만 플랑크도 러더퍼드와 마찬가지로 정력적이고 열심히 일하는 헌신적인 과학자였다. 그가 처음으로 인생에 대한 자문을 구했던 권위 있는 물리학자로부터 실망스러운 조언을 들었음에도 불구하고, 그는 물리학을 추구하는 일을 결코 포기하지 않았다. 설상가상으로 그는 열역학이라고 부르는 물리학의 한 분야를 파고들려고 작정했는데, 모든 다른 사람들은 열역학 분야야말로 모두 완성되어 끝났다고 생각하고 더 이상 관심을 두지 않았다. 그리고 그의 동료 중에서 한 사람이 말했듯이, 플랑크는 열역학 분야 테두리 안에서도 특히 '글자 그대로 어떤 사람도 전혀 관심을 보이지 않았던' 어떤 특정한 한 가지 개념에 대해 집중적으로 연구할 작정이었다.

플랑크는 시시한 일에 매달리다가 사라져버리는 사람이 되려고 마음먹지는 않았다. 그와는 정반대로, 그는 과학계에서 진정 뛰어난 사람이 되고자 원했다. 그는 실제로 음악을 무척 좋아했을 뿐 아니라 소질도 어느 정도 타고났지만, 음악에 대한 자기 재능이 일류는 아니라고 생각했기 때문에 음악가의 길을 포기했다. 그는 그저 '좋은' 작곡가가 되고 마는 것 정도는 원하지 않았다. 그렇다면, 그가 물리를 선택했을 때는 자기가 물리

1915년의 막스 플랑크. 이 사진을 찍은 지 3년 뒤에 검은 물체의 복사에 대한 연구로 노벨상을 받았다

학에서 가장 뛰어난 일을 할 수 있으리라는 자신감에 차 있었음에 틀림없다. 그의 집안사람은 모두 모범적이고 높은 이상을 지니고 있다고 알려졌는데, 플랑크도 역시 목표를 아주 높게 잡았다. 그의 그런 성질은 등산을 가면 언제나 가장 높은 봉우리를 목표로 삼고 올라가던 것만 보아도 알 수 있는데, 그가 그런 목표를 정했던 이유는 모르긴 해도 스포츠나 운동을 위해서라기보다는 자신을 단련하면서 정해 놓은 목표를 이루어 낸다는 성취감 때문일 것이라고 짐작된다. 여든 살이 넘은 나이

에도, 플랑크는 알프스 산 중에서도 아주 높은 봉우리를 오르 곤 했다.

모자를 쓰듯이 늘 눈으로 덮여 있는 알프스 산맥의 바이에른 지대는 바로 뮌헨 옆에 자리 잡고 있는데, 이 독일 남부 도시 에서 플랑크가 자라났으며, 플랑크보다 21년 더 어린 알버트 아인슈타인도 역시 이 도시에서 젊은 시절을 보냈다. 이 두 사 람은 모두 어린 소년 시절부터 자작나무와 상록수로 빽빽하게 들어찬 거무스름한 삼림을 보았으며, 맑고도 맑은 호수를 즐겼 고, 뮌헨 시내에 자리 잡은 오페라 음악당이나 연주회장뿐 아 니라 수많은 주점들이나 맥주를 마실 때 정원들을 가득 채우곤 하던 같은 음악을 알고 있었다. 그러나 번창하지 못했던 조그 만 규모의 사업을 운영하던 아인슈타인의 아버지는 독일 사회 에서 아무도 '알아주지' 않던 이름 없는 사람이었다면, 대학교 교수였던 플랑크의 아버지는 누구든지 '알아주는' 사람이었음에 틀림없었다.

그 당시에 독일에서 교수보다 더 많은 존경을 받던 사람은 왕족이나 귀족밖에 없었으며, 교수 자신뿐 아니라 그 가족도 교수나 마찬가지의 융숭한 대접을 받았다. 만일 교수의 부인이 (교수 부인 또한 교수 사모님이라는 뜻의 '프라우 프로페서'라는 특별 한 칭호로 불렀는데) 어떤 가게로 들어선다면 가게의 점원은 하 고 있던 일을 당장 멈추고, 다른 손님을 접대하던 중이더라도 돌아서서, 교수 부인을 극진히 영접했다. 또는 교수 부인이 친 구들과 모여서 얘기를 나누며 차나 과자를 들기 위해 공식 자 리가 아닌 다과 파티에 참석했다고 가정하자. 그곳에 모인 부 인 중에는 프라우 프로페서보다도 나이가 훨씬 더 많은 부인도 있을지 모른다. 그러나 만일 그 나이 많은 부인의 남편이 교수보다 지위가 높지 않다면 아무리 나이가 많더라도 프라우 프로페서를 보는 즉시 상석에서 일어나 자기의 자리를 양보할 것이다.

막스 플랑크가 자란 환경은 숭고한 이상을 지향하는 아주 높은 사회 계급에 둘러싸여 있었다. 플랑크의 가족은 프러시아의 전통을 이어받아서 국가에 깊은 존경을 느꼈다. 그들은 국가를 통치하는 것이 황제의 절대 권력이라고 믿었고, 국민이 일하고 희생하며 복종할 의무도 역시 절대적이라고 믿었다. 그의 조상으로부터 플랑크는 법과 정의를 무한히 존경하는 자세 또한 물려받았다. 플랑크의 집안에서는 여러 세대에 걸쳐서 많은 학자와 법률가가 나왔다. 그 집안사람은 결코 타락하거나 저속해질 수 없다고 전해져 왔다.

독일 사회에서 서로 다른 계급으로부터 태어난 플랑크와 아인슈타인은, 예를 들면 학교와 같은 사회에 속한 기관에 대해서 서로 다르게 반응했다. 아인슈타인은 뮌헨에서 김나지움에 다니며 벌을 받는다든가 권위를 내세우는 선생님이라든가 라틴어와 그리스어를 끝없이 배우는 것 등이 딱 질색이었다. 그러나 플랑크의 김나지움 생활은 매우 활기에 가득 찼다. 그는 선생님에 대한 절대적인 복종이나 자유를 제한받는 것, 심지어 자기 책상도 마음대로 차지할 수 없는 것 등을 모두 으레 그러려니 하고 받아들였다. 그리고 만일 질문을 받았을 때 제대로 답변하지 못하면 크게 수치스럽다고 느꼈다. 그는 그리스어와 라틴어가 너무 재미있어서 한때는 언어학을 전공할까 생각해볼 정도였다. 그리고 아인슈타인이 학생 시절에 이미 물리학의 전반 구조에 대해서 의문을 품었던 것과는 대조적으로, 플랑크는 물리학의 법칙을 절대적인 진리로 받아들였다.

대학교에 입학할 때가 되자 플랑크는 자기 집이 있는 도시에 위치한 뮌헨 대학교로 가기로 정했다. 그곳에서 그의 아버지는 법학을 강의하고 있었고 다른 많은 교수들은 아버지 친구였다. 그곳에서 물리학과 주임 교수로부터 이미 기대와는 다른 조언을 받은 뒤인데, 그는 실망을 한 번 더 맛보았다. 그가 물리학에서 매력을 느낀 것은 실험이 아니고 그 개념들이었으며, 그래서 이론 물리학을 공부해 보고 싶었다. 그러나 그 당시의 대학교에서는 이론 물리학을 공부하는 학과가 없었다. 오늘날에는 물리학자가 주로 실험을 설계하고 수행하는 실험 물리학자와, 많은 실험에서 밝혀진 자료로부터 공통되게 성립하는 부분을 찾아내 법칙을 만들고 그 법칙을 가지고 이론을 세우는 이론 물리학자의 두 그룹으로 나뉘지만, 그때는 그렇게 구분되지 않았다. 뮌헨 대학교에는 수학과와 물리학과가 있었는데, 수학과에서는 학생들이 물리학뿐 아니라 어떤 다른 분야에서도 모두 이용되는 부호를 사용하는 방법을 배웠으며, 물리학과에서는 중요한 발견에 이르게 한 실험을 되풀이해 보고 있었다. 그러나 이론을 세우는 방법을 강의하는 교수는 없었다. 비록 나중에 플랑크가 뮌헨 대학교 시절의 교수님들을 "늘 존경스럽게 기억하고 있다"고 아주 분명히 말했지만, 그는 뮌헨 대학교에서 원하는 것을 조금도 배울 수 없었기 때문에 그 학교를 다닌 지 몇 해가 지난 뒤에는 다른 학교로 옮기겠다고 결심했다.

그 시절에는 일단 김나지움만 졸업하면 학생들이 자유를 전혀 제한받지 않았으므로, 한 대학교에서 다른 대학교로 자주 옮겨 다니는 것을 흔히 볼 수 있었다. 대학교에서는 학생이 어떤 학급에 속해 있지도 않았고, 강의를 필수적으로 들어야 하는 것도 아니었으며, 박사 학위 자격을 얻기 위한 마지막 시험을 빼면 아무런 시험도 치를 필요가 없었다(유럽에서는 거의 대부분의 대학교에서 학사나 석사 학위를 수여하지 않았다). 또한 대학교에 딸린 기숙사도 없었다. 학생들은 자기들이 직접 구한 방에서 살다가 유명한 교수, 좋은 실험실 또는 부근에 겨울 스포츠로 적당한 곳이 있다는 등의 이유로 다른 대학교로 옮길 마음이 들면 그냥 떠났다.

플랑크는 독일의 수도에 위치한 베를린 대학교로 옮기기로 결심했다. 그 대학교에서는 군인 장교와 정부 관리가 학생과 함께 유명한 교수의 강의를 들었다[당시에 역사 교수였던 폰 트라이치케(Von Treitschke)는 강의실을 꽉 채운 많은 학생들에게 "우리 시대는 철(鐵)의 시대입니다. 만일 강한 사람이 약한 사람을 지배한다면, 그것은 살아 나가는 방법일 따름입니다"라고 강의하고 있었다].

베를린 대학교는 독일 과학계에서 글자 그대로 가장 높은 산봉우리를 대표했다. 플랑크처럼 이 학교 저 학교로 옮겨 다니는 독일 대학생뿐 아니라 유럽의 다른 나라나 미국 등지에서도 많은 대학원 학생들이 베를린 대학교로 찾아들었다. 이 산봉우리에서도 가장 권위 있는 사람은 물리학 교수인 헤르만 폰 헬름홀츠(Hermann von Helmholtz)였다. 그의 연구는 소년 시절의 플랑크에게 그렇게 큰 감명을 주었던 에너지 보존 법칙을 세우는 데 가장 결정적으로 기여했다. 교수가 사회적으로 매우 높은 대우를 받던 독일에서 폰 헬름홀츠는 교수 중에서도 가장 훌륭한 사람으로 존경을 받았다. "독일 제국에서 늙은 황제와

비스마르크 다음으로 추앙받는 사람이 헬름홀츠이다"라고들 말
했다. 그에게는 '각하'라는 경외스러운 칭호가 내려졌으며 동료
교수가 그에게 인사할 때도 항상 머리 숙여 각하라는 칭호를
사용했다. 그는 항상 위엄에 가득 차 있었고, 큰 얼굴과 주름진
넓은 이마 그리고 튀어나온 혈관들로 너무 두려워 보였기 때문
에 그의 제자 중에서 한 사람은 그를 발할라 신전(역자 주: 북유
럽 신화에 나오는 신들을 모신 곳)에 모셔진 신의 아버지인 보탄
과 비교했다.

그러나 막스 플랑크에게는 놀랍고도 한편은 실망스럽게도,
이 훌륭한 물리학자의 강의가 그저 지루할 뿐이었다. '보탄'은
매우 천천히 말했고 너무 부드럽게 이야기했기 때문에 거의 들
리지도 않았다. 그는 항상 강의 노트를 들여다보았다. 그가 칠
판에 쓰는 숫자는 너무 작아서 학생들이 알아보지 못하기 일쑤
였고 게다가 자주 틀렸다. 폰 헬름홀츠의 위대한 마음은 강의
말고 다른 일로 분주한 게 분명했다.

한번은 입에 커다란 시가를 문 키가 훤칠하게 큰 군인 한 명
이 폰 헬름홀츠의 연구실이 위치한 건물로 들어서는 모습을 볼
수 있었다. 그 군인은 시거를 비벼서 끈 다음에 헬름홀츠 교수
의 방으로 서슴없이 들어가서 한 시간 이상이나 머물렀다. 그
군인은 독일 육군과 해군을 지휘하는 프레드릭 왕자였다. 의심
할 여지없이 그는 군사 문제에 대한 자문을 얻기 위해 방문했
음이 틀림없었다.

이와는 대조적으로, 학생이 헬름홀츠 교수의 연구실 내부를
볼 수 있는 기회란 좀처럼 잘 주어지지 않았다. 예를 들면, 한
번은 미국에서 건너온 마이클 푸핀(Michael Pupin)이라는 대학

원생이 폰 헬름홀츠에게 한 가지 질문을 하고 싶었다. 그 학생이 듣고 있는 헬름홀츠의 강의 시간에 그 당시 물리학에서 흥미롭게 연구되고 있는 어떤 문제에 대한 언급이 전혀 없는 것이 이상스럽게 생각되었던 것이다. 그러나 그가 훌륭한 헬름홀츠 교수에게 한 가지 질문을 드리고 싶다고 헬름홀츠의 조교에게 신청했을 때 그 조교는, 푸핀의 말을 빌리면, "공포에 질려서 새하얗게 변하면서 두 손을 내저었다." 그런 질문을 하는 것은 예의에 어긋났다. 그것은 단지 존경심이 부족함을 드러낼 뿐이었다.

선생으로서 폰 헬름홀츠는 오로지 실망만 안겨 줄 뿐이었는데, 베를린 대학교의 또 다른 유명한 물리학 교수이자 복사에 대한 이론으로 널리 알려진 구스타프 키르히호프(Gustav Kirchhoff)도 실망스럽기는 마찬가지였다. 그의 경우에는 강의 준비가 부족한 것은 아니었다. 그와는 정반대로, 플랑크의 묘사에 의하면 "…모든 구절이 잘 정돈되어 딱 알맞는 자리에 있었다. 설명은 너무 간결하지도 너무 장황하지도 않았으며…무미 건조하고 천편일률적이었다."

지루할 뿐 아니라 잘 들리지도 않았지만, 플랑크는 그런 강의에 한 번도 빠지지 않고 계속 참석했다. 강의실에 그를 제외하면 단지 두 사람밖에 없을 때에도 꼬박꼬박 빠지지 않고 수강했다. 그러나 그가 베를린에서 배운 것이라고는 혼자서 독립적으로 공부하는 방법뿐이었다. 그는 "읽을거리를 스스로 찾아서 공부했다"라고 말했다. 그는 거의 대부분 열역학에 대해 공부했다.

물리학에서 열역학 분야란 열과 역학적인 작용, 즉 일 사이의 관계에 대한 것인데, 예를 들면 전하(電荷)와는 대조적으로 열은 모든 물리계에 빠지지 않고 포함되어 있는 인자(因子)이므로 열역학이 다루는 범위는 다른 분야에서는 찾아보기 어려울 만큼 넓다. 열역학 법칙으로부터 엔진(열기관)의 원리뿐 아니라 날씨나 화학, 지질학 그리고 심지어 생명과학의 원리까지도 추론된다.

열역학의 법칙은 단순하며 그 수가 많지 않은데도 그렇게 많은 현상을 설명할 수 있다는 사실 때문에 플랑크에게는 그 법칙이 모든 자연에 대해서 단순하고 변하지 않으며 영원무궁한 것을 표현하는 진리이고 근본적이며 절대적임을 의미했다. 그는 자신의 일생을 이 법칙을 연구하는 데 바치리라 결심했다. 그래서 그 법칙이 과학의 여러 가지 분야에서 어떤 결과를 가져오는지 탐구하고 그 법칙을 어떤 문제든지 제한 없이 적용할 수 있음을 보여 주고 싶었다. 그는 새로운 것을 알기 위해서 꼭 실험을 해야만 된다고는 생각하지 않았으며, 논리적 유추에 의해서 새로운 지식을 밝히는 것이 얼마든지 가능하리라 믿었다.

그러므로 플랑크는 열역학을 집중적으로 연구하기 시작했고, 이 분야에서 제일 처음 나온 논문부터 찾아서 공부했는데, 그 논문들은 대부분이 키르히호프와 폰 헬름홀츠 두 교수의 연구 결과였다. 플랑크는 그때 그들의 오래된 논문을 읽으며 영감을 얻고 흥분에 가득 차 있었지만, (다른 많은 물리학자나 마찬가지로) 두 교수는 이미 열역학에 대한 흥미를 잃어버린 지 오래였다. 열역학은 그 적용 범위가 넓었고 근본을 이루는 원리가 단순했으므로, 그들은 열역학이란 학문이 이제 완성되었다고 믿었다. 물리학 세계에서 무엇인가 새롭게 배울 것이 있다면, 그들이 생각하기엔 그것은 열역학처럼 논리적으로 미세한 점까지 잘 다듬어진 것이 아니라 아직 미숙한 이론으로부터 나올 것이고, 또한 잘 설명할 수 없는 실험 결과가 나왔을 때 가장 잘 배울 수 있으리라고 믿었다. 간단히 말하면, 대부분의 물리학자는 열역학의 체계는 아름답지만 이미 완성되었다고 간주한 반면에, 플랑크는 열역학의 법칙이야말로 아직 다 드러나 있지 않은 끝없이 많은 비밀 통로로 이르는 문을 열어 줄 수 있는 골격이 되는 열쇠라고 믿었다.

혼자서 외로이 열역학을 공부하면서, 플랑크는 그 골격이 되는 열쇠로 아이디어를 얻었다고 생각했다. 그가 '엔트로피'라고 부르는 것을 중심으로 한 그런 아이디어에 이르게 된 것이 그의 생애에 한 전환점이 되었다. 엔트로피가 그의 연구에서 너무 중요한 역할을 차지하고 있기 때문에 (그것이 바로 앞에서 예로든 플랑크의 '구멍 뚫기'에 해당한다) 엔트로피에 대해서 설명하지 않고서는 플랑크에 대해 말할 수가 없다. 비록 양자론이 무엇을 의미하는지 알기 위해서 엔트로피를 이해할 필요는 없지만, 플랑크가 양자론까지 어떻게 도달했고 그가 어떤 종류의 과학자였는지를 이해하기 위해서는 엔트로피가 무엇인지 알아야 하므로 이제 그것에 대해 배워 보자. 그런데 엔트로피란 열역학의 제2법칙에 포함된 개념이므로 우선 열역학에 어떤 법칙이 있는지 간단히 살펴보자.

열역학의 제1법칙은 에너지란 항상 보존되는 것이라고 말한다. 에너지는 무(無)에서부터 만들어질 수도 없고 아주 없어질 수도 없다. 이것은 매우 일반적으로 성립하는 법칙으로 오늘날까지 제1법칙은 플랑크가 김나지움에서 배웠던 것과 거의 다름

없이 묘사된다. 그러나 제2법칙은 좀 다르다. 두 번째 법칙은
열기관에 대해 연구하다가 발견되었으며, 처음에는 "열로부터
얼마나 많은 일을 얻어낼 수 있을까?"와 같은 실제적인 의문과
밀접히 연관지어 연구되었다. 왜냐하면 에너지는 절대로 없어
지지 않고 다른 형태로 바뀔 뿐이지만, 열 에너지를 모두 일로
바꾸는 것은 불가능했기 때문이다. 제2법칙에 의하면, 어떤 사
건들이 연달아 자연스럽게 저절로 일어나면 에너지는 그러한
과정에 따라 형태가 변하는데, 그중에 정해진 양의 에너지는
나중에 다시 쓰일 수 없다.

오늘날 제2법칙은 더 깊고 일반적으로 이해되며, 앞에서 "얼
마만큼의 일로 바뀔까"라는 말에서 일이라는 개념은 에너지의
여러 가지 측면 중에서 단지 하나에 지나지 않는다. 플랑크는
제2법칙이 함유하고 있는 깊은 의미를 처음으로 깨달은 사람
중의 하나인데, 그는 베를린에서 혼자 외로이 공부할 때 클라
우지우스(R. Clausius)의 논문을 우연히 접하게 되면서 그런 생
각이 떠올랐다. 그 논문은 제2법칙을 이미 알려진 것과는 좀
색다르게 표현했다.

동일한 법칙을 서로 다르게 표현하는 것이 어떤 것을 두고
하는 말인지 알아보기 위해 두 명제를 가지고 그것들이 정보를
얼마만큼 알려주는지 비교해 보자.

첫 번째 명제: 번개는 함께 만들어진 천둥소리를 듣기보다 더 먼저 보인다.

두 번째 명제: 빛은 소리보다 약 백만 배나 더 빠르다.

두 번째 명제는 첫 번째 명제가 주는 정보를 그 안에 포함한
다. 그래서 두 번째 명제가 더 일반적이며 동시에 더 정확하고

어느 경우에나 성립하며 더욱이 측정할 수도 있는 명제이다.

클라우지우스가 표현한 열역학 제2법칙은 마치 위의 두 번째 명제와 비슷했다. 그의 표현은 열에너지가 모두 일로 바뀔 수 없다는 사실도 물론 설명해 주지만 다른 사실도 동시에 설명하며, 수학적인 양을 사용해서 설명한다. 이렇게 수량적으로 서로 비교할 수 있도록 만들어 주는 척도인 잣대를 바로 '엔트로피'라고 부르며, 엔트로피는 순수하게 수학적 양이다. 엔트로피는 자연에서 한쪽 방향으로만 변하는 두 양 사이의 비(두 양 사이에 일정하게 정해진 관계)이며 항상 더 커지면 커졌지 작아지지는 않는다. 클라우지우스는 열역학 제2법칙을 "어떤 일이 자연스럽게 일어나면, 엔트로피는 증가하거나 아니면 최소한 변하지 않는다"라고 표현했다.

막스 플랑크는 제2법칙을 이렇게 표현하는 것이 훨씬 우월함을 단번에 알아보았다. 그러나 당시 대부분의 물리학자는 그 우월함이 그렇게 명백하게 보이지 않았다. 그렇게 표현한다고 해서 당장 무슨 굉장한 발견에 이르는 것도 아니었고, 더구나 그런 표현을 이해하기도 어려웠다. 엔트로피는 수학적으로 나타낸 관계였으며 바로 알 수 있는 그 어떤 양과도 연결되지 않았다. 이미 있는 그대로 놓아두어도 완벽하게 적절해 보이는 법칙을 새삼스레 새로 표현할 뿐 아니라 게다가 어려운 엔트로피라는 말까지 끌어댈 이유가 무엇인가? 왜 부질없는 일을 따지려 드는가? 아마도 그들은 대개 이런 느낌을 품었을 것이다. 어찌 되었든, 열역학에 대한 당시 사람들의 무관심도 대단했지만 그 열역학을 '개선할' 생각에 대한 무관심은 더 깊었다. 단지 한두 명의 예외를 제외하면 플랑크가 엔트로피라는 개념을 접했을 때 그 누구도 엔트로피에 대해서 눈곱만큼도 관심을 두는 사람이 없었다. 이런 사정은 해가 바뀌면서 점차 변하게 된다. 앞으로 보게 되겠지만, 분자를 연구하면서 '엔트로피가 증가하려는 경향'에 대한 새로운 의미가 발견된다.

클라우지우스의 연구를 알게 된 후에, 플랑크는 자기의 첫 번째 논문을 작성하기 시작했는데, 그 논문에서 그는 클라우지우스의 생각을 가다듬어 새롭게 표현했다. 그가 이 '부질없는 일을 따지는 데' 많은 노력을 쏟아 정열적으로 만든 그 논문은 오늘날에 와서 매우 훌륭하고 가치 있다고 인정받고 있다. 이 논문이 완성되자 그는 이것을 박사 학위 논문으로 제출했고 곧 출판되었다.

나중에 플랑크는 자기 박사 학위 논문이 과학에 미친 영향을 논평하면서 어떤 영향도 전혀 없었다고 말했다. 그는 자기에게 열역학을 공부하도록 영감을 불어넣어 준 사람들은 적어도 그 논문을 보고 긍정적인 인상을 받기를 기대했다. 그러나 키르히호프는 그 논문의 결점만을 끄집어내 트집 잡았고, 폰 헬름홀츠는 십중팔구 그 논문을 읽을 생각조차 하지 않았을 터이지만 전혀 아무런 논평도 없었다. 클라우지우스마저도 침묵을 지켰다. 플랑크는 클라우지우스에게 그의 졸업 논문을 우편으로 보내고 응답을 기다렸다. 아무런 답도 받지 못하자 다시 편지를 보냈다. 그 편지마저도 아무런 반응을 얻어내지 못했으므로 플랑크는 클라우지우스 교수를 직접 만나기 위해 그가 살고 있는 본으로 갔다. 그 교수님은 이 젊은 친구를 만나 주지 않았다. 플랑크의 연구가 "아무런 반응도 얻지 못했다"는 사실은 학교 사회에서 그가 출세할 수 있는 기회를 얻기가 거의 불가능함을 의미한다. 만일 그의 연구 업적이 알려지지 않으면 그에게 교수로 와 달라는 곳이 결코 나타나지 않을 것이며, 당시에 이론 물리학자는 생계를 유지할 돈을 벌기 위해서는 교수가 되어 학생을 가르치는 방법밖에 없었다. 연구만을 수행한다고 해서 누가 돈을 주지는 않았다.

그의 공식 교육이 모두 끝남을 의미하는 박사 학위를 받은 지 얼마 지나지 않아 플랑크는 모교인 뮌헨 대학교의 프리바도젠트(역자 주: Privatdozent, 한국 대학교의 조교와 비슷한 자리)가 되었다. 프리바도젠트는 교수 실습생인 셈인데 대학교로부터는 아무런 급료도 받지 않으며 학생들에게 강의하고, 강의를 듣는 학생이 있으면 그들로부터 약간의 금액을 사례금 형식으로 받게 될 따름이었다. 교수 실습생들 중에서 단지 몇 사람만, 즉 강의가 학생으로부터 인기를 얻고 연구 논문이 규칙적으로 논문집에 발표되어 긍정적인 평가를 받는 몇 사람만 선정되어 부교수로 승진된다. 프리바도젠트가 꿈에도 그리는 교수직을 얻는 데 10년이나 15년 또는 그보다도 더 오랜 기간이 걸리는 것이 드문 일은 아니었다. 많은 사람이 중도에서 포기하고 김나지움 선생이 되었다. 거기에다 플랑크는 더욱 불리한 조건을 안고 있었다. 유럽에서 이론 물리학자를 받아 주는 대학교는 모두 합해도 몇 군데 되지 않았다.

5년 후에도 플랑크는 아직 인정받고 진급하기를 희망하면서 프리바도젠트로 남아 있었다. 그는 그때까지 부모와 함께 살았는데, 그래서 더욱 독립하기를 갈망했다. 그는 고립되어 있었다. 아무도 그의 생각에 관심을 가져 주지 않아서 함께 의견을 나눌 사람도 없었으며, 다른 물리학자에게 보낸 그의 편지는 전과 마찬가지로 답장을 못 받기가 일쑤였다.

이 기간 동안 플랑크는 자신이 베를린에서 처음 선택했고 일생 동안 일관되게 계속해서 나갈 외길, 즉 열역학 법칙에 대한 탐구, 더 자세히 얘기하면 자연 현상이 한 방향으로 변하는 정도를 측정하는 엔트로피의 증가에 대한 연구에 몰두했다. 계속 발표한 몇 편의 논문을 통해 그는 엔트로피에 대한 지식으로부터 저절로 쉽게 얻어지는 물리와 화학에 대한 몇 가지 결과를 보여 주었다. 이 논문들 역시 첫 번 논문처럼 아무런 인정도 받지 못했는데, 그렇게 된 이유도 또한 전과 마찬가지였다. 그러나 플랑크는 언젠가 사정이 꼭 바뀌리라고 확신했다. 클라우지우스의 연구가 중요하다는 것이 밝혀져서 인정받게 되면, 플랑크 자신의 연구가 지닌 가치도 또한 부각될 것이 분명했다. 그의 이러한 믿음은 한 가지만 제외하면 틀리지 않았다. 그는 자기 말고도 다른 이론 물리학자가[미국인으로 예일 대학교 교수인 조시아 윌라드 깁스(Josiah Willard Gibbs)] 그와 똑같은 생각을 좇고 있으며 깁스의 연구가 플랑크의 연구보다 조금 더 먼저 발표되었음을 알지 못했다. 그러므로 엔트로피에 대한 개념이 마침내 인정받게 되었을 때 뒤늦은 공로를 차지한 사람은 플랑크가 아니고 깁스였던 것이다.

마침내 킬 대학교에서 그에게 부교수직을 제의해 왔을 때 그것은 '마치 구원의 소식' 같았다고 나중에 그가 회고한 것을 보아도 알 수 있듯이, 플랑크는 부모의 집에서 살면서 프리바도젠트로 지내던 기간이 그의 생애에서 가장 비참했던 시절이었음이 틀림없다. 비록 이 제의가 그의 능력이 인정받아서라기보다는 킬 대학교의 물리학 교수 중에서 한 사람이 자기 아버지와 친한 친구였기 때문이 아닌지 의심스러웠지만 아무튼 그는 이 제의를 대단히 행복하게 받아들였다.

그가 독일 북부에 위치한 킬로 옮긴 후 그렇게 오랜 기간이 지나지 않아, 드디어 다른 사람이 아닌 바로 폰 헬름홀츠가 플랑크의 연구 논문들을 읽었고 그 가치를 인정해 주었다. 이것은 기묘하게도 플랑크가 참가한 어떤 경시 대회에서 비롯되었다. 그는 무슨 수를 쓰든지 과학계에서 인정을 받아 보려는 열망으로 그 경시 대회를 주최한 괴팅겐 대학교에 논문 한 편을 제출했다. 플랑크는 세 편의 논문을 제출한 시상식에서 자기가 2등상을 차지했고 나머지 두 편은 아무 상도 받지 못했음을 알았다. 그래서 자기가 1등상을 받지 못한 이유가 무엇인지 의아하게 생각했다. 이 의문은 나중에 괴팅겐 대학교에서 상을 결정하게 된 과정을 발표할 때 풀리게 되었다. 그 당시에 폰 헬름홀츠와 괴팅겐 대학교의 물리학 교수 사이에 뜨거운 논쟁이 진행되고 있었는데, 플랑크는 경시 대회에 제출한 논문의 내용 가운데 에너지의 본성을 논하는 부분에서 폰 헬름홀츠의 편을 들었다. 그런데 괴팅겐 대학교의 심사원들은 논문의 바로 그 부분을 골라내어 비판했다. 그래서 동료 교수의 편을 들기 위해 1등상을 보류한 것처럼 보였는데, 바로 그 점 때문에 막스 플랑크는 큰 이득을 얻었다. 그 이득이란 다름이 아니고 폰 헬름홀츠가 논쟁에서 자기편을 든 이 잘 알려지지 않은 젊은 물리학자에 대해서 관심을 갖기 시작했기 때문이다. 그는 플랑크가 발표한 논문을 모두 읽기 시작했으며, 그 가치를 당장 알아보았고 몇 해 뒤에—폰 헬름홀츠의 영향 때문인 것이 거의 분명하다—플랑크는 과학계에서 누구든지 탐내는 노른자위 자리인 베를린 대학교의 교수직을 제의받았다.

플랑크가 한 사람도 빠짐없이 모두 나이가 많았고 구레나룻 수염이 덥수룩한 베를린 대학교의 교수와 합류했을 때, 그의 나이는 서른한 살이었다. 그의 몸집은 가냘펐고, 그의 행동은 겸손했으며 단지 듬성듬성 돋아난 콧수염 말고는 덥수룩한 구레나룻 수염 따위는 나지도 않았다. 그래서 플랑크는 특별 교수라는 칭호를 받았지만 도저히 그의 칭호와 걸맞은 외모라고 보기에는 어려웠다(독일에서 정교수는 '보통' 교수라고 불렸고 부교수는 '보통' 대신에 '특별'로 불렸다). 플랑크에 대해 한 가지 전해 내려오는 일화가 있는데, 다름이 아니고 한번은 그가 베를린에 도착한 지 얼마 되지 않아서 자기가 강의하기로 된 교실이 어딘지 잊어버렸다. 그래서 그 교실의 위치를 알아보려고 대학교 정문 옆에 위치한 경비실을 찾아갔다. 그는 경비실을 지키는 나이가 지긋한 남자에게 "플랑크 교수가 강의하기로 한 교실이 어디입니까?"라고 물었다. 그 나이가 지긋한 남자는 플랑크의 어깨를 다독거리며 "그곳에는 가지 않는 것이 좋을 걸세, 젊은 이"라고 말하면서 "우리 학식 높으신 플랑크 교수님의 강의를 이해하기에 자네는 너무 어리네"라고 덧붙였다.

이 젊은 교수는 베를린의 동료들 모두로부터 따뜻한 영접을 받지 못했다. 교수 중에서 그가 유일하게 순수한 이론 물리학자였으며 실험 학자 중에서 몇 명은 실험실에는 결코 발을 들여놓지 않는 이 젊은 친구를 미심쩍은 눈초리로 보았다(후에 아인슈타인도 같은 대학교에서 같은 경험을 맛보게 된다). 그렇지만 베를린 대학교에서 단 한 사람과 맺은 친분 때문에 다른 사람들이 모두 그에게 아무리 냉정하게 굴더라도 상관없었다. 마침

내 그는 폰 헬름홀츠 각하의 가장 친한 그룹에 속한 한 사람으
로 인정받았을 뿐 아니라 또한 자기 생각을 이해할 수 있으며
함께 토론할 수 있는 말할 상대를 드디어 만났던 것이 다. 플
랑크는 폰 헬름홀츠와 의견을 교환하면서 배운 것이 학교 다니
면서 공식 교육을 통해 배운 것보다 더 많았다고 말했다.

이 젊은 교수는 나이가 많은 폰 헬름홀츠를 숭배했다. 폰 헬
름홀츠가 그를 칭찬해 준 몇 번 안 되는 기회가 그를 '전율시
키는 순간들'이었다고 플랑크는 회고했다. 그리고 "대화를 나누
면서, 고요하고 무엇을 찾으려는 듯 꿰뚫는 것처럼 보이면서도
너무 자비스러운 눈으로 나를 바라볼 때면, 나는 부모로부터
받는 것 같은 끝없는 신뢰와 사랑의 느낌으로 감격하곤 했다."
그러나 아버지처럼 느껴지는 그와 이미 잘 수립된 그의 학문체
계에 대한 이 모든 사랑에도 불구하고, 막스 플랑크는 곧 이
권위 있는 물리학에 근본적 결함이 있음을 밝히지 않을 수 없
게 된다. 그는 곧 나중에 '자외선 재난'이라고 알려진 문제에
대해 연구하기 시작한다. 그렇지만 처음에는 그가 이 문제를
푸는 데 사용하게 될 도구를 마련해 주는 어떤 사건이 우연히
일어났다. 그 사건은 엔트로피에 대한 플랑크의 끈질긴 집념이
틀리지 않았음을 분명하게 보여 주었다.

베를린에서도 뮌헨이나 킬에서와 마찬가지로 플랑크는 클라
우지우스가 공식으로 만든 제2법칙을 계속 조사했다. 또한 그
는 다른 물리학자와의 논쟁을 통해 이 법칙에 대한 클라우지우
스의 의견을 변호했는데, 그런 논쟁들은 거의 모두 편지로 진
행되었다. 이제는 그의 학문적 지위가 향상되었으므로 비록 그
의 편지가 답장도 받지 못하는 일이 다시 일어나지 않았지만,

그러나 다른 사람을 설득시키려는 그의 노력은 모두 허사로 돌아갔다. 플랑크는 그것이 쓸쓸했다. 그에게는 이 법칙을 엔트로피로 설명하면 더 깊고 더 많은 사실을 알려 주는 것이 수정처럼 분명했지만, 다른 사람들은 그런 면을 도저히 이해할 수 없었기 때문에 설득당하지 않았다. "어떤 물리학자는 클라우지우스의 논리가 복잡하고 혼동만 가져온다고 믿었다"라고 플랑크는 그의 자서전에서 불평했다. "내가 설명하는 것은 어느 것도 그들의 귀에 들리지 않았다." 플랑크는 이런 종류의 쓰디쓴 낭패감을 한 번만 느낀 것이 아니었다. 그는 실제로 그의 생각이 옳음을 모든 사람에게 만족스럽게 확신시켜 본 적이 한 번도 없었다고 말했다. 언제나 그는 자기가 옳다는 사실을 증명하는 데 어떤 다른 사람이 나타나서 아주 다른 논리로 그것을 증명해 줄 때까지 기다려야만 했다. 열역학의 제2법칙의 경우에 이 다른 사람은, 그가 말하기를 오스트리아 태생의 물리학자인 루트비히 볼츠만(Ludwig Boltzmann)이었다.

볼츠만은 열역학 법칙과 분자의 운동 사이에 존재하는 관계에 대해 흥미를 느꼈다. 당시에는 분자라는 존재가 아직 발견되지 않았으므로 그는 이 문제에 대해 연구하면서 분자가 존재한다는 사실에 대한 직접적인 증거를 찾으려고 노력했다. 그런데 만일 분자가 존재한다면―그리고 볼츠만은 바로 그런 조건 아래서 연구했는데―그 분자의 운동은 바로 '열'이라고 부르는 것에 해당할 것이었다. 어떤 사람이 여러 가지 조건 아래서 뉴턴의 운동 법칙을 따라 일어나는 분자의 운동을 모두 알아냈다고 가정하자. 그러면 아마도 그 길을 따라가면 이미 알려진 열의 법칙인 열역학 법칙에 이르게 될지도 모르며(역자 주: 뉴턴의 운동 법칙으로부터 열역학의 법칙을 유도할 수 있을 것이라는 뜻), 그 법칙에 대해서 더 많이 알게 될지도 모른다. 예를 들면, 열에너지는 왜 빠짐없이 모두 다 역학적 에너지로 바뀔 수 없는 것인지에 대한 의문의 해답도 알아낼 수 있을지 모른다.

한 가지 예로, 동전 한 개를 땅에 떨어뜨린 경우를 살펴보자. 동전이 땅에 떨어져 멈추면 열이 발생하며, 그 양은 동전이 잃은 운동 에너지(동전의 역학적 에너지)와 같다. 이제 그 동전을 덥혀서 그것이 잃었던 에너지와 똑같은 양만큼의 에너지를 다시 얻게 만들었다고 가정하자. 그렇게 한다고 해서 동전이 원래 있었던 자리로 다시 올라가지는 않는다. 그 동전은 전혀 움직이지조차 않는다. 그 이유는 무엇일까? 그 이유는 동전을 이루고 있는 분자를 고려해야만 분명해진다. 어떤 환경에 놓여 있는지에 관계없이 분자는 항상 움직이고 있는데, 이때 분자는 제각기 뿔뿔이 다른 방향을 향할 뿐 아니라 또한 제각기 다른 빠르기로 움직인다(볼츠만이 그렇게 가정했고, 나중에 그것이 사실이라고 밝혀졌다). 분자가 움직이는 데는 어떤 종류의 질서나 규칙성 또는 여러 분자가 어울려 함께 움직인다는 징조가 없다. 그렇지만 동전이 아래로 떨어지는 동안에는 그 동전을 이루는 분자들이 모두 같은 방향을 향해 같은 빠르기로 내려온다. 비록 각 분자가 자신들 주위로 미세한 크기만큼 멋대로 움직이는 운동은 여전히 계속되지만, 전체적으로 보면 분자들이 모두 함께 움직이는 운동, 즉 질서가 존재한다. 이 질서가 동전이 땅에 부딪치는 순간 사라진다. 동전에 열을 가한다고 해서 전의 질서 있는 운동으로 돌아갈 수는 없다. 그 열은 단순히 멋대로 움직이는 분자의 빠르기를 더 빠르게 만들어 줄 따름이다. 분자들 스스로 정렬해서 모두 한 방향으로 움직일 수는 없다. 따라서 동전은 단지 열을 가한다고 해서 저절로 위로 올라가지는 않는다.

열이 모두 역학적 에너지로 바뀔 수 없는 까닭은 무질서가 증가하려는 경향에서 찾을 수 있다. "자연스럽게 발생하는 과정은 무질서가 증가하려는 한 가지 방향으로 진행된다." 이렇게 해서 볼츠만은 분자 운동에 근거를 두고 열역학의 제2법칙을 추론했다. 그것은 클라우지우스로부터 주어진 제2법칙과 거의 동일했다. 즉 클라우지우스가 사용한 비율인 엔트로피란 바로 볼츠만이 말한 무질서를 재는 잣대와 같은 것이었다.

플랑크는 물리학자들이 클라우지우스가 말한 제2법칙을 받아들인 것은 볼츠만의 연구 결과 때문이라고 믿었다. 그들이 한꺼번에 전부 설득된 것은 아니었다. 분자가 존재한다는 확실한 증거는 볼츠만의 연구보다도 여러 해 뒤에 나왔다. 그러나 아무튼 물리학자들이 설득당했을 때는, 플랑크가 아니라 볼츠만에 의한 제2법칙의 개념에 의해서 설득당한 것이었고 플랑크의 논리가 아니라 볼츠만의 논리에 의해서 설득당한 것이었다. 그 이유는 제2법칙의 좀 더 광범위한 의미를 과시하면서, 볼츠만은 그 밖에도 다른 것, 즉 절대적이지 않다는 개념도 또한 과시했기 때문이었다.

볼츠만의 연구는 통계에 기반을 두었다. 그때나 지금이나 마찬가지로(앞의 예에서 본 동전과 같은) 어떤 계에 들어 있는 셀 수 없이 많은 분자 하나하나의 운동을 정확히 측정하는 일은 도저히 불가능하다. 그렇기 때문에 그는 통계적 가정을 도입해 분자들의 운동이 평균적이라는 가정 아래서 연구를 수행할 수밖에 다른 도리가 없었다. 그래서 그로부터 얻어지는 결과도 역시 통계적이었다. 평균적이긴 하지만 엔트로피는 증가했다. 특별한 경우에는 엔트로피가 감소할지도 모른다. 엔트로피가 감소할 가능성이 무척 희박할지라도 아주 불가능한 것은 아니었다.

플랑크는 "그렇지 않다"고 반박했다. 에너지가 어떤 경우든지 모두 보존되는 것과 마찬가지로, 엔트로피도 어떤 경우든지 예외 없이 증가하거나 최소한 그대로 유지되며 절대로 감소하지 않는다. 그것은 여러 가지 진하기로 나타나는 회색의 확률 문제가 결코 아니며, 석탄처럼 새까맣든지 아니면 백옥처럼 새하얀 것 둘 중에 하나였다. 플랑크는 이러한 견해의 차이에 대해 논의하는 편지를 볼츠만에게 보냈는데, 볼츠만은 언변이 좋고 남을 꼬집어 말하기를 좋아하는 사람으로 적어도 볼츠만 쪽의 답변은 그리 우호적이지 못했다.

그로부터 반세기가 지난 후에 쓴 그의 자서전 속에도 제2법칙에 관한 이 논쟁으로부터 입은 플랑크의 상처가 아직 아물지 않고 남아 있었다. 그는 "내가 옳았다는 만족감을 전혀 느낄 수 없었다"라고 기술했다. 그가 느끼기에 남을 설득하려는 그의 시도는 그저 정력과 시간 낭비일 따름이었다. 그는 그냥 침묵을 지키고 있어도 될 뻔했다. 그렇더라도 어쨌든 볼츠만이 나타나서 달갑지 않은 통계적 개념을 사용함으로써 일이 해결되었을 것이다. 그런데 엔트로피는 절대적 의미로 증가한다는 그의 신념이나 이 가슴에 사무친 논쟁에도 불구하고, 플랑크는 엔트로피를 통계적으로 해석한 볼츠만의 제의를 결국 받아들일 뿐 아니라 그 자신이 스스로 그런 해석이 얼마나 충실한 것인지를 보여 주지 않을 수 없었다.

  다음 장에서 가장 보수 성향을 지닌 막스 플랑크가 '그 무엇보다도 물리학에 큰 영향을 끼친 혁명적 개념'인 양자론을 제의한 과정을 통해서 어떻게 볼츠만의 엔트로피에 대한 통계적 해석을 받아들이게 되는지 알아보자.

네 번째 마당

막스 플랑크: 양자론

나는 내가 옳았다는 만족감을 결코 누리지 못할 운명이었다.
—Max Planck

누구든지 베를린을 방문해 막스 플랑크의 집에 머물게 되면 그 집에서는 무엇이든지 규칙적으로 이루어짐을 알아차릴 수 있다. 플랑크의 손님은 누구나 시간이 지날수록 호기심이 점점 더 많아지고 자세히 관찰하게 된다. 그래서 방문 옆에 몸을 숨기고, 거실의 괘종시계가 어떤 시간을 알려 주면 무슨 일이 일어날지 보려고 기웃거린다. 아니나 다를까, 시계가 종을 울리고 있는 동안 플랑크는 방에서 나와 계단을 내려와 앞문을 통해 밖으로 나간다. 좀 더 관찰해 보면 그가 규칙적으로 그 시간이면 어김없이 밖으로 나갔다 들어오는 것을 확인할 수 있다. 거실의 커다란 괘종시계가 어떤 시간을 치면 어김없이 플랑크는 계단을 내려온다.

조직적으로, 플랑크는 하루의 일부분을 산책에 할당했고 똑같이 하루에 삼십 분 동안은 규칙적으로 피아노를 열심히 연주했다. 그리고 이렇게 매우 조직적인 과학자가 귀중한 수많은 과학 서적이 수집된 서재에서 연구할 때면, 그는 일어서서 일했다. 그의 책상은 마치 디킨스 시대에 법원 서기들이 높은 의자에 앉아서 사용했던 것과 같이 매우 높았다. 그러나 플랑크는 높은 의자에 앉지 않고 그냥 서서 연구에 열중했다.

플랑크가 나중에 '자외선 재난'이라고 부르게 된 문제에 대해 꼿꼿이 선 채로 열심히 일하기 시작한 때는 베를린에서 폰 헬름홀츠와 합류한 지 아홉 해 뒤인 1897년의 일이었다. 그 문제로 말미암아 플랑크는 그 이전, 즉 그 문제를 다루기 전의 관찰과 그러한 관찰에 기반을 둔 예전 과학과는 모순되는 개념인 에너지가 연속적이지 않다는 생각에 이르게 되었다.

앞에서 얘기했던 것처럼, 물리 이론을 사용해 조명(照明)의 표준이 되는 '검은 물체'라고 부르는 것으로부터 나오는 빛과 열을 설명하는 데 흥미를 느꼈던 사람이 플랑크만은 아니었다. 물리학자는 여기서 나오는 복사 스펙트럼이 어떤 다른 조건에도 영향을 받지 않고 오로지 그 물체의 온도에만 의존하기 때문에 이러한 이상적인 경우에 매력을 느꼈다. 플랑크를 제외한 다른 사람들은 이 이상적인 경우를 설명함으로써 모든 경우의 복사 과정을 이해하고자 시도했다.

쇠로 만든 부지깽이처럼 단단한 금속 조각은 뜨겁게 가열하면 검은 물체에서 나오는 것과 비슷한 복사를 내보낸다. 낮은 온도에서는 스펙트럼의 적외선 영역인 파장이 긴 복사선이 나온다. 부지깽이에 열을 더 가해서 온도를 점점 더 높이면 파장이 점점 더 짧은 복사선이 나타나기 시작하며, 부지깽이는 처음에는 벌겋게 빛나다가 다음에는 오렌지색을 내며 빛나고 온도가 더 올라갈수록 다른 색깔이 더해져서 결국 눈에는 흰색으로 보인다. 온도를 그보다 더 높이면 나오는 빛의 파장이 더 짧아져서 마침내는 사람의 눈으로 볼 수 없는 스펙트럼의 자외선 쪽 끝에 도달한다.

검은 물체(또는 어떤 다른 물체)의 스펙트럼은 서로 다른 파장의 빛 사이에 에너지가 어떻게 분포되어 있는지를 보여 준다. 즉 어떤 색깔의 빛은 다른 색깔의 빛보다 더 밝다. 플랑크 시절에 이미 실험실에서 스펙트럼으로부터 관찰되는 에너지의 세기를 측정하는 것이 가능했다. 여러 가지 온도에 놓여 있는 검은 물체가 내는 스펙트럼에 에너지가 어떻게 분포되어 있는지는 실험에 의해 이미 잘 알려져 있었다. 이제 문제는 이 특정한 에너지 분포를 일반 지식에 근거해 어떻게 설명할 것이냐는 점이었다. 넓은 의미로 말하면, 이것이 바로 물리학자가 문제를 풀어 가는 방법이다. 그들은 복사가 어떻게 만들어지는지 가정을 세우고 시작한다. 이미 알려진 것과 비교해 그럴듯하게 여겨지는 가정을 세운다. 이 가정은 물질로부터 어떻게 복사가 생기는지를 보여 주는 모형의 형태를 취한다. 그러고 나서 물리학자는 이 모형에 의해 생길 수 있는 복사 에너지를 구하며, 그렇게 이론으로 얻은 결과를 실험실에서 실제로 관찰한 에너지 스펙트럼과 맞추어 보아서 애초의 가정이 옳은지 또는 그른지를 알아본다.

검은 물체 문제를 푸는 데 사용된 모형이 원자에 대한 모형은 아니었다. 그때는 전자가 존재한다는 증거가 발견된 지 얼마 지나지 않아서였으며, 원자의 구조에 대한 의문은 훨씬 나중에 제기되었다. 물리학자들은 어떠한 물질 구조가 복사를 방출할지에 대해서는 별로 정교하지 못한 일반적인 가정 아래서 연구를 진행했다. 그들은 검은 물체가 기본적으로 어떤 종류의 전하를 띤 입자들로 구성되어 있다고 보고서, 열에 의해 빨라진 입자들의 운동이 복사선을 내보낸다고 생각했다. 그렇게 정교하지는 못한 가정일지라도 그때 처한 문제에는 실제로 적당한 편이었다. 검은 물체의 복사를 제대로 설명하지 못한 것이 앞에서 말한 이 가정이 잘못되었거나 정교하지 못한 때문은 아니었다. 물리학자들이 그다음 단계를 취할 때 잘못을 저질렀다. 에너지가 스펙트럼에서 어떻게 분포되는지 알기 위해, 우선 복사를 방출하는 입자들이 에너지를 얼마나 지니고 있는지 알아야 한다. 즉 입자들의 운동이 얼마만큼의 에너지를 지닌 복사를 방출하는지 알려면 그 입자들 사이에 에너지가 어떻게 나뉘어져 분포하는지 알아야 한다. 그러나 만일 그때까지 가정되었던 것처럼 에너지가 입자들에 분포되어 있는 모양이 연속적이라면 입자들이 지닌 에너지에 아무런 제한도 둘 수 없다. 만일 제한을 둔다면 입자들이 갑자기 한 빠르기에서 다른 빠르기로 건너뛰는, 즉 갑작스러운 변화를 가져오기 때문이다. 그러므로 전하를 띤 입자들이 진동하는 움직임을 제한할 수는 없으며, 따라서 그 진동들이 무한히 작아야만 한다. 그렇다면 필연적으로 스펙트럼에서 파장이 짧은(진동수가 큰) 쪽의 복사 에너지는 끝없이 커져야만 된다. 좀 더 전문적으로 말한다면, 파장이 짧아짐에 따라 에너지는 계속해서 무한히 커질 것이다. 이렇게 해서 물리학은 자외선 재난을 예언하지만, 우리는 빛을 내는 어떤 물체도 무한히 큰 에너지를 지닌 복사를 방출하지 않음을 잘 알고 있다. 더욱이, 실험 결과에 의하면 스펙트럼에 분포된 에너지의 대부분은 중간 정도의 파장을 지닌 복사에 속한다. 이제 해답은 명백하다. 자외선 재난을 피하고 검은 물체 복사를 제대로 묘사하기 위해서는, 입자들이 지닐 수 있는 에너지를 무한히 커지지 않고 가장 짧은 파장에 속하지 않도록 제한할 수 있어야만 한다.

이런 것을 일이 다 이루어진 지금 말하기란 참 쉽다. 그러나 플랑크가 이 문제에 매달려 있을 때는 훨씬 더 복잡했다. 실험 결과가 아직 분명하게 알려지지 않았기 때문이다. 처음에는 제대로 되어가는가 싶었지만, 복사에 대한 더 정확한 새 측정 결과가 나오면 그때까지 한 것이 옳지 않다고 밝혀지곤 했다. 더욱 어려웠던 것은 에너지가 연속적이라는 가정이 모든 잘못의 근원이었음을 그 당시에 알아낸다는 것은 실제로 불가능했다는 점이다. 검은 물체에 대한 실험 결과가 에너지에 대한 이 가정이 틀렸을지도 모른다는 것을 알려 준 첫 번째 증거였고, 그 이전에는 어떤 점에서도 에너지의 연속성을 의심할 만한 문제가 없었다. 정말이지 자연의 모든 현상이 연속적으로 보였고 그러므로 연속된 에너지란 전혀 가정이랄 것도 없이 아주 당연하게만 여겨졌다. 비슷한 예로, 여러 가지 식물이 크는 비율을 지배하는 법칙을 알아내자면 매일 아침에 해가 뜬다는 등의 어떤 사실은 아주 당연한 것으로 받아들이지 않는가?

그래서 물리학자는 에너지는 당연히 연속이라고 가정했다. 물리학자가 검은 물체 문제를 풀 수 없었다고 해서 이 가정을 의심하기란 정말 어려웠다. 그들은 문제를 풀면서 수많은 다른 가정도 세워 놓았으므로, 그 다른 가정들 중에서 어떤 것을 의심하는 것이 훨씬 더 그럴듯했다. 아주 많은 시간이 흐른 뒤에야 비로소 그들은 자기들이 사용하고 있는 법칙이나 이론이 의심스러운 생각에 기반을 두고 있었다는 사실과 열이나 역학 또는 전기 등 그 어떤 종류의 문제를 다루더라도 자외선 재난이라는 동일한 결과에 도달함을 이해하게 됐다. 모든 길이 이 한 가지를 향하고 있었다.* 그리고 막스 플랑크는 당시에 존재했던 물리학과 모순되는 생각을 가지고 검은 물체 문제를 풀면서도 계속해서 자기 시대의 물리학을 믿었다. 그러한 자세를 취하는 것이 가능했던 이유는 주로 다음 두 가지 일 때문이었다. 첫째, 플랑크는 말하자면 그 문제를 뒤에서부터 거꾸로 풀었다. 그는 자신이 써넣은 수학적 표현이 무엇을 의미하는지 모두 다 이해하지는 못한 채 단순히 검은 물체 복사의 에너지를 옳게 묘사할 수 있는 공식을 짜 맞추어 만들었다. 둘째, 그의 공식이 무엇을 의미하는지 알아내기 위해, 그는 자기에게 익숙하지 않고 처음 보는 한 가지 수학 과정을 사용했는데, 그것을 잘못 적용했을 뿐 아니라 당시에는 잘못 적용했음을 깨닫지도 못했다. 이제 그런 일이 어떻게 일어나게 되었는지 보자.

플랑크는 이리저리 짜 맞추어서 그의 첫 번째 복사 공식에 도달했다. 이 복사 문제와 관련되어 만들어진 여러 가지 서로 다른 공식 중에서 두 가지 공식이 실험 사실을 부분적으로 설명할 수 있었다. 그중 한 공식은 스펙트럼의 짧은 파장 영역에 해당하는 에너지 분포를 제대로 맞추었고, 다른 한 공식은 긴 파장 영역에 해당하는 부분을 정확히 설명했다. 플랑크는 두 수학 표현의 장점만을 결합시킬 간단하고도 논리적인 방법을 찾아냈다. 그런 방법으로 만든 새 공식이 모든 온도에서 스펙트럼의 전체 영역을 통해 에너지 분포를 정확하게 설명할 수 있을지는 그도 아직 알지 못했다. 그러나 그 결과를 알기 위해서 그렇게 오래 기다릴 필요는 없었다.

---

* 플랑크의 연구가 나온 지 5년 뒤에 아인슈타인이 이 점을 처음으로 지적했다.

그의 공식이 완성된 직후에 곧 베를린에서 물리학회가 열렸다. 1900년 10월 19일에 열린 이 학회에서 플랑크는 결과를 발표했다. 그때 마침 검은 물체 실험을 직접 수행하고 있던 하인리히 루벤스(Heinrich Rubens)란 사람도 그 회의에 참석하고 있었다. 회의가 끝나자마자 루벤스는 집으로 돌아가 밤을 꼬박 새우며 그의 실험 결과를 플랑크의 공식에 맞추어 보았다. 두 가지는 아주 잘 들어맞았다. 루벤스는 그다음 날 아침 일찍 이 좋은 소식을 전하려고 플랑크의 집을 찾아갔다.

이제 플랑크는 그가 검은 물체 문제의 해답을 찾았음을 알았지만 플랑크 자신이나 어떤 다른 사람도 그 해답이 무엇을 의미하는지는 아직 깨닫지 못했다. 그는 그 공식을 어림짐작으로 두 가지 공식으로부터 한 부분씩 떼와 짜 맞추었을 뿐이지만, 그렇게 함으로써 그는 수학적으로 더하기를 수행할 때 그 더하기가 기반을 두고 있던 가정 한 가지를 자기도 모르게 바꿨던 것이다. 그 가정이 어떻게 바뀌게 되었을까? 그가 자기도 모르게 사용한 새로운 가정은 무엇이었을까? 이것을 찾아낼 수 있는 유일한 방법은 여러 가지 서로 다른 가정으로부터 출발해서 그중에 어떤 것으로부터 그의 새 공식까지 도달하는지 알아보는 길뿐이었다. 그런 방법으로 새 가정을 찾아낸 뒤에야 비로소 그가 두 공식을 성공적으로 결합한 것이 복사 과정에 대해 무엇을 말해 주는지 이해할 수 있을 것이다.

플랑크는 알려진 사실을 묘사할 뿐 아니라 이해할 수 있도록, 사실과 이론을 논리적으로 갈라놓는 작업을 시작했다. 후에 그는 두 달 동안에 걸쳐서 한 작업에 대해, 그의 전 생애에 걸쳐 다시는 그렇게 열심히 일하지 못할 정도로 그 작업에 몰두했다고 회고했다. 비록 이 문제가 전기를 띤 입자들의 운동으로 정의되었지만 플랑크는 전기 이론에 기반을 두고 이 문제를 풀려고 시도하지 않았다. 대신 그는 열역학을 사용했다. 전에 언급했던 것처럼 열역학이 적용되는 범위는 매우 넓어서 검은 물체 문제는 전기 이론은 물론 열역학에 의해서도 다루어질 수 있었던 것이다.

플랑크가 열역학을 사용한 데는 그만한 까닭이 있었다. 다른 물리학자와 마찬가지로 그도 검은 물체 문제를 풀기 원했지만 그것과 병행해 또 다른 문제도 풀기를 바랐다. 그는 검은 물체 문제를 해결함으로써 열역학 제2법칙의 밑바닥 성질을 밝혀내고 싶었다. 그는 다시 한 번 더 절대적 의미에서 엔트로피는 꼭 증가함을 증명해 보이고자 원했다. 그것이 바로 1897년 검은 물체 문제를 골랐던 이유였다. 그것이 바로 그가 4년 동안에 걸쳐서 그 문제를 해결하려고 끊임없이 노력한 이유였다. 그는 만일 검은 물체 복사의 경우에 엔트로피가 증가함을 보일 수만 있다면 이 문제의 올바른 해답까지 바로 도달할 수 있으리라고 믿었다. 그러나 지난 4년 동안 그의 노력은 성공적이지 못했다. 이제 비록 튼튼한 이론에 근거하지는 못했을망정 검은 물체 복사 문제의 올바른 해답을 찾아낸 1900년, 그는 곧 이전의 연구로 되돌아가서 어떤 경우에든지 예외 없이 엔트로피가 증가한다는 측면에서 올바른 해답을 찾아내려고 시도했다.

그런데 그렇게 할 수가 없었다. 이것은 그가 4년 동안 심혈을 기울여왔던 열역학의 제2법칙에 근거해 이 문제를 풀려는 그의 시도를 이제 포기하든지, 아니면 마지막 남은 한 가지 가능성을 시도해 보든지, 두 가지 중에 한 가지를 선택하는 길만 남아 있음을 의미했다. 마지막으로 남은 가능성이란 제2법칙을 볼츠만(Ludwig Boltzmann)처럼 통계적으로 해석하는 것이었다. 플랑크는 전에는 결코 이 해석을 사용하지 않았다. 이제 볼츠만의 해석을 무시하지 말고, 그 문제를 분자들의 운동과 통계적 확률을 통해 마치 볼츠만이라면 했을 법하게 새로 정의했다고 가정하자. 그러면 이 새로운 기반으로부터 플랑크가 만든 옳은 공식까지 도달할 수 있을까? 만일 그렇게 된다면 그는 또한 자동적으로 제2법칙이 흑과 백처럼 분명하지 않음도 동시에 보여 주는 셈이 된다.

이와 같이 플랑크가 검은 물체의 복사 공식을 조직적이고도 끈기 있게 열심히 추구한 결과, 만일 더 계속한다면 제2법칙이 절대적인 진리임을 부정하지 않을 수 없는 지경에까지 이르게 되었다. 그렇지만 그는 더 계속했다. 그는 볼츠만이 그의 통계적 방법을 설명한 논문을 찾아 읽고서 그것을 자기 문제에 적용했더니, 아니나 다를까 자기 자신의 공식까지 바로 도달함을 알아냈다. 이런 방법으로 그는 수십 년 동안 품어 온 그의 신념을 버리고 비록 엔트로피가 증가할 가능성이 월등히 크지만 절대로 확실한 것은 아님을 증명하고 만 셈이었다.

이것이 막스 플랑크가 물리학에 기여한 전부였다고 하더라도 굉장히 큰 일임에 틀림없다. 그런데 그는 이 일을 이루어 내면서 또한 우연히 다른 새로운 생각에 이르렀다. 올바른 검은 물체 공식까지 도달하는 데 통계적 방법을 따르는 것이 필요했지만, 그것만으로는 충분하지 못했고 19세기 물리학을 극적으로 허물어뜨리는 다른 가정이 또한 필요했다. 볼츠만의 방법을 볼츠만이 적용했던 것과 같은 방법이 아니고 다른 방법으로 적용함으로써 플랑크는 효과적으로 에너지가 연속이 아니라는 가정에 근거해 그의 공식에 도달한 셈이었다. 그런 일이 어떻게 일어날 수 있었을까?

볼츠만의 방법을 이용해 문제를 풀어 나가면서, 어떤 단계에서 에너지를 몇 부분으로 나누는 것이 필요했다. 그 에너지가 일어날 확률을 계산하려면 그것이 일어날 횟수를 세는 것이 필요하기 때문이었다. 볼츠만이나 그의 이런 방법에 익숙한 사람들은 이렇게 에너지를 나누는 일은 단순히 계산하는 기술에 지나지 않음을 잘 이해했다. 계산의 나중 단계에서 언제나 또 다른 기술을 이용해 그렇게 나누던 것을 없애고 에너지를 다시 연속되게 만들면 되었다.

둥근 원처럼 곡선과 관계되는 문제를 푸는 데 때때로 이와 같은 방법이 사용된다. 원의 둘레를 처음부터 정확히 계산하는 대신에 우선 대강 계산하는 것이 더 수월할 때가 많다. 그렇게 함으로써 수학자는 원을 나타낼 때 계산하기 어려운 쪼개지지 않은 곡선 대신에 길이가 같은 짧은 직선들을 연결해서 될 수 있는 대로 원에 가깝게 나타낸다(짧은 직선들로 이어진 그림은 직선의 길이가 충분히 짧으면 거의 정확히 원으로 보인다). 이 짧은 직선들의 길이를 모두 더한 것이 원의 둘레를 계산하기 위해 사용될 수 있다. 그리고 나중에, 더 편리하다면, 수학자 는 짧은 직선들의 수효를 무한히 많게 만들어 정확한 원의 둘레를 얻는다. 이렇게 하여 쪼개지지 않은 곡선을 다시 회복한다.

쪼개지지 않은 에너지의 흐름은 마치 곡선처럼 무한히 많이 나눌 수 있다. 만일 볼츠만이 원했던 것처럼 플랑크가 에너지를 여러 부분으로 나눈 다음에 그렇게 나눈 횟수를 무한히 많게 만들어서 다시 합하는 방식으로 볼츠만의 방법을 적용했더라면, 플랑크가 얻었던 검은 물체의 복사 공식과는 완전히 다른 결론에 도달했을 것이다. 만일 그의 계산이 위와 다른 측면에서는 다른 점이 하나도 없다면, 자외선 재난에 이르는 옛날 공식을 다시 얻게 될 것이다. 앞에서 언급한 것처럼, 어떤 방법을 사용하는지에 관계없이 항상 자외선 재난에 도달하지 않을 수 없었다. 플랑크가 검은 물체 문제에 매달려 왔던 그 오랜 세월 뒤에, 드디어 그는 자외선 재난을 피할 수 있는 기회를 잡았다. 그의 방법은 고전 물리의 절망적인 결과를 또다시 주지는 않았다. 마지막으로 결정적인 단계에 도달했을 때, 그는 아직 생소한 과정을 밟아 나가고 있었다. 그는 나눈 에너지를 다시 결합시키지 않았다. 그는 이제 알아차렸다. 자기 앞에 놓인 공식인 옳은 해답에 이르는 방법이 바로 이 과정에 있었다. 이것은 그가 자외선 재난을 피했음을 의미했다. 부분으로 나누어 표현한 에너지는 더 이상 무한히 나누는 것을 허용하지 않기 때문에 복사 에너지의 양도 또한 무한히 크지 않았다. 더 좋은 일도 있었는데, 그것은 에너지를 서로 다른 크기의 부분들로 나눔으로써 에너지를 짧은 파장 영역으로만 몰리지 않도록 배열시킬 수도 있었다.

그것이 바로 플랑크가 그의 첫 번째 공식 뒤에 숨은 간단하지만 이상하며 양자론의 기반을 이루는 규칙을 발견하게 된 계기가 되었다. 이 규칙은 플랑크가 '얼마나 많은'에 해당하는 라틴어를 이용해 '양자(量子)'라고 이름 지은 에너지의 한 부분으로 이루어진 덩어리와 파장의 역수인 파동이 갖는 진동수 사이의 관계를 알려 준다. 양자 E가 지닌 에너지를 알려면 그 파동의 진동수 f에 h라고 표시되는 한 고정된 수인 상수를 곱하면 된다. 즉 E=hf이다.

플랑크의 규칙은 (진동수는 파동 현상과 관계됨으로) 불연속이라고 생각된 hf와 연속이라고 생각된 에너지 E가 같음을 나타내기 때문에 매우 이상하게 보였다. 이 방정식이 물리학에 끼친 엄청난 충격을 사람들이 그때 모두 다 느낀 것은 아니었다. 그렇게 엄청나게 영향을 끼친 것은 빛이 에너지 덩어리들, 즉 양자들의 흐름으로 이해될 수 있음이 밝혀진 훨씬 뒤의 일이었다. 검은 물체 문제는 복사 자체의 구조에 관한 것이라기보다는 빛이 방출되고 흡수되는 방법에 관한 문제였다. 플랑크의 연구는 단지 물질을 구성하고 있는 전하를 띤 입자들이 지닐 수 있는 에너지의 범위를 제한했을 따름이었다. 그 입자들은 한 양자의 에너지가 모두 방출되거나 또는 모두 흡수될 수 있는 방법에 의해서만 움직일 수 있었다. 만일 빛이 물질로부터 정해진 양만큼만 나온다거나 또는 정해진 양만큼만 물질로 다시 들어간다면 그것은 빛이 입자의 형태로 존재함이 틀림없음을 보여 주는 셈이다. 그러나 1900년에는 빛이 파동임을 조금도 의심할 여지없이 밝혀 주는 성질이 잘 알려져 있었으나, 빛이 입자일지도 모른다는 증거는 전혀 없었던 것이다. E=hf를 더 넓은 의미로 해석하기 위해서는 빛이 불연속적인 구조를 가졌다는 증거가 아주 조금이라도 드러난 훨씬 더 나중까지 기다려야만 했다. 그때가 되기까지는, 플랑크의 방정식이 나타내는 불연속성은 방출된 빛이 아니고 단지 방출하는 물체 자신이 갖고 있는 성질로만 간주되었다.

플랑크의 연구 결과 때문에 빛의 파동론이 직접 위협받지는 않았지만, 그러나 여전히 자연 현상을 관찰하면서 얻어진 그때까지 아무런 의심 없이 인정되어 왔던 개념들을 극적으로 깨뜨렸다. 흔들리는 추(진자)는 에너지를 조금씩 부드럽게 잃어버리는 것처럼 보이며, 여기서 추는 충분히 커서 직접 관찰할 수 있는 거의 모든 것을 대표한다. 이렇게 모든 경우에 에너지는 연속적으로 변하는 것처럼 보인다. 그렇지만 플랑크의 연구 결과는 그렇지 않다고 말해 준다. 검은 물체 복사의 경우에 에너지는 갑자기 또는 띄엄띄엄 변한다. 그 변하는 간격은 무척 작다. 방정식 $E=hf$에서 h는 에너지가 떨어진 간격을 표시하며 h의 단위는 에르그-초이다. h의 크기는

.00000000000000000000000000066

또는 6.6×10^{-27}이다.

그러면 플랑크의 연구는 결국 얼마나 혁명적이었을까? 에너지가 띄엄띄엄 변하는 간격이 보통 방법으로 관찰하기에는 단순히 너무 작았다. 약 1900년에 이르기까지 물리학자는 주로 진자(振子)나 그보다 더 큰 크기에서 일어나는 대상에 관심을 가져왔다. 이제 그들은 좀 더 깊게 조사하기 시작했으며, 작은 크기의 세계에서는 자연 현상이 기대한 것처럼 행동하지 않음을 발견했다. 그러나 그렇더라도 큰 크기의 세계에서는 전에 사용했던 물리학이 여전히 그대로 사용될 수 있었다. 추의 흔들거림이나 행성의 운동을 이해하기 위해 에너지가 미세하게 불연속이라는 사실을 고려해야만 할 필요는 없었다. 이와 같이 플랑크는 무엇인가 새로운 것을 밝혀냄으로써 예전 것을 꼭 모두 무너뜨리지는 않았지만, 예전 물리학이 성립하는 범위가 제한되어 있음을 보였다.

그리고 바로 그 점 때문에 플랑크의 연구가 혁명적이었다. 그것은 고전 물리학으로 대표되는 자연 현상에 대한 이해가 결국은 마지막이 아님을 시사했다. 고전 물리학은 물리 세계가 어떻게 작동하는지를 궁극적으로 알 수 있는 거대한 동작체계가 아닐 수도 있음을 암시했다. 플랑크는 의심의 씨앗을 뿌렸던 것이다. 이로부터 자연의 일부인 원자 세계에 대해 점점 더 알게 됨에 따라 새 물리학이 아주 조금씩 자라날 것이다. 이것을 시작으로 방사성 변화의 경우에서처럼 왜 통계 규칙이 꼭 사용되어야만 하는지, 왜 원자는 어느 때 빛을 내며 빛나지 않는지, 그리고 전자는 왜 모두 원자핵으로 떨어져 버리지 않는지를 다 이해하게 될 예정이었다.

1900년 크리스마스가 오기 2주일 전에 플랑크는 검은 물체 복사에 관한 연구 결과를 발표했다. 베를린 물리학회에서 발표된 강연 도중에, 그는 이 결과가 암시하는 고전 물리학에 대한 도전에 관해서는 한마디도 언급하지 않았다. 그것은 다른 정황으로 미루어 보건데, 그가 처음에는 자기가 이루어 낸 수학적 유도 과정이 무엇을 의미하는지 모두 다 이해하지는 못했음을 의미했다. 그는 $E=hf$에 이르게 한 길이 볼츠만이 사용한 길과 같지 않았음을 알지 못했다.*

더 재미있는 일은, 플랑크가 나중에 자기가 해낸 연구의 결과가 얼마나 혁명적인지 깨닫고 나서는 자기 연구 결과를 부정하려고 시도했다는 점이다. 그는 자기가 이미 해결한 문제의

---

* 당시에 플랑크가 이 점을 깨닫고 있었는지 아닌지 확실히 알기는 불가능하다. 위의 설명은 플랑크가 검은 물체 복사를 연구하면서 펴낸 논리를 자세히 추적한 물리 역사학자 마틴 J. 클라인의 견해를 따른 것이다.

처음으로 다시 돌아가서 다른 해답, 즉 치명적인 방정식인
E=hf를 이용하지 않고 올바른 공식에 도달할 수 있는 다른 이
론적 길을 찾아내려고 애썼다. 여러 해 동안 시도했지만 결국
도저히 성공할 수 없었다. 그러나 그는 희망을 버리지 않았다.
어쩌면 장래 어떤 새로운 사실이 발견되어서 고전 물리학에서
벗어난 그의 이론을 고쳐 줄지도 몰랐다. 플랑크는 심지어 그
렇게 되면 자기 자신의 연구 결과가 지닌 중요함이 줄어들 것
이 분명한 데도 불구하고 한시도 그런 희망을 버리지 못했다.

그런데 예상과는 달리 해가 지날수록 그가 옳았음이 자꾸 밝
혀졌고 그렇게 됨에 따라서 그의 연구 업적을 기리는 명예도
점점 더 높이 쌓이게 되었다. 독일에서 플랑크의 지위는 이제
폰 헬름홀츠의 그것과 비견할 만하게 높아졌다. 세계의 어느
곳에서든지 물리학자들은 그가 물리학을 혁명시킨 선구자라고
받아들였다. 다시 한 번 막스 플랑크는 자신이 처음부터 옳았
다는 만족감을 맛보지 못했다.

1900년 이후에도 전과 마찬가지로 플랑크는 주로 열역학 제
2법칙에 대한 연구에 몰두했다. 그는 이미 볼츠만처럼 통계적
으로 그 법칙을 해석하고 전과 다름없이 이 법칙이 어떤 결과
를 줄 것인지 경우마다 문제마다 꼼꼼하게 조사했다. 이런 노
력으로 극적인 결과를 얻기란 아주 불가능하지는 않더라도 미
미할 뿐이다. 플랑크의 동료 중에서 어떤 사람은 그가 이렇게
'보상받지 못할 의문'에 매달리는 이유가 무엇인지 궁금하게 생
각했다. 그들은 플랑크가 기계처럼 쉴 줄 모르고 열중하며 자
신의 막대한 에너지와 오래 단련된 습관 그리고 정교하고 빈틈
없는 방법 때문에 피해를 입는 것이라고 생각했다.

아인슈타인은 그들의 생각에 동의하지 않았다. 1913년 이후에 그는 플랑크를 아주 잘 알게 되었으며 그들 두 사람의 학문에 대한 자세나 자라온 배경 따위가 크게 달랐음에도 불구하고, 그리고 플랑크가 옆에 있으면 너무 예의를 차리는 바람에 전혀 편안하게 느낄 수 없었음에도 불구하고, 아인슈타인은 자기보다 나이가 훨씬 더 많은 플랑크에게서 그들 둘을 결합시키는 공통점을 찾아냈다. 아인슈타인은 플랑크가 단지 기계처럼 일만 하는 것은 아니라고 말했다. 그를 열중하게 만드는 것은 자연 현상 안에서 조화와 질서를 찾으려는 열망, 즉 '영혼의 갈증'이었다. 그것이 바로 아인슈타인이 다른 물리학자에게 말할 때면 그를 '우리 플랑크'라고 부른 이유였다. 그리고 "그것이 바로 우리가 그를 사랑하지 않을 수 없는 이유이다"라고 아인슈타인이 말했다.

많은 물리학자들이 플랑크의 연구가 얼마나 중요한지 깨닫게 된 것은 알버트 아인슈타인의 연구 결과 때문이었다. 양자라는 개념이 처음 나왔을 때 모두들 그것을 무시했다. 1900년 이후 다섯 해가 지날 때까지, 물리학자는 양자를 심각하게 받아들이지 않았으며, 양자라는 가정이 설명할 수 있을지도 모르는 실험 결과를 찾으려고 노력하지도 않았다. 왜 그랬을까? 그 이유 중에서 하나는 1895년에 X-선, 1896년에 방사능, 1897년에 전자, 그리고 1898년에 라듐이 발견된 것처럼 1900년에 플랑크가 발표한 연구에 미처 큰 관심을 보이기에 어려울 정도로 수많은 중요한 발견들이 바로 세기가 바뀌는 찰나에 우후죽순으로 쏟아져 나왔음을 들 수 있다.

무관심을 불러일으킨 다른 이유 중의 하나는 플랑크 연구의 성질 자체에서 찾을 수 있다. 그의 연구는 당시에 세워지고 이해된 물리학에 대한 도전을 의미했다. 물리학자는 그러한 도전을 냉큼 받아들일 필요가 없었다. 그들은 도전자의 위치가 절대적으로 우세할 때까지 기다리는 것이 보통이었다. 물리학에서는 여러 가지 이론들이 나오기도 하고 사라지기도 한다. 처음에는 그럴듯해 보이는 이론이 나중에 나온 새로운 정보에 의해 포기되어야만 하는 경우가 흔했다. 그래서 1900년의 사람들은 양자론이 단지 부분적으로 정보를 설명할 수 있는 깜찍한 방법 중에 하나에 불과할지도 모른다고 생각했다. 세월이 흘러감에 따라 그 이론이 살아남지 못할지도 몰랐다. 더 중요한 것은 검은 물체 복사라는 단 한 가지 경우에 위협받고 있는 물리학이 다른 모든 경우에는 아주 잘 성립했다. 그 물리학이 문제를 푸는 데 전혀 어려움이 없었고 모든 일을 잘 해결했다. 지금 사용되고 있는 생각이 유용하게 쓰여지고 있는데 그 생각 속에서 무슨 흠이 있을지 찾아보는 물리학자는 거의 없었다.

이러한 사정을 고려하면, 플랑크의 연구 결과가 제시하는 도전을 받아들일 만한 사람이 어떤 종류의 물리학자일지 예견할 수 있을 법하다. 그런 사람은 물리 법칙의 응용에 관심을 두는 것이 아니고, 그러한 법칙의 밑바탕에 깔려 있는 생각들의 구조에 관심을 둘 것이다. 그런 사람은 이 구조를 퍽 비판적으로 바라보며, 그 구조와 상반되는 생각을 추구하기를 두려워하지 않을 것이다. 그런 사람은 모든 일의 근원까지 파헤치려 들 것이다.

알버트 아인슈타인이 바로 그런 과학자였다. 다음 장에서 우리는 그가 한편으로는 양자론을 크게 발전시키고 다른 한편으로는 상대론을 소개함으로써 어떻게 현대 물리학을 이루는 주된 두 이론과 씨름하는지 보게 될 것이다.

다섯 번째 마당

알버트 아인슈타인: 1905년의 연구

사람이 열여섯 살 때처럼 다시 총명해질 수는 없다.
—Leo Szilard

검은 물체 복사에 대한 막스 플랑크의 연구 결과가 과학 논문집에 선보인 20세기를 시작하는 첫 번째 해에, 알버트 아인슈타인은 공과 대학을 졸업하고 아직 일자리를 구하지 못한 스물한 살의 청년이었다. 아인슈타인은 자기가 졸업한 스위스 공과대학에 프리바도젠트 자리를 신청했지만, 아직 빈자리가 생기지 않았다는 대답을 들었을 뿐이었다. 그래서 김나지움 선생 자리를 구하려고 애썼지만 역시 이룰 수가 없었다. 마지막에는 하는 수 없이 신문에서 가정교사를 구한다는 광고를 보고 달려갔다. 숱이 많은 곱슬머리에 슬픈 듯한 검은 눈을 지닌 작달막하고 통통한 청년은 그 광고에 난 자리를 얻을 수 있었다.

그가 가르칠 학생은 학교 성적이 별로 좋지 않은 두 소년이었다. 아인슈타인 자신도 예전 김나지움에 다닐 때 우수한 학생이 아니었다. 그는 자기가 '교육 기계'라고 부르는 김나지움의 교육 방법을 강력히 반대했다. 그가 보기에 그 방법은 단지 시험 기간에나 써먹을 수 있는 지식을 강제로 주입시킬 따름이었다. 그는 "호기심이란 자극이 없더라도 주로 자유로움 속에서 자라나는 섬세한 작은 나무"라고 말했다. 이제 그는 두 학생을 자기 방식대로 가르쳤다. 무슨 문제든지 풀어 주고 나서 외우게 하는 대신에, 그들에게 질문을 던지고 스스로 해답을 찾아내도록 부추겼다.

그는 자기가 맡은 일을 좋아했는데, 한 가지가 나빴다. 그는 그 소년들이 여전히 김나지움에 다니고 있는 바람에 키워주려고 최선을 다하는 그들의 호기심이 매일같이 김나지움에서 질식당하고 있다고 느꼈다. 그래서 아인슈타인은 소년들의 부모에게 자기가 김나지움의 선생님보다 더 잘 가르칠 수 있음을 설명하고 나서 소년들을 학교에 보내지 말라고 청했다. 그렇지만 그의 선의가 제대로 받아들여지지 않았다. 소년들의 아버지 자신이 김나지움에서 가르치는 선생이었다는 사실을 고려하면 그렇게 놀랄 일도 아니었다. 아인슈타인은 가정교사 자리에서조차 쫓겨나고 말았다.

또다시 아인슈타인은 실업자 신세가 되었으며, 친구가 베른에 위치한 스위스 특허청장에게 그를 소개해 줄 때까지 다른 직장을 구할 수가 없었다. 특허청장은 아인슈타인이 치른 필기시험의 긴 답안지를 읽고, 비록 경험은 없더라도 특허청에서 유용하게 일할 수도 있을지 모른다고 생각하고 그를 채용했다.

아인슈타인은 특허청 일 역시 좋아했다. 발명가들이 특허를 신청하면서 제출한 산더미처럼 많은 신청서가 아인슈타인의 책상 위에 쌓였다. 이 신청서에는 그들이 제출한 발명에 대해 매우 자세하게 설명하는 것이 원칙이었으며, 그 설명이란 것이 아인슈타인에게는 별로 익숙지 않은 전문 용어로 기술되어 있었다. 아인슈타인의 임무는 그렇게 자세한 신청서에서 발명품의 주된 특징만 간추려서 새로 요약된 신청서를 만들어 그의

상관에게 넘기는 일이었다. 그러면 이 요약된 신청서를 보고
상관이 특허를 줄지 말지를 결정했다. 아인슈타인은 그의 사고
능력을 이런 방법으로 사용하는 것이 좋았다. 그는 전문적인
장치나 기구에 흥미를 느꼈고 하루에도 산더미처럼 들어오는
신청서 중에서 가끔 기발한 아이디어를 발견하곤 했다. 그런
때는 특히 자기 일이 무척 신이 났다. 무엇보다도, 하루 임무를
서너 시간 안팎이면 모두 끝마칠 수 있어서 더욱 좋았다. 하루
치 일을 모두 끝낸 뒤에는 자기 일, 즉 물리학이나 그가 풀어
보고 싶은 문제에 대해서 생각하기 시작하곤 했다. 작은 종이
조각 위에 흥미 있는 계산을 하면서 누가 사무실로 들어오면
그 종이 조각을 황급히 책상 서랍에 숨기곤 했다.

   그가 이 기간 동안에 연구한 문제 중에서 한 가지는 루트비
히 볼츠만과 엔트로피에 관계되어 이 책의 앞부분에서 언급했
다. 그 문제란 여러 가지 종류의 분자 운동이 일어날 확률로부
터 열역학 법칙을 세우는 것이었다. 아인슈타인은 마음속에 특
정한 목표를 가지고 볼츠만의 연구를 발전시키고 확장시켰다.
그렇게 하기 위해서는 어떤 한 가지 계(系)의 전체 운동을 우연
의 법칙, 즉 통계 역학을 사용해 나타낼 수 있는 수학 과정을
거쳐야만 했다. 아인슈타인은 조시아 윌라드 깁스(플랑크에 앞서
서 엔트로피에 관한 연구를 발표했던 사람과 같은 깁스)가 그러한
통계 역학을 이미 만들었다는 사실을 알지 못했다. 여기에서도
또다시 다른 두 사람이 서로 상대편이 무엇을 하는지 알지 못
하면서 거의 같은 시기에 같은 문제에 흥미를 느끼고 있었다.

   자신이 이룬 연구 결과의 대부분을 다른 사람이 이미 더 먼
저 해 놓았다는 사실을 아인슈타인이 나중에 알았지만, 그에게

그런 일은 별 큰 문제가 못 되었다. 그는 자기가 만든 통계 역학과 통계적으로 다룬 열역학을 도구로 만들었다. 이제 그는 이 도구를 사용했다. 그는 아직까지 세상에 분자와 같은 (그러니까 원자와 같은) 것이 존재한다고 믿지 못하는 과학자가 확신할 수 있도록 만들고 싶었다. 그가 만든 도구를 사용해 계산하고 나서, 그는 어떤 특정한 조건 아래서는 분자 때문에 생기는 운동을 현미경으로 관찰할 수 있음을 알았다. 만일 특정한 질량과 크기를 지닌 입자가 액체 속에 떠돌아다닌다면, 이 입자의 운동은 그 액체를 이루는 분자와 충돌했음을 반영하게 될 것이다. 그리고 한 입자의 평균 운동은 어느 다른 입자의 평균 운동과도 같을 것이다. 그래서 아인슈타인은 분자가 존재한다는 가정과 또한 그의 통계 법칙의 기반이 된 볼츠만이 사용했던 가정 아래서 한 가지 예언을 만들었다. 그래서 그 예언이 옳은지 알아보기 위한 실험을 할 수 있었다.

그런데 사실은 그런 실험이 이미 다 이루어져 있었다(그 사실 또한 아인슈타인이 나중에야 알게 되었다). 영국의 식물학자인 로버트 브라운(Robert Brown)은 액체 내부에 떠다니는 꽃가루를 관찰했더니 이 미세한 입자들은 바깥에서 아무런 영향을 가하지 않았는데도 불구하고 계속해 이리저리 아무렇게나 움직이는 것에 주목했다. 브라운은 이런 움직임을 아인슈타인의 예언이 나오기 78년 전에 이미 관찰했으며, 그 운동을 그의 이름을 따서 '브라운' 운동이라고 이름 붙였다. 이제 아인슈타인은 분자가 존재한다는 가정 아래서 브라운 운동을 설명했다. 브라운 운동을 좀 더 세밀하게 관찰한 결과 아인슈타인의 예언은 세세한 점까지 모두 옳음이 밝혀졌다. 그 입자들은 만일 분자가 존재한다면 일어날 운동과 아주 똑같은 방법으로 움직였다. 이것이 분자가 존재함을 직접 눈으로 볼 수 있는 첫 번째 증거였으며, 이로 말미암아 실제로 과학자 사이에서 분자의 존재를 의심쩍어 하던 많은 사람들을 확신시켰다. 동시에 이것이 볼츠만이나 깁스 그리고 아인슈타인 등 여러 사람에 의해서 미리 준비된 수학적 도구가 얼마나 중요한지도 똑똑히 보였다.

아인슈타인이 특허청 사무실에서 해결한 문제 중 하나가 브라운 운동이었다. 또 다른 한 문제는 아인슈타인으로 하여금 1921년 노벨 물리학상을 받도록 만들어 준 광전 효과(光電效果)에 대한 이론이었다.

광전 효과는 빛이 무엇으로 이루어졌느냐에 대한 문제를 다룬다. 아인슈타인은 한동안 물리학의 밑바탕에 위치한 어떤 서로 상충되는 개념에 대해 깊이 고찰했다. 한쪽에는 물질이 있었다. 물질은 따로 떨어진 입자, 즉 원자로 구성되었으며 불연속적이었다. 다른 한쪽에는 복사파가 있었다. 복사파는 물질로 구성되어 있지 않았고 파동과 같았으며 연속적이었다. 그는 이 두 가지가 전부일지 또는 어쩌면 그 밑바닥에 그들을 하나로 묶는 무엇이 존재할지 의문스러웠다. 적어도 어떤 특별한 환경 아래서는 복사파도 불연속적인 측면을 갖지 않을까?

복사파가 공간을 통해서 지나간다면 그것은 파동과 같은 것임을 (그리고 파동은 연속적이므로 따라서 당연히 복사파도 연속적임을) 의심할 여지는 별로 없다. 예를 들면 한 줄기의 빛을 두 가닥으로 나누어서 빛과 빛을 더하면 어둡게 만들 수 있다. 이러한 행동은 빛을 파동이라고 볼 때만 설명할 수 있다. 한 파동의 마루와 다른 파동의 골이 겹치면 두 파동은 서로 상쇄되어 없어진다. 이런 환경 아래서는 빛이 연속적인 현상일 수밖에 없다. 그런데 다른 환경에서는 어떨까? 빛이 연속적임은 전혀 허술한 구석이 없이 완벽할까?

아인슈타인은 이러한 배경 아래서 검은 물체 복사에 대한 문제를 살펴보았다. 그는 여러 해 전에 플랑크도 이 문제를 연구한 적이 있음을 알았지만, 플랑크의 설명은 갈피를 잡을 수가 없었다. 그는 자기 자신의 통계 계산 방법을 "검은 물체의 경우에 적용하면 물리학으로부터 논리적으로 얻어지는 결론은 무엇일까?"라는 의문을 따져 보고 나서, 어떤 길을 따르든지 자외선 재난이라는 결론에 이를 수밖에 다른 도리가 없음을 알고는 만족스럽게 생각했다. 여기서 연속된 에너지라는 가정은 더 이상 성립하지 않았다. 그래서 빛이 연속된 에너지를 갖는다는 개념이 요지부동의 진리가 아닐지도 모른다는 약간의 증거를 얻은 셈이었다. 막스 플랑크는 검은 물체 복사에 대한 문제를 이미 알고 있는 물리학에 기반을 두고 풀 수수께끼로 다룬 반면에, 아인슈타인은 이 문제가 무엇인가 물리학에 대해 새로운 측면을 알려 주고 있는 실험으로 얻은 증거임을 깨달았다. 그가 계산한 결과로부터 아인슈타인은 플랑크와 마찬가지로 빛은 일정한 양만큼씩 덩어리지어서 검은 물체에 의해 흡수되거나 방출된다는 결론에 도달했다. 그렇다고 해도 조금도 걱정할 필요가 없었다. 어쩌면 그런 환경 아래서 빛은 항상 일정한 양만큼씩 덩어리지어진 것처럼 행동하는 모양이었다. 빛의 방출과 흡수에 대한 다른 종류의 실험도 이미 많이 수행되고 있었다. 그런 실험 결과는 무엇을 알려 줄까? 그 다른 실험의 결과는 빛이 연속된 파동으로 구성되었다는 생각과 일치할까? 아니면 빛이 양자라는 가정과 일치할까?

이렇게 생각을 이어나가면서, 아인슈타인은 몇 가지 금속에 의해 (자외선과 같은) 높은 진동수의 빛이 흡수되는 현상을 조사한 독일의 실험학자 필립 레나르트(Philipp Lenard)의 연구 결과에 눈을 돌리게 되었다. 이런 조건 아래서는 금속 안에 들어 있는 전자에 빛 에너지가 너무 많이 전달되기 때문에 전자 중에서 몇 개는 금속의 표면 밖으로 튀어나온다. 이렇게 높은 진동수의 빛을 금속 표면에 쪼여 주면 전자가 튀어나오는 현상을 '광전 효과'라고 부른다.

레나르트는 실험에서 한 가지 진동수로 이루어진, 즉 한 가지 색깔의 빛줄기를 사용했으며, 이 빛줄기를 금속 조각에 쪼여 준 다음에 금속 바깥으로 튀어나온 전자의 에너지를 측정했다. 빛을 내는 광원을 과녁인 금속에 가까이 가지고 오면, 빛의 세기가 증가하므로 그 빛의 에너지도 커진다. 그러면 금속 바깥으로 튀어나온 전자도 또한 더 큰 에너지를 가져야 할 것이다. 즉 그 전자는 더 빨리 움직여야 한다. 그런데 레나르트는 그렇지 않음을 발견했다. 빛의 세기를 증가시켰더니, 튀어나온 전자가 더 빨라지는 것이 아니고, 단순히 더 많은 전자들이 튀어나올 뿐이었다.

이것이 바로 빛을 연속된 파동으로만 고집하면 관찰된 사실을 제대로 설명할 수 없는 경우이다. 그러면 다른 관점에서 이 문제를 살펴보자. 금속 조각에 빛을 쪼일 때 나중에 '광자(光子)'라고 이름 붙인 에너지 양자들이 소나기처럼 금속 표면을 때린다고 가정하자. 빛을 이루는 광자가 금속에 부딪치면 전자에 에너지를 옮겨 주어서 전자가 금속 안으로 더 깊숙이 들어

가든지 아니면 금속 바깥으로 튀어나온다. 광자, 즉 양자는 모두 더 많지도 더 적지도 않은 똑같은 양의 에너지를 지닌다. 광원을 목표물(금속)에 가까이 옮기면, 더 많은 광자가 그 표면에 부딪칠 것이지만, 그때 부딪친 광자의 에너지가 변하지는 않는다. 따라서 튀어나온 전자의 빠르기도 또한 변하지 않을 것이다. 빛의 세기를 증가시키는 것은 금속을 때리는 광자의 수가 많아짐을 의미할 뿐이다. 그러면 광자가 충돌하는 횟수가 많아지기 때문에, 튀어나온 전자의 수 또한 더 많아지는 것이다.

빛이 파동으로 이루어져 있다는 관점은 레나르트의 실험 결과를 설명하는 데 실패했지만, 양자로 이루어져 있다는 관점은 완벽하게 잘 맞추었다. 우리가 앞에서 보았듯이, 플랑크는 E=hf 라는 방정식을 사용해서 검은 물체 문제를 해결했는데, 이 방정식에 의하면 양자의 에너지는 대응하는 파동의 진동수에 의존한다. 만일 똑같은 방정식이 광전 효과에 대해서도 역시 성립한다면, 다른 진동수를 지닌 빛줄기를 사용해서 실험하는 경우에 레나르트는 처음과 다른 결과를 관찰하게 될 것이다. 자외선을 이루는 광자는 빨간 빛을 이루는 광자보다 더 큰 에너지를 지닐 것이므로, 자외선을 쪼였을 때 금속으로부터 나오는 전자는 빨간 빛을 쪼였을 때 나오는 전자보다 더 빨리 움직일 것이다.

레나르트는 기대한 것과 똑같은 결과를 관찰했다. 튀어나온 입자의 빠르기는 쪼여 준 빛의 진동수에 따라 변했으며, 아인슈타인이 증명한 것처럼 그 빠르기는 방정식 E=hf에 꼭 들어맞았다. 양자 가정은 검은 물체 복사의 에너지를 해결한 것과 꼭 마찬가지로 광전 효과로부터 관찰한 것도 해결했다.

아인슈타인은 이런 방법으로 플랑크가 제안한 양자에 대한 아이디어를 확장해 고전 물리학과의 간격을 넓혔고 E=hf에 의해 나타난 모순을 강조했다. 즉 한쪽에는 입자의 에너지(E)를 그리고 다른 쪽에는 파동(f)을 정의하는 것을 같음 기호(=)로 연결해서 서로 반대되는 개념을 같다고 놓았다. 빛은 어떻게 입자처럼 보이기도 하고 파동처럼 보이기도 하는 두 가지 성질을 동시에 지닐 수 있는지 물리학자가 모두 이해하게 되기까지는 20년이라는 긴 세월이 더 필요했다. 나중에 다른 장에서 이 점에 대해 다시 살펴보기로 하자.

광전 효과에 관한 아인슈타인의 논문은 1905년 독일의 한 과학 논문집 10호에 발표되었다. 같은 10호에 브라운 운동에 대한 그의 논문도 함께 실렸다. 그뿐 아니라 같은 10호에는 아인슈타인이라는 동일한 이름으로 서명된 세 번째 논문인 상대론에 대한 첫 번째 이론도 함께 실렸다. 이 모든 연구가 완성되었을 때 아인슈타인의 나이는 스물여섯이었다. 스위스의 특허청에 근무하면서, 말하자면 누가 자기 사무실로 들어오지나 않을지 귀를 기울이면서 '짬짬이' 틈을 내어 연구하면서 아인슈타인은 이것을 모두 이루었다. 그리고 어떤 때는 근무를 마치고 저녁에 집으로 돌아온 후에 연구하기도 했다. 이런 환경이 깊이 생각하기에는 이상적이지 못한 것처럼 보일지도 모르지만, 아인슈타인은 자기의 처지를 가장 이상적으로 활용했다. 이때가 그에게는 가장 성과가 많은 기간이었으며, 어쩌면 가장 행복한 기간이었다고 말해도 큰 무리는 아닐 것이다. 무엇보다도 그가 그렇게 철저히 싫어했던 틀에 박힌 학교 공부가 다 끝난 뒤였다. 그에게는 우울하고 강압적이었던 고향인 독일을 떠났다. 그는 경제적으로도 독립했고 대부분의 시간 동안 자유롭게 자신의 연구에 몰두했다. 그가 살아가는 데 이 특별한 자유가 다른 어떤 것보다도 더 중요했다.

심지어 어린아이였을 적에도 아인슈타인은 침착하고 조용하며 생각이 깊었다. 그는 보통 아이들보다 훨씬 늦게 말문이 트였기 때문에 그의 부모는 혹시 자기 아들이 정신적으로 지진아가 아닌가 걱정했다.

아인슈타인 집안은 하나밖에 없는 아들이(딸도 한 명 있었다) 태어난 지 한 해 뒤에 독일 남부의 조그만 마을인 울름에서 뮌헨으로 이사했다. 뮌헨에서 아인슈타인의 아버지 헤르만 아인슈타인(Hermann Einstein)은 조그만 전기 화학 사업을 시작했다. 이 사업이 그렇게 번창하지는 못했지만 적어도 얼마 동안은 보통 수준의 생활을 꾸려 나갈 만한 수입을 가져다주었다. 사람들은 그들 부부가 명랑하고 모든 일을 어렵지 않게 생각하며 작은 마을 사람 같았다고 말했다. 그들이 지식층에 속하지는 않았지만 교육이 무척 중요하다고 느꼈으므로 아들이 학교에서 공부를 잘했으면 하고 바랐다.

그러나 아인슈타인은 학교에서 가장 중요하다고 치는 과목인 라틴어와 그리스어를 가장 못했다. 그는 많은 책을 읽었지만 대부분 학교에서 과제로 내준 것은 아니었다. 그는 많은 시간을 거의 아무것도 하지 않고 공상에 빠져서 지냈다.

아인슈타인이 농담으로 자기의 '조사(弔辭)'라고 부른, 그가 예순 살이 넘어서 쓴 짧은 자서전에서 어렸을 적에 곧잘 빠져들었던 공상에 관한 몇 가지 사건을 회고했다. 한 가지는 그가 네다섯 살쯤 되었을 때 방향을 알려 주는 나침반을 처음 알게

되자 일어났다. 그는 나침반을 아무리 흔들거나 돌리더라도 나
침반의 바늘은 늘 같은 방향만 가리키는 것을 보았다. 자신의
행동으로는 바늘의 방향을 도저히 바꿀 수가 없었다. 그 바늘
은 볼 수도 느낄 수도 없는 무엇인가 숨겨진 것의 명령에 따라
대답했다. 거기에는 자기가 직접 느낄 수 있는 세계에서 초월
한 숨겨진 세계가 있었다. 그는 실제로 자기를 떨게 그리고 차
갑게 만든 '경이스러움'을 느꼈다고 말했다.

아인슈타인의 나이가 열두 살이 되었을 때 그의 생애를 바꾸
어 놓은 다른 사건이 일어났다. 학교에서 곧 평면 기하를 배우
게 되리라는 사실을 알고서 그는 앞으로 배우게 될 것이 무엇
인지 알고 싶은 호기심에서 우연히 기하 교과서를 훑어보았다.
교과서의 어떤 '내용'은 학교에서 배우기 전에 무척 흥미를 끌
었다. 그러나 기하의 경우에는 교과서가 단지 흥미를 끄는 정
도가 아님을 발견했다. 그는 문제 하나하나마다 논리 정연한
순서로 주어진 증명과 그리고 도표와 논리 전개가 밀접하게 연
관된다는 사실에 끝없는 감명을 받았다. 여기서 그는 확실함과
질서 그리고 아름다움을 보았다. 막스 플랑크와 마찬가지로, 아
인슈타인도 우주로부터 의미가 담긴 양식(樣式)을 찾아내는 것
이 가능함을 깨닫고서 고무되었다. 그러나 플랑크와 다른 점은
아인슈타인이 이것을 학교 교실 안에서 깨닫지는 않았다는 것
이다.

음악의 경우에도 같은 일이 벌어진다. 플랑크처럼 아인슈타
인도 음악보다 더 좋아하는 것은 물리밖에 없었지만, 다시 한
번 그는 자신을 위한 음악을 스스로 찾아내야만 했다. 부모가
시키는 바람에 여섯 살 때부터 바이올린 레슨을 받기 시작했지

스위스 베른에 위치한 특허청의 자기 사무실에 앉아 있는 알버트 아인슈타인의 모습. 이 사진은 1905년에 발표된 논문들이 거의 마무리 지어질 무렵인 스물네 살 때 찍었다

만, 열세 살이 되기까지는 음악에 별 관심을 두지 않고 지냈다. 열세 살이 되어서 그는 우연히 모차르트의 소나타를 듣게 되었고 혼자서 그것들을 연주해 보기 시작했다.

앞에서 말한 것처럼, 아인슈타인이 열두 살 때 평면 기하를 알게 된 것이 그의 인생에서 전환점을 만들었다. 그때까지 아인슈타인은 종교에 깊이 이끌렸다. 유태인인 그의 부모는 종교에 전혀 관심을 두지 않았다. 보통의 유태인처럼 아들을 유태인이 다니는 초등학교에 입학시키는 대신에 집에서 가장 가까운 학교에 등록시켰다. 그 가까운 학교는 우연히도 천주교 학교였다. 그곳에서 아인슈타인은 천주교의 교리와 예식을 배우고 나서 매우 열심인 신자가 되었는데, 그의 아버지는 그런 것을 믿는다고 놀리곤 했다.

그런데 아인슈타인은 기하에 대한 책을 알고 난 후 갑자기 종교적인 관심을 모두 떨쳐 버리고, 수학을 공부하고 과학에 대한 교양서적을 읽기 시작했다. 성경에 쓰인 이야기 중에서 많은 부분이 사실일 수 없다는 확신으로부터, 그는 종교에 이끌렸을 때만큼이나 강한 감정으로 조직적인 종교에 등을 돌렸다. 그는 한동안 교회도 학교나 군대처럼 권위를 나타내는 상징이라 여기고 '열성스런 반(反)종교주의자'가 됐다. 아인슈타인에게는 교회나 학교나 군대가 모두 어릴 적부터 한 가지 방법으로만 생각하고 믿게 훈련시키는 동일한 하나의 '교육 기계'처럼 보였다.

독일의 정예 군대인 프러시아 황군에 속한 군인에게는 죽은 듯이 복종할 것이 요구된다. 아인슈타인은 학교에서도 또한 죽은 듯이 복종하지 않으면 안 되는 분위기를 느꼈다. 그에게는 학교 학생이 명령을 복창하면서 차려 자세로 서 있는 일등병 병사처럼 보였다. 그는 이해할 수 없는데 외워 암송하기보다는 차라리 벌을 받았다. 그래서 가능하면 되도록 참여하지 않았다. 그는 일생 동안 참여하지 않고 혼자였다. 그리고 시간이 흘러감에 따라 어릴 적에 품었던 사람이 만든 기관에 대한 나쁜 감정을 조금 누그러뜨렸지만, 그의 '어떤 특정한 사회적 울타리 안에 살아 있는 고정관념'에 대한 의심스러운 태도에는 변함이 없었다.

다른 사람이라면 그렇게 고립되어 지내기가 외로웠을지도 모르지만 아인슈타인은 그렇지 않았다. 그는 될 수 있는 한 "단순히 사사로운 감정의 사슬이라든지 바람이나 희망 그리고 초보적인 감정 따위가 지배하는 정서"라고 부른 것으로부터 벗어나기를 원했다. 그는 이런 것을 열두 살이 채 되기도 전에 이미 원하고 있음을 느꼈다. 실제로 그것이 바로 그가 종교에 그렇게 강하게 이끌린 까닭이었다고 말했다. 그는 천주교 교리와 유태 관습이 무척 닮았음을 보았다. 서로 다른 종교 제도도 근본적으로는 같은 것을 표현하는 데 단순히 다른 상징을 사용할 뿐이었다. 겉으로 보이는 기초적인 차이는 생활에서 '단순 히 개인에 관한' 부분을 무시할 수 있는 우선순위일 따름이었다.

그는 자기가 "젊은 시절 믿음의 낙원"이라고 불렀던 종교를 떠나, 그 자리를 다른 것으로 바꿨다. 그것은 기하학의 아름다움 그리고 물리 세계를 이해하는 것이 가능하리라는 깨달음이었다. 아인슈타인은 다음과 같이 말했다. "저 건너편에 거대한 세계가 존재했는데, 그것은 우리 인간과는 아무런 관련도 없이 스스로 존재했고 우리 앞에 하나의 거대하고 영원한 수수께끼처럼 버티고 서 있었다. 이 세계에 대한 생각은 마치 해방을 알려 주는 것 같았다." 이런 방법으로 단순히 사사로운 사슬로부터도 또한 벗어날 수 있었다.

이와 같이 아인슈타인은 열두 살 정도의 나이에 자기의 일평생 동안 나아갈 길로 접어들었다. 그것은 다른 사람과 그 사람이 속한 기관과 멀어지는 길이었으며, 그것은 또한 '믿음의 낙원으로 향하는 길처럼 편안하거나 매력적'이지도 않았다. 그렇지만 그는 이 길 또한 일종의 낙원으로 인도해 준다고 믿었으며 그 길에 대해 말할 때는 종교에서 사용하는 언어를 썼다.

그는 "신은 심오하시지만 심술궂지는 않으시다"고 말하곤 했다. 그는 이렇게 말함으로써 그 길이 아무리 어렵더라도 우주는 인간이 이해할 수 있도록 창조되었음에 틀림없다는 믿음을 표시했다. 다시 한 번 물리 이론이 근본 문제를 다루지 않는다고 비평하면서 그는 "이론이 많은 것을 알아냈지만 그러나 그 이론이 늙은 그분의 비밀로 우리를 조금이라도 더 가까이 데려다 주지는 못했다"고 말할지도 모른다.

아인슈타인의 나이가 열다섯 살이 되었을 때, 아버지가 사업에 실패했다. 헤르만 아인슈타인은 사업을 포기하고 이탈리아로 옮겨서 다시 시작하기로 결정했다. 그렇지만 그의 아들 알버트는 가족을 따라가지 못할 운명이었다. 그는 김나지움을 졸업할 때까지 독일에 남아 있어야만 했다. 김나지움 졸업장(Diploma)이 없으면 대학교에 입학하지 못했으며, 대학 교육을 받지 못하면 좋은 직장을 구할 수가 없었다. 그래서 아인슈타인은 강압적인 학교 선생님과 못살게 구는 학교 친구의 등쌀에 시달리며 지겨운 그리스어와 라틴어 공부를 계속하느라 씨름하며 뮌헨에 남아 있었다. 그는 이탈리아에 대해서 알고 있는 것들, 조각이라든지 미술, 음악 등을 모두 사랑했다. 이탈리아에서는 모든 것이 포근하고 즐거울 것임에 틀림없었다.

하숙집에서 아인슈타인은 현실에 부딪친 이 문제를 해결하려고 몰두했다. 어떻게 하면 앞날을 희생시키지 않는 방법으로 학교를 벗어나 이탈리아로 갈 수 있을까? 그는 두 가지 서류를 얻은 다음에 이 문제를 해결했다고 믿었다. 하나는 그의 수학 선생이 아인슈타인의 수학 실력은 상급 학교에 진학하는 데 충분하다고 보증한 편지였다. 아인슈타인은 이 편지를 보이면 디플로마가 없더라도 독일이 아닌 다른 나라의 전문학교에 입학할 수 있기를 바랐다. 다른 하나의 서류는 자기 의사에게 부탁해 얻었는데, 거기에는 신경쇠약 증세 때문에 알버트 아인슈타인은 적어도 6개월 동안 이탈리아의 부모와 합류해 휴식을 취하지 않으면 안 된다고 써 있었다. 그러나 이 서류를 학교 당국에 제출하기도 전에 학교 측에서 먼저 그에게 학교를 떠나라는 명령을 하면서 문제가 엉뚱한 방법으로 해결되었다. 그 이유가 무엇인지 물어 본 아인슈타인에게 학교에서는 그의 부정적 자세와 선생님을 존경하지 못하는 태도가 다른 학생에게 나쁜 영향을 미치기 때문이라고 대답했다.

아인슈타인은 이탈리아에 도착하자마자 독일 시민권을 포기했고 그렇게 함으로써 종교적인 유태인 사회와의 공식적인 연결도 또한 끊어 버렸다. 그렇지만 학교로부터 벗어날 수는 없었다.

부모의 새집이 있는 밀라노를 돌아다니고 제노바에 이르는 알프스 산을 오르내리는 짧지만 무척 즐거웠던 날들이 지난 뒤에, 아버지로부터 더 이상 그의 뒷바라지를 해 줄 수 없다는 말을 듣고서 그는 그의 '휴식'을 중단하지 않을 수 없었다. 이탈리아에서의 사업도 독일에서보다 조금도 더 나을 것이 없었다. 그래서 아들이 빨리 교육을 마치고 직장을 구해야만 했다 (한 친척이 교육비를 부담해 주기로 약속했다).

아인슈타인은 자신의 수학에 대한 지식이 디플로마가 없는 불리함을 상쇄해 줄지도 모를 공과대학에 입학하기를 희망했다. 공과대학 중에서 가장 이름이 나 있는 스위스 취리히에 위치한 한 학교에 입학을 신청했다. 그러나 수학 선생으로부터 받은 편지가 아인슈타인이 바랐던 것처럼 입학 허가를 받는 데 도움을 주지는 못했다. 입학시험에 합격하는 것이 필요했다. 아인슈타인은 그 입학시험에서 실패했다. 이제는 김나지움으로 돌아가서 디플로마를 얻는 수밖에는 다른 도리가 없었다. 그는 일 년 동안 스위스의 김나지움에 다닌 뒤에 다시 신청해 취리히 공과대학의 입학을 허락받았다.

그는 물리학을 공부했다. 수학도 매력적이었지만 수학은 여러 가지 분야로 나뉘어져 있었으며 그가 느끼기에 그중에서 어느 한 분야만 통달하는 데도 한평생이 걸릴 것 같았다. 그는 수학을 도구로 사용해 근본이 되는 물리 법칙을 표현하고 우주의 '수수께끼를 풀려고' 시도해 보고 싶었는데, 수학의 어떤 분야가 그런 마땅한 도구인지 알 수 없었다. 그는 하나를 골라야 했지만 그렇게 할 수 없음을 발견했다.

그렇지만 물리학의 경우에는 달랐다. 비록 물리학도 하나같이 다 어려운 여러 가지 분야로 갈라져 있는 것은 역시 마찬가지였지만, 그는 "어떤 것이 다른 모든 것과 구별되어 근본적인 데로 이르게 할 수 있을지 그 낌새를 챌 수 있었다"고 말했다 (그렇지만 나중에 그는 수학을 좀 더 많이 공부하지 않은 것을 후회하게 된다. 그의 두 번째 상대론은 마땅한 수학적 도구를 찾지 못해서 여러 해 동안 별 진전을 보지 못했다).

모든 다른 것은 다 제쳐놓고—그러니까 이것은 졸업시험을 통과하려면 꼭 알아야만 하는 과목도 다 제쳐놓았다는 의미이다—아인슈타인은 물리를 자기 자신의 방법대로 공부했다. 강의에 꼭 참석하지 않아도 괜찮다는 자유로움을 만끽하면서, 그는 물리 실

118

험실에서 오랜 시간을 보내곤 했다. 학교에서 채택한 교과서를 공부하는 대신에, 그는 자신을 위해 고른 물리에 대한 책을 읽었다. 막스 플랑크처럼 아인슈타인도 이미 받아들여진 이론에 논리적 밑바탕을 부여해 주는 폰 헬름홀츠와 키르히호프의 논문에 흥미를 느꼈다. 그는 그런 연구나 그와 비슷한 것으로부터 물리 이론의 구조에 대해 배웠다. 동시에 그는 한 문제를 풀려고 시도하고 있었다. 그는 "무엇이 근본적인 문제로 인도해 줄 수 있을지" 알려 주는 실마리를 얻기 위해 이미 받아들여진 물리학 이론을 하나하나 날카로운 눈으로 조사해 나갔다. 우리는 곧 그가 찾으려는 목표가 무엇인지 알게 될 것이다.

취리히 공과대학은 학생에게 아인슈타인이 전에 알았던 것보다는 훨씬 더 많은 자유를 허락했지만, 그러나 그의 말을 빌리면, "싫든 좋든 시험을 치기 위해 무엇이든지 줄줄 외워야만 한다는 병폐"는 아직도 남아 있었다. 시험 볼 때가 다가왔지만 그는 전혀 준비되어 있지 않았다. 그런데 그에게는 강의를 하나도 빼먹지 않고 꼬박꼬박 들으며 강의 노트를 조리 있고 완벽하게 만들고 있는 친구가 한 명 있었다. 아인슈타인은 그의 강의 노트를 빌려서 공부했다. 마음을 자기가 원하지 않는 것으로 채우는 짓이 싫었고 그렇게 한다는 것이 찜찜했지만 졸업 시험을 치기 전 두 달 동안 집중적으로 외웠다. 이렇게 강제로 공부하는 것이 얼마나 고통스러웠고 이에 대한 그의 반응이 얼마나 예민했던지 그는 다음과 같이 말했다. "…졸업 시험에 합격한 뒤로 꼬박 일 년 동안은 과학 문제라면 어떤 것도 내게는 지긋지긋하게만 느껴졌다."

그가 스위스 특허청에서 일하기 시작할 무렵부터 물리에 대한 그의 흥미가 되살아났으며, 그곳에서 우리가 본 것처럼 브라운 운동을 설명할 수 있게 만들어 준 통계 역학의 체계를 만들었고 광전 효과를 설명하는 이론을 끝마쳤다. 그는 또한 그곳에서 상대론에 대한 첫 번째 이론을 완성했는데, 그 이론은 (직선 위에서 빠르기를 바꾸지 않고 움직이는 균일한 운동만의) 특별한 경우를 다루었기 때문에 '특수 상대론'이라고 부른다. 특수 상대론으로부터 시작해서 아인슈타인은 나중에 균일하지 않은 운동도 설명할 수 있는 방법을 찾아냈으며, 그것이 일반 상대론이다. 아인슈타인이 이 두 이론으로부터 끌어낼 수 있었던 특별한 현상을 통해 그 이론들이 아주 유명해졌다. 일반 상대론의 결과로부터는 우주의 크기와 구조를 알 수 있으며, 특수 상대론으로부터는 $E=mc^2$이라는 방정식을 얻는데, 이 방정식이 원자력 에너지를 개발하고 발전시키는 데 결정적인 역할을 맡았다.

상대론에까지 도달하게 만든 일련의 생각은 아인슈타인이 열여섯 살 때 처음 시작되었다. 그는 운동과 빛에 대해 '호기심'을 갖고 있었다. 당시에 빛의 빠르기가 측정되었는데, 진공 중에서 빛은 매초 약 186,000마일의 빠르기로 진행해 나간다(이것은 빛이 1초 동안 지구를 일곱 바퀴 돌 수 있음을 뜻한다).

아인슈타인은 만일 관찰자가 원하는 만큼 얼마든지 빨리 달릴 수 있다면, 즉 심지어 빛만큼이나 빨리 달릴 수 있다면 어떤 일이 벌어질지 알고 싶었다. 내가 거의 빛처럼 빠르게 달리면서 빛의 뒤를 쫓아간다고 상상해 보자. 내가 보기에 빛의 빠르기는 초속 186,000마일보다 훨씬 느릴 것이다. 그리고 내가 관찰한 빛은 느리게 움직이지만, 내가 관찰하는 바로 그 시간에 정지해 있으면서 그 빛의 빠르기를 측정하는 사람에게는 그 빠르기가 매우 빠른 초속 186,000마일일 것이다.

이러한 결론이 그에게는 어쩐지 옳지 않게 보였는데, 물리학에서는 그 어느 것도 위의 결론이 틀렸다고 말해 주지 않았다. 그는 위와 같은 논리를 한 걸음 더 앞으로 밀고 나갔다. 그는 "내가 빛과 같은 빠르기로 움직인다고 가정하고 내가 빛을 타고 간다고 가정하자. 그러면 나에게 빛은 움직이지 않는 것처럼 보일 것이다"라고 생각했다. 이 세상에 어떻게 그런 것이 존재할 수 있을까? 빛은 그것이 움직이는 진동수로 정의되었다. 그래서 정지된 빛이란 빛 자체의 정의와 모순이 된다. 즉 역설(逆說)이다.

그가 열여섯 살 때 경험한 이러한 호기심이나 생각이 그를 불편스럽게 만들었지만 또한 흥분스러웠다고 아인슈타인이 나중에 고백했다. 취리히 공과대학 학생 시절이었던 그때, 그는 아주 비슷한 문제를 풀려고 시도하는 어떤 실험에 대해 읽게 되었다. 그 사람들은 공간이나 물질에 모두 스며들어 있다고 가정해 온 에테르라고 부르는 존재에 대한 빛의 빠르기를 측정하기 위한 기구를 설계했다. 이 에테르는 전에 실험으로 탐지된 적이 결코 없었다. 그렇지만 빛이 파동의 형태로 전달된다는 것은 실험으로 밝혀진 사실이었으며, 이 파동은 공기 분자는 물론 그 어떤 알려진 형태의 물질도 포함하지 않은 빈 공간을 지나올 수 있었다. 빛을 제외한 모든 다른 파동 현상은 어떤 형태로든 그것을 전달해주는 역할을 맡는 매질이 없으면 존재하지 못한다. 빛에도 또한 그와 같은 매질이 있을 것이라고 가정했다. 에테르의 기능이 바로 그런 매질 역할을 맡는 것이

었는데, 에테르는 너무 미세해서 아직 측정하지 못하고 있다고
가정했다.

만일 우주를 채우고 있는 에테르라는 것이 정지해 있다면,
그 안에서 움직이는 행성인 지구는 에테르에 의한 저항을 만나
고 에테르 속에 '바람'처럼 흐르는 것이 만들어질 것이다. 이
흐름에 대해 반대 방향으로 보내진 빛은 어느 정도까지 느려져
야 하고, 그 반대 방향인 에테르의 흐름과 같은 쪽으로 보내진
빛은 그만큼 더 빨라져야 한다. 미국 실험학자인 A. A. 마이컬
슨(A. A. Michelson)이 이러한 가정이 참인지 거짓인지 실험으
로 밝혀내려고 결심했다. 그는 한 장치를 고안해 냈는데, 그것
은 기본적으로 두 거울로 이루어져 있으며, 한 개의 빛줄기를
두 가닥으로 나누어서 동시에 다른 방향으로 보낸 다음에 두
빛이 반사되어 원래 자리로 되돌아오면 관찰할 수 있도록 만들
었다. 마이컬슨의 첫 번째 조사는 그가 헤르만 폰 헬름홀츠 실
험실에서 공부하던 1881년 독일에서 이루어졌다. 그는 부정적
인 결과를 얻었다. 두 가닥으로 갈라진 빛줄기가 제각기 여행
한 시간이 서로 다르지 않았다. 모두 매초 186,000마일의 빠
르기로 측정되었다. 여섯 해 뒤에, 마이컬슨은 미국에서 이 실
험을 반복했다. 이번에는 E. W. 몰리(E. W. Morley)와 공동으
로 더 정교한 장치를 이용했다. 그러나 결과는 전과 마찬가지
였다.

이것이 꼭 에테르만 존재하지 않음을 의미하지는 않았다. 에
테르가 정지해 있지 않고 지구를 따라 끌려다니는 것도 가능하
며, 그럴 경우에는 에테르의 흐름이 만들어지지 않고 두 빛줄
기의 여행 시간도 영향을 받지 않을 터였다. 이것이 한 가지

가정이었고, 다른 가정들도 있었다.

이 실험에 대한 얘기를 들었을 때, 아인슈타인은 벌써 여러 해 전부터 생각하기 시작했고 그동안 계속해서 잊지 못하던 바로 그 역설과 연관된 것으로 받아들였다. 에테르란 존재가 있느냐 또는 없느냐는 의문은 우선 한쪽으로 제쳐놓고, 이 실험의 결과는 태양 주위를 공전하는 동안 끊임없이 그 방향을 바꾸고 있음에도 불구하고 이 지구에 대한 빛의 빠르기는 늘 같음을 알려 주었다. 이 결과로부터 관찰자가 아무리 빨리 움직이더라도 결코 빛을 따라잡을 수는 없다고 결론지을 수 있다. 즉 누구도 정지한 빛을 볼 수는 없다.

이제 아인슈타인은 오래전에 느꼈던 의문을 풀 실마리를 얻었다. 이제 그는 빛의 빠르기가 일정하다는 사실을 어떻게 이해할 것이냐는 문제에 부딪쳤다. 빛은 정지한 사람에게나 또는 그 빛과 같은 방향으로 움직이는 사람에게나 동시에 모두 똑같은 빠르기인 매초 186,000마일로 진행한다는 것이 어떻게 가능할까?

아인슈타인은 마침내 이 질문에 대답할 수 있는 방법을 발견하고, 특수 상대론 또는 적어도 그 이론의 기본 성질을 만들었다. 이 질문에 대답하기 위해 그는 어떤 새로운 정보도 필요하지 않았다. 그것은 질문 자체에서 오랫동안 아무런 증명 없이도 당연히 그러려니 하고 받아들여진 잘못을 찾아냄으로써 풀렸다(아인슈타인 이후의 시대에 산다는 유리한 조건에 놓인 독자는 이 잘못을 쉽게 찾아낼 수 있을지도 모른다).

문제를 풀 열쇠가 질문 자체에 숨겨져 있음을 알지 못한 채, 아인슈타인은 취리히 공과대학 시절 이후 계속해서 무엇이든지 의지해 시작할 수 있는 실마리를 찾으려고 물리학에서 알려진 사실을 하나하나 철저히 조사해 나갔다. 그는 그렇게 해도 그 것을 찾을 수 없었다. 그는 못 견디게 알고 싶었다. 그는 무엇인가를 향해 끌려 나갔지만 도저히 거기에 도달할 수는 없을 것 같았다고 말했다. 그는 자주 풀이 죽었고, 어떤 때는 절망스럽게 느끼기조차 했다.

그는 물리학을 (시험은 조금도 걱정하지 않고) 혼자 공부하면서 점점 더 물리학을 비판적으로 바라보게 되었다. 물리학이 그렇게 간단하지는 않았다. 어쩌면 꼭 필요하지도 않은 가정을 도입하고 있었다. 그 한 예로 에테르를 들 수 있다. 그것은 빛을 이해하는 데 필요한 매질 역할을 맡으라고 생각해 낸 것이다. 그렇지만 그때까지 아직 실험으로 에테르가 존재한다는 증거를 못 찾았다. 어쩌면 그것은 그저 이해를 위해서 만들어진 것에 지나지 않을지도 모른다.

이 가상적인 에테르와 아주 오래전에(여러 세기 전에) 운동 자체를 설명할 목적으로 물리학에 도입된 다른 한 가지 생각이 매우 유사했다.

우주에는 어떤 대상의 운동을 판단하기 위해 기준점으로 사용할 수 있는 움직이지 않는 대상, 즉 움직이지 않는 별이나 행성을 골라낼 수 없다. 모든 것이 다 움직인다. 지구는 태양 주위의 궤도를 따라 공전한다. 태양은 태양계에 속한 행성을 모두 다 데리고 함께 은하계 안에서 움직인다. 은하계 자신도 다른 은하계 기준으로 보면 움직인다. 오래전에 한 가지 질문이 대두되었다. "어떤 물체가 지구를 기준으로 볼 때와 태양을 기준으로 볼 때 서로 다르게 움직인다면, 그 물체의 참된 절대적인 운동을 어떻게 알아낼 수 있을까?" 만일 공간이 천체를 담고 있는 고정된 그릇이며, 이 그릇은 그 안에 담고 있는 천체, 즉 별들의 운동으로부터 아무런 영향도 받지 않는다고 생각하면 이 질문의 대답을 찾아낼 수 있다. 공간이 기준틀이 되며, 천체나 또는 어떤 다른 대상에 대해서도 이 기준틀에서 본 절대적 운동을 부여할 수 있다.

아인슈타인은 에테르란 생각을 의심했던 것과 마찬가지로 고정된 또는 절대적인 공간이란 생각도 의심했다. 위의 두 가지 가정에 대한 증거가 모두 실험으로는 전혀 증명되지 않았으며, 그는 물리학자가 흔히 말하는 "어떤 것을 측정할 수 있는 양과 관계 지을 수 없다면, 그것을 안다고 말할 수는 없다"라는 좌우명을 믿었다. 게다가 그는 주어진 현상을 이해하기 위해 이처럼 머릿속에서 꾸며대는 것이 꼭 필요하지도 않다고 느꼈다. 근본적으로, 자연 현상을 다스리는 법칙은 간단한 것임에 틀림없었다. "신은 심오하시지만 심술궂지는 않으시다." 그래서 뉴턴의 절대 공간이라는 근거 없는 가정을 사용하지 않고서도 운동을 지배하는 뉴턴의 법칙을 알아내는 것이 틀림없이 가능할 것이다.

아인슈타인은 이렇게 생각을 이어나가면서 에른스트 마흐(Ernst Mach)의 철학 논문으로부터 큰 영향을 받았다. 그는 고전 물리학의 밑바탕이 되고 있는 기본 개념이 실험으로 알려진 사실과 충분히 연결되어 있지 못하다고 통렬히 비판했다. 마흐는 절대 공간이라는 생각이 의심스러울 뿐 아니라, 일상생활에서 우리가 알고 있는 것과 같은 시간인 절대 시간에 대한 개념도 충분한 근거가 없다고 보았다.

아인슈타인이 빛의 빠르기가 일정하다는 데서 제기된 문제를 풀려고 시도하다가 멈칫한 것이 바로 이 생각 때문이었다. 이 문제를 풀려는 오랜 탐색 끝에 한 전환점이, 일상생활로부터 익숙한 시간에 대한 개념이 측정에 의해 옳다고 밝혀질 수 있을지 의심하기 시작한 마흐의 생각과 그 궤도를 같이해서 찾아왔다.

아인슈타인은 시계란 무엇인가라고 자신에게 물어 보았다. 우리는 어떻게 "시간을 재는가?" 우리가 시간을 재는 방법이 어떤 환경에서도 모두 가능할까? 우리 시계가 항상 같은 박자로 움직이는지 아닌지 알고 있는가? 시계가 굉장히 빠르게, 빛만큼 빠르게 움직인다고 가정하자. 그런 경우에도 시계의 박자가 아무런 영향을 받지 않는다고 말할 수 있을까?

이 마지막 질문에 대답하기 위해 가능하다고 생각되는 실험을 모두 분석해 본 끝에, 그는 "알지 못한다"가 이 질문의 대답일 수밖에 없다고 결론지었다. 시계의 박자가 시계의 운동으로부터 영향을 받는다고 가정하는 것의 정당성이, 받지 않는다고 가정하는 것의 정당성과 조금도 다르지 않았다.

그렇다면, 서로 다른 빠르기로 움직이는 사람이 시간을 서로 다르게 잰다고 가정해 보자. 그러면 이 두 가지 서로 다른 시간을 재는 방식을 비교하는 것이 가능할까? 시간에 차이가 나는 것이 허용될까? 그러한 것을 알아볼 수 있는 실험에 대해 분석해 본 결과 대답은 가능하지 않다는 것이었다.

이제 앞에서 제기한 "빛이 정지한 사람에게나 또는 그 빛과 같은 방향으로 움직이는 사람에게나 동시에 모두 똑같은 빠르기인 초속 186,000마일로 진행한다는 것이 어떻게 가능할까?"

라는 문제를 어떻게 해결했는지 알아보자.

이 질문은 서로 다른 빠르기로 움직이는 두 사람이 같은 방식으로 시간을 재서 빛의 빠르기를 동시에 측정할 수 있다고 가정한다. 이 가정은 그것을 뒷받침해 줄 아무런 근거도 갖고 있지 못했다. 그렇다면, 다른 방식으로 잰 시간으로 빛의 빠르기를 관찰하면 그 빠르기가 두 사람에게 항상 똑같게 보이도록 두 사람이 잰 시간이 각자의 빠르기에 따라서 달라질 수도 있지 않겠는가?

이것이 아인슈타인의 특수 상대론에 포함된 골자이다. 여기까지 다다르는 데 아인슈타인은 거의 일곱 해를 보냈다. 그는 절대 시간이라는 관념이 '무의식 깊숙이 틀어박혀' 있었으며 의심하기가 매우 힘들었다고 말했다. 그러나 한번 그것을 의심하게 되자 나머지는 쉽게 풀렸다. 그의 마음속에 담긴 자신만의 부호 언어를 정확한 용어로 옮기고 논리적인 결과를 추적해 내는 데 겨우 다섯 주밖에 걸리지 않았다.

그 결과로 나온 것은 조금밖에 안 되는 것에서 많은 것이 얻어진다는 의미에서 간단한 이론이었다. 그리고 그가 시작한 이 조금밖에 안 되는 단 몇 가지의 원칙(공리)은 실험으로부터 얻은 확실한 근거를 가지고 있었다. 이 이론에서 가장 기본이 되는 공리는, 단순하게 빛의 빠르기는 그 빛을 내는 광원이나 그 빛을 받는 관찰자의 균일한 운동에는 아무런 관계없이 항상 똑같이 관찰된다는 것이다. 그는 이를테면 효과적으로 다음과 같이 말하면서 그의 이론을 시작했다. "만일 에테르나 절대 공간 그리고 절대 시간과 같은 개념을 전혀 도입하지 않고도 문제를 해결할 수 있는지 보자. 빛의 빠르기는 운동 상태에 관계없이 누구에게나 똑같이 보인다는 이 한 가지 공리를 제외하고는 어떤 것도 당연히 그럴 것이라고 인정하지 말자. 그리고 그 공리로부터 무엇을 얻을 수 있는지 보자."

아인슈타인이 논리를 전개한 과정을 보면, (물리학자가 글자 'c'로 표시하는) 빛의 빠르기(光速)가 자주 나오는데, 그것은 광속을 하나의 조직 원리로 사용했기 때문이다. 이 광속은 특수 상대론의 한 부분을 이루는 움직이는 물체를 지배하는 새 법칙에도 들어 있는데, 새 법칙은 물체가 광속 c에 비해서 매우 천천히 움직이는 경우에는 뉴턴의 법칙과 똑같게 바뀌지만 물체의 빠르기가 c에 가까우면 뉴턴의 법칙과는 달라진다. 새 법칙에 따르면 물체가 더 빨리 움직일수록 그 질량도 더 커지며, 그 빠르기가 c이면 질량은 무한히 커진다. 그러므로 이 세상에서 어느 것도 광속인 초속 186,000마일만큼 빨리 움직일 수는 없다.

새 법칙으로부터, 전에는 서로 다른 양이라고 여겨온 질량과 에너지가 실제로는 같은 것의 서로 다른 두 측면임이 또한 밝혀졌다. 아주 작은 질량도 아주 많은 양의 에너지에 해당하며 이것을 식으로 쓰면 $E=mc^2$이다. 이 방정식이 어떤 사람의 주장처럼, 원자가 막대한 에너지를 저장하고 있음을 드러내는 것은 아니다. 방사능 붕괴를 연구한 러더퍼드나 그 밖의 사람들도 이 점을 잘 이해하고 있었다. 그러나 이 방정식이 나중에 원자력 에너지를 개발하는 데 정량적인 근거를 제공했다.

아인슈타인에게 $E=mc^2$은 특별한 의미를 가졌다. 이 방정식은 자연의 기본 관계를 나타내며, 아인슈타인이 알아차렸던 것처럼 뉴턴 물리학을 세우는 데 사용된 가정보다 훨씬 더 간단한 가정으로부터 논리적 단계를 거쳐서 얻어졌다. 그래서 여기에 우주를 구성하는 밑바탕이 되는 양식(樣式)은 논리적으로 단순하리라고 생각한 그의 믿음이 결국 옳았음이 밝혀졌다.

특수 상대론이 발표된 지 몇 해가 지난 뒤에, 수학자인 헤르만 민코프스키(Hermann Minkowski)는 이 이론을 아인슈타인이 사용한 것과는 다른 수학 형태로도 표현할 수 있음을 깨달았다. 민코프스키가 수학적으로 옮긴 이론에서는, 공간과 시간이 4차원 연속체인 하나로 나타났다. 아인슈타인은 이미 다른 두 사람이 관찰한 같은 사건이 서로 다르게 측정되어야 함을 보였다. 그러나 민코프스키의 이론은 그와 동시에 또한 서로 다른 관찰을 연관 짓는 방법도 제공해 줌으로 어떤 사람이 측정하더라도 그것이 모든 다른 사람에게도 또한 옳도록 믿을 만하게 측정될 수 있다는 점을 알려 주었다. 민코프스키는 측정된 자료를 수학적인 공간-시간 체계에 적용함으로써 그렇게 연관 짓는 방법을 얻을 수 있음을 보여 주었다. 그래서 아인슈타인의 이론이 공간과 시간에 대해서 새로운 정의를 내릴 수 있도록 만들어 준다는 사실이 밝혀졌다.

이제 단지 균일한 운동과 같은 특수한 경우뿐 아니고 모든 운동을 이 4차원 방식에 적용시키는 문제가 남았으며, 그래서 일반 상대론에 도달하게 된다. 아인슈타인은 이 일을 착수했다.

그의 생애의 거의 마지막에 임박하여, 로버트 오펜하이머(Robert Oppenheimer)와 담소하던 중에 아인슈타인은 그가 스물여섯 살에 완성한 굉장한 연구가 자기 인생의 나머지 부분에 어떤 영향을 미쳤는지 얘기했다. 그는 "일단 우리가 무엇이든지 한번 그럴듯한 일을 해 내고 나면, 그 후로는 영원히 우리의 연구와 생활이 조금 이상해진다"고 말했다.

1905년을 시작으로 해 그 이후에는, 말하는 사람이 누구냐에 따라 아인슈타인이 여러 가지의 서로 다른 것을 의미하는 상징이 되었다. 어떤 사람에게 그는 위험한 극렬주의자로 비쳤다. 다른 어떤 사람에게는 그저 순진한 무능력자처럼 비쳤다. 어떤 사람은 아인슈타인의 연구를 '선'한 것이든 '악'한 것이든 절대적인 것은 모조리 없애야 된다는 의미로 받아들였다. 또 다른 어떤 사람은 모세와 마찬가지로 자기 민족을 새 세상으로 인도하는 것을 돕는 종교 지도자라고 생각했다.

아인슈타인이 명성을 얻고 상대론의 이상한 결과가 널리 알려지기 위해서는 훨씬 더 오래 기다려야 했지만 그러나 1905년 그의 연구 결과가 다른 과학자에게 알려지자마자 거의 즉시 그의 생활은 달라지기 시작했다. 아인슈타인이 직장을 얻으려고 몸부림치던 불과 몇 해 전에 맛보았던 학문 세계의 높은 문턱은 이제 그에게는 더 이상 존재하지 않았다. 모든 사람이 그에게 들어오라고 간청했다. 그의 연구가 발표된 직후인 1905년 아인슈타인은 무명(無名)이었지만 행복했던 특허청을 떠났다.

베른 대학교에서 프리바도젠트가 된 지 일곱 해가 지난 뒤에 그는 교수로서는 정상까지 올라서 서른세 살의 젊은 나이에 정교수가 되었다. 학문 사회에서 보통 관습으로는 한 단계 더 높은 지위로 올라가는 것이 퍽 더디게 진행되었지만, 그의 경우에는 능력을 인정받아서 껑충껑충 뛰어올라갔다. 그는 베른 대학교에서 취리히 대학교로 '유치'되었고, 그다음에는 프라하 대학교로 옮긴 뒤 또다시 취리히 대학교로 돌아왔으며, 그리고는 한때 그가 학생이었던 취리히 공과대학으로 옮겼다. 한 번 옮길 때마다 학문 사회에서는 (보통 더 많은 보수가 수반되는) 더 높은 지위를 그리고 더 많은 존경을 의미했다.

아인슈타인은 한 단계 더 오를 때마다 조금씩 더 불안했다. 특허청에서는 그에게 맡겨진 임무를 모두 다 충실히 해낼 수 있다는 뿌듯한 만족감을 누릴 수 있었다. 그러나 대학교에서는 경우가 달랐다. 그는 학사(學事)에 관계되는 잡무를 싫어했으며 그런 것은 하더라도 대충 끝냈다. 그 결과로 그는 자기가 대학교에서 주는 봉급을 받을 만한 가치가 없다고 느꼈고, 아니면 자기의 연구가 대학교의 평판을 높여 줄 만큼 좋은 결과를 내야지만 겨우 봉급 값을 할 것으로 느꼈다. 그는 아이디어를 내는 대가로 봉급을 받는다고 생각했다. 마치 그가 학생 시절에 그랬던 것처럼, 다른 사람들이 그의 아이디어를 요구할 권리가 있는 것처럼 굴었다. 그래서 그는 편안치 못한 의무감에 시달리며 살았고, 구두를 수선하는 사람이나 등대지기처럼 늘 마음의 자유를 누리면서도 맡은 일을 다 해내는, 단순한 일을 하며 돈을 버는 사람의 행복한 생활을 부러운 듯이 탐냈다.

1913년 독일로부터 아주 중요한 임무를 띠고 온 사람이 취리히에 살고 있는 아인슈타인을 방문했다. 그는 특수 상대론이 얼마나 중요한지를 맨 먼저 깨달은 물리학자 중 한 사람인 막스 플랑크였다. "만일 그 이론이 내가 예상하듯이 옳다고 증명된다면, 그는 20세기의 코페르니쿠스가 될 것이다"라고 1910년 플랑크가 예언했다. 그가 상대론을 찬양한 까닭은, 그 이론이 그때까지 절대적이라고 여긴 생각에 도전했기 때문이 아니고, 그가 보기에 상대론이 물리학에 새로운 절대성을 가져다주었기 때문이었다. "모든 것이 상대적이라는 말은 무엇인지 절대적인 것이 존재한다는 가정이 먼저 있은 뒤에 성립하며, 절대적인 무엇과 나란히 놓여 있을 때에만 의미를 갖는다"라고 플랑크가 말했다. 상대성의 경우에 이 절대적인 것은 4차원의 공간-시간 연속체였다.

플랑크는 아인슈타인과 같은 위치의 물리학자에게 아마도 전체 유럽에서 가장 좋은 직책을 맡아 달라고 청하기 위해 스위스까지 찾아왔다. 그 직책이 담당할 임무는 많은 기금을 가지고 새로 세워진 연구소의 소장으로서 그 연구소에 소속된 뛰어난 물리학자들을 지휘하는 것이었다. 그리고 유럽에서 가장 높은 지위를 누리는 대학교에서 '교수'라는 직함을 갖게 되지만 학사에 대한 잡무는 전혀 없다. 자기가 원하지 않으면 강의도 맡을 필요가 없었다. 봉급은 무척 많았고, 활동에 대한 자유는 거의 제한받지 않았다.

그것은 너무 매력 있는 제의였지만, 유감스럽게도 독일로부터 온 제의였다. 이 제의가 온 곳은 독일 황제인 빌헬름 2세가 친히 자기 이름을 붙여 세운 연구소이자 폰 헬름홀츠와 플랑크가 재직하고 있는 대학교인 베를린 대학교였다. 아인슈타인은 말할 필요도 없이, 어렸을 때 조금의 미련도 없이 떠나온 나라이자 자기가 그렇게 견딜 수 없다고 생각했던 바로 그 학문 세계의 가장 중심부로 돌아간다는 생각을 좋아하지 않았다. 물리학에 대한 헌신적인 정열이 자기와 그렇게도 닮은 플랑크에게까지 아인슈타인은 어쩐지 조금 서먹서먹하게 느꼈다. 아인슈타인은 플랑크에게서 풍기는 심각하고 공식적인 프러시아식 행동 같은 것 때문에 항상 정을 느낄 수가 없었다.

반면에 만일 그가 플랑크의 제의를 받아들인다면 그것은 그 시대에 가장 위대한 과학자들과 함께 합류하는 것이고, 그러면 자신의 사고도 촉진될 것이었다. 강의하는 일에 방해받지 않고, 그는 자유롭게 자신의 연구인 첫 번째 상대론의 확장에 주력할 수 있을 것이었다. 무엇보다도 그는 이 문제에 대해 연구할 수 있는 기회를 원했다.

두 물리학자는 서로 마주 보고 앉아서 아인슈타인의 장래에 대해 얘기했다. 한쪽에는 절제하며 격식을 차리는 여위고 심각한 사람이, 그리고 다른 쪽에는 약간 살찐 구슬프면서도 총명한 눈을 갖고 머리는 헝클어진, 자주 농담을 건네고 웃기를 잘하는 사람이 앉아 있었다.

아인슈타인은 그 만남에서 플랑크의 제의에 대해 즉시 대답하지는 않았다. 그렇지만 끝내는 이 제의가 도저히 거절할 수 없을 정도로 좋아서 제1차 세계 대전이 벌어지기 직전에 독일로 돌아갔다. 그것은 아인슈타인이 기구한 인생이라고 부른 자기의 인생에 큰 몫을 하게 되는 그런 결정이었다.

아인슈타인은 1913년 독일로 돌아갔다. 바로 같은 해에, 영국에서 러더퍼드와 함께 일하던 덴마크에서 온 젊은 친구 닐스 보어가 원자핵에 의해 제기된 문제를 해결할 수 있는 방법을 찾아냈다. 그가 찾아 낸 해답은 플랑크와 아인슈타인의 아이디어로부터 비롯되었다.

다음의 몇 장에서는 닐스 보어의 연구 결과와, 그와 함께 원자 이론에 대해서 공부한 몇 명의 다른 물리학자의 연구 결과를 살펴보게 될 것이다. 앞의 몇 장에서와 마찬가지로, 우리는 물리학자들이 어떻게 연구했는지 그리고 그와 더불어 무엇을 성취했고 그들이 과학자로서 그리고 인간으로서 어떻게 달랐으며 물리학을 연구하는 데 어떤 다른 방법을 택했는지에 대해 관심을 갖게 될 것이다.

보어의 원자 이론이 발전되고 수정되어 오늘날 물리학의 한 분야를 이룬 것을 본 다음에, 알버트 아인슈타인과 그가 독일로 돌아간 뒤의 그의 생애를, 그리고 그다음에 새로운 원자 이론의 의미에 대한 아인슈타인과 보어의 논쟁을 살펴볼 것이다.

1913년 플랑크와 아인슈타인의 길은 러더퍼드의 길과 합쳐져 중심을 이루는 고속도로가 되었으며, 그로부터 닐스 보어가 러더퍼드의 원자 모형으로는 풀 수 없었던 불가능성을 어떻게 설명할지 알아냈다.

여섯 번째 마당

닐스 보어: 원자에 대한 초기 양자론

> 오늘은 보어를 축하하는 날이다. 그는 상보성(相補性) 법칙을 만들었고
> 그 법칙은 (보어가 전에 말한 것처럼) 대응 원리를 낳으며
> 안팎으로 모두 성립하고 스펙트럼을 형성하는
> 복합 띠를 풍부하게 지니는데,
> 그렇게 될 수 있었던 까닭은
> 보어가 만든 원자 속에 앉아 있는 핵처럼 보이는
> 방울에 속한 여러 가지 방식 때문이다.
> —닐스 보어의 일흔 번째 생일을 기념하며, R. E. Peierls

오스카 클라인(Oskar Klein)이라는 물리학자가 닐스 보어에 관해 쓴 우화는 다음과 같이 시작한다. "이것은 새끼 코끼리에 대한 『그저 그렇고 그런 이야기(Just so Stories)』라는 키플링의 우화를 본뜬 것인데, 그 우화에서 새끼 코끼리는 질문을 많이 해댄다고 식구들에게 볼기를 맞았고, 코를 쭉 뻗으면서 기름지고 위대한 림포포 강에 살고 있는 악어한테서 자기 질문의 답을 배웠다." 이 새로 쓴 『그저 그렇고 그런 이야기』는 계속해서 보어와 새끼 코끼리를 빗대어 나가는데, 새끼 코끼리는 기름지고 위대한 도시 맨체스터로 정든 악어를 찾으러 가서 원자(原子)에 대해 물어 보고, 새끼 코끼리는 자기 의문을 결국 스스로 푼 다음에 자라나서 자기 땅의 모두로부터 사랑받고 존경받는 지도자가 된다.

닐스 보어는 덴마크의 일등 시민이 된다. 그 나라에서 보어가 받게 될 존경은 미국이라면 가끔 위대한 전쟁의 영웅에게나 보일 만한 것과 대등했다. 그는 덴마크의 과학에 관한 계획을 지휘해 달라는 요청을 받았을 뿐 아니라 체육대회의 심판관이 되어 달라거나 미술관 기금을 모금하는 데 앞장서 달라는 등과 같은 시민을 위한 봉사 활동의 지도자가 되어 달라는 부탁도 자주 받았다(그는 덴마크 원자력 기구 소장은 물론 덴마크 암 퇴치 위원회 위원장직도 맡고 있었다). 보어는 그런 일에 기꺼이 봉사했다. 아인슈타인과는 달리 그는 자기가 태어난 사회로부터 고립되어 있다고 느끼지 않았다. 그는 바깥사람이 아니었다.

이 두 사람 사이에 대조되는 것 가운데 특별히 놀랄 만한 점은 그들의 생김새이다. 아인슈타인은, 특히 나이가 많이 든 뒤에는 깊고 심오한 생각에 잠겨 있는 사람처럼 보였다. 그의 얼굴을 보면 그가 어떤 사람인지 훤히 알 수 있었다. 반면에, 보어의 얼굴은 무겁고 축 처진 표정을 가졌다. 조그만 두 눈은 바짝 붙어 있었고, 뺨은 마치 사냥개처럼 축 처져 있으며, 입술은 크고 두툼했다.

보어에게는 헤럴드라는 동생이 한 명 있었는데, 얼굴 모습이 그와 무척 닮았으며 나중에 뛰어난 수학자가 되었다. 그들이 어렸을 때 한번은 코펜하겐에서 어머니와 함께 전차를 탄 적이 있었다. 시간을 보내려고 어머니가 그들에게 이야기를 해주고 있었다. 전차를 같이 타고 가는 한 승객이, 멍청한 얼굴로 아마도 입을 헤벌리고 이야기에 푹 빠져 있는 아이들을 보고 'Stakkels Mor'라고 말하는 소리가 들렸다. 이 말은 덴마크어로 '그 어머니 참 불쌍도 하지'란 뜻이다.

크리스천 보어 교수의 두 아들
왼쪽이 헤럴드 보어이고, 오른쪽이 닐스 보어이다

　닐스 보어는 전혀 총명해 보이지 않았다. 또한 자기 생각을
쉽고도 분명하며 생생하게 표현하는 언어를 고르는 데 타고난
재주를 가진 아인슈타인과는 달리, 보어는 확실하게 말하지 못
했고 때때로 그가 말한 것이 무엇을 뜻하는지 알아내기도 어려
웠다. 그의 목소리는 부드럽고 약간 더듬거렸지만 그것이 그의
말을 알아듣기가 어렵게 만드는 전부는 아니었다. 그는 또한
자기 생각을 가장 분명한 방법으로 나타내려고 시도조차 않는
것이 사실이었다. 보어에게 말이란 한 가지 도구였다. 물리학을
연구하며 그는 수학 기호를 사용하는 것이나 거의 비등하리만
큼 말을 많이 사용했다. 그가 얘기할 때는 흔히 결론을 알려
주는 것이 아니고 말하면서 결론을 얻어나가는 것이었다. 누구

든지 보어를 한번 알고 그가 말을 사용하는 방법을 이해하고 나면, 그와 갖는 대화는 흥분스럽기까지 했으며 특히 그의 생각에 의문을 표시하면 그것이 더 심했다. 논쟁을 할 때 그의 진가가 가장 잘 빛났다.

그러나 J. J. 톰슨 밑에서 공부하려고 간 캐번디시 연구소에서는 아무도 그의 모국어인 덴마크어를 말하는 사람이 없었고 보어가 영어를 말하는 데 능숙치 못했으므로, 그는 여느 때 보다도 더 총명스럽지 못해 보였다. 그의 동료들은 이 덴마크 친구가 전자(電子)와 관계된 얘기를 할 때마다 '전기 짐'이라는 말을 자주 사용한다든가(역자 주: 영어에서 전자의 전하를 나타내는 'Charge'라는 단어는 짐이라는 다른 뜻도 나타냄) 하는 따위의 버릇 때문에 어리둥절했으며, 그가 때때로 '자-안'이라고 부르는 어떤 사람에 대해 얘기하는 것처럼 보이곤 했다. 오랜 기간이 흐른 뒤에야 보어는 비로소 '전하(電荷)'에 해당하는 영어 단어가 '전기 짐'이 아니며 영국에서는 프랑스 이름처럼 보이는 물리학자 제임스 진스(James Jeans)를 프랑스식 발음인 '자-안'으로 부르지 않는다는 사실을 깨달았다.

보어는 정확하게 말하고 문법과 억양에 매우 주의하는 영국 사람에게 자기 생각을 분명하게 전달하지 못했음을 깨닫고 나서, 사전 한 권과 찰스 디킨스 작품 전집을 몽땅 사들였다. 그는 그 전집의 첫 번째 책부터 계획을 짜서 읽기 시작했으며, 이 영국 고전문학 책을 읽으면서 확신이 서지 않는 단어가 나오면 하나도 빠짐없이 영어사전을 찾아보았다.

러더퍼드의 능력은 단번에 바로 알아본 J. J. 톰슨이, 보어의 능력을 눈치채지 못한 이유는 의사소통이 제대로 되지 못했기 때문인지도 모른다. 한번은 이 젊은 친구가 여러 과학자들이 모인 자리에서 자기 생각을 조심스럽게 발표했는데, 톰슨이 성급하게 끼어들며 보어의 생각은 쓸모가 없다고 말하고 나서, 보어가 말한 것과 같은 내용을 다른 말로 설명한 적도 있었다.

여러 해가 지난 다음에, 보어는 의례적이며 와자지껄했던 캐번디시 만찬 석상에서 처음 만난 어니스트 러더퍼드에 대해 가졌던 첫인상을 묘사했다. 보어는 그 뉴질랜드 사람이 다른 사람의 업적을 얘기할 때 보여 준 열정에 특별한 감명을 받았다고 말했다(그때 C. T. R. 윌슨이 만든 안개상자가 화제의 대상이었다). 그로부터 얼마 지나지 않아서 젊은 덴마크 친구는 러더퍼드가 말한 대로 "경험 좀 쌓고 싶은데 맨체스터 그룹에서 함께 일할 수 있겠느냐"고 청해 왔던 것이다.

보어의 입장에서는 실험을 해보려고 맨체스터로 왔다. 러더퍼드처럼 보어도 손을 사용하기를 즐겼으며 솜씨도 좋았다. 그렇지만 앞에서 언급했듯이 보어의 흥미를 끈 것은 원자핵이 발견됨으로써 펼쳐진 실험적 가능성이라기보다는 원자핵의 발견이 가져다 준 이론적 문제였다. 전기의 기본 단위인 전자가 원자 안에 있다면 왜 전기의 법칙을 지키지 않을까? 원자핵의 전하가 전자의 그것과 반대 부호라면 전자는 원자핵으로부터 끌려 마치 행성이 태양 주위를 돌듯이 원자핵 주위로 타원을 그리며 돌아야만 한다. 그렇게 움직이면서 전자는 전자기 복사를 끊임없이 내보내면서 에너지를 잃고 원자의 한가운데를 향해 재빨리 나선형으로 떨어져야 한다.

검은 물체 복사의 경우와 마찬가지로 물리학은 재난의 도래를 예고하고 있었다. 자외선 재난에 대해서는 막스 플랑크가

'치료법'을 발견했다. 물리학이 가질 수 있는 에너지에 제한을 둠으로써, 즉 그의 양자 방정식 E=hf를 사용하여 이론과 사실이 일치하게 만들 수 있었다. 어쩌면 양자에 대한 아이디어를 더 적용해서 원자 문제도 풀 수 있었을 것이다. 어쩌면 보통 조건에서는 물질이 왜 빛을 내지 않으며 전자가 왜 원자핵으로 떨어지지 않는지 설명해 주는 제한이 에너지에 추가로 더 가해져야 했다.

닐스 보어는 그렇게 생각했다. 그는 플랑크와 아인슈타인이 제기한 양자에 대한 생각이 오래 견뎌 내지 못하고 사라질 교묘하게 '독일식으로 둘러대는 것'에 불과하다기보다는 무엇인지 새롭고 광범위한 것에 대한 증거라고 깨달은 몇 안 되는 물리학자 중의 한 사람이었다. 맨체스터에서 보어는 양자에 대한 생각을 다른 방법으로 적용해서 원자의 행동을 설명할 수 있는 방법을 찾아보았다. 그렇지만 찾을 수가 없었다. (비록 그가 의식하지는 못했지만) 그는 어떤 정보를 알고 있지 못했던 것이다. 그 정보에 대한 자료는 이미 존재했고 그것도 수십 년 전에 나왔는데, 보어는 '스펙트럼 분석'이라든지 또는 '분광학(分光學)'이라고 부르는 특별한 과학 분야에 대해 별로 친숙하지 못했다. 그는 '선(線) 스펙트럼'이라고 부르는 것과 관계되어 만들어진 공식에 대해 알지 못했다.

빛을 내며 번쩍거릴 정도로 높은 온도에 이를 때까지 기체 상태의 물질에 열을 가하면 이런 형태의 스펙트럼을(즉, 선 스펙트럼을) 관찰할 수 있다. 그러면 분광기를 사용해서 그 빛을 여러 가지 색깔, 즉 여러 가지 파장이나 또는 진동수의 빛으로 나눈다. 검은 물체와 같은 고체가 뜨겁게 가열되어 내는 빛이 만드는 스펙트럼은 빨간색에서 보라색까지의 진동수를 거의 하나도 빠짐없이 모두 포함하고 있으며 한 색깔이 다른 색깔과 조금씩 겹쳐 존재하기 때문에 연속된 색깔의 띠 모양이지만, 뜨거운 기체가 내는 빛이 만드는 스펙트럼은 단지 제한된 수의 진동수만을 보인다. 이 진동수가 스펙트럼에서 서로 다른 색깔을 지닌 떨어진 선으로 나타나며 그래서 '선 스펙트럼'이라는 용어가 사용된다. 기체 상태의 서로 다른 화학 원소는 제각기 다른 선 스펙트럼을 형성한다. 예를 들면 수소 기체가 만드는 스펙트럼에서 눈에 보이는 부분은 빨강, 초록 그리고 보라의 겨우 세 가지 선으로 이루어졌으며, 오직 수소만이 이 특별한 세 가지 선으로 이루어진 스펙트럼을 만든다.

닐스 보어가 원자를 태양계와 비슷한 모형으로 이해하려고 시도하던 1912년에, 분광학은 물리학의 다른 분야와 현재보다 훨씬 더 동떨어져 있었다. 선 스펙트럼이 어떤 방식으로든 원자의 행동을 반영할 것이 틀림없다고 생각한 사람들이 있었지만, 그것을 규명해 보려는 노력은 모두 수포로 돌아갔다. 수십 년 동안에 걸쳐서 분광학자는 선 스펙트럼을 사진으로 찍거나 그림으로 그려왔으며, 선 스펙트럼이 보여 주는 규칙적인 성질을 수학으로 설명할 수 있는 방법을 찾아왔다. 이런 정보를 실은 두꺼운 책은 쌓아 놓으면 산더미가 될 만큼 많았다. 많은 물리학자가 때때로 매우 복잡하게 나타나는 스펙트럼을 원자와 연결 짓기란 도저히 해낼 수 없는 일이라고 체념했는데, 물리학자 중에서 적어도 한 사람, 닐스 보어는 분광학자가 만든 공식에 대해서 전혀 모르고 있었다. 여러 해 뒤에 그는 선 스펙트럼이 전에는 나비의 날개나 마찬가지로 별 의미가 없어 보였다고 회고했다. 나비의 날개처럼 복잡하고 형형색색이며 아름답게 보일 뿐이었다. 또 한 번 말하지만, 보어에게는 원자에 대한 양자론을 만드는 데 필요한 이런 기초 지식이 없었다.

1912년 봄 학기가 끝나가자, 보어가 영국으로 건너갈 수 있도록 도와준 장학금이 거의 바닥났기 때문에 아직 풀리지 않은 원자 문제를 마음속에 간직한 채 덴마크의 고향집으로 돌아왔다. 그리고 코펜하겐 대학교에서 가르치기 시작했다. 비록 그가 맨체스터에 머문 기간이 반 년도 채 안될 만큼 짧았지만 그는 그곳에서 많은 것을 얻었다고 느꼈으며, 선배인 러더퍼드에게 서투른 영어로 적어 보낸 편지에서 자기가 느낀 것을 다음과 같이 말했다.

"맨체스터를 떠나며, 여기서 나에게 보여 준 당신의 친절에 매우 감사하고 싶습니다. 당신의 연구소에 머물면서 내가 배운 모든 것이 너무 기쁩니다. 나는 그 기간이 너무 짧아서 섭섭할 따름입니다. 당신이 나에게 친절히 베풀어 준 모든 시간에 대해 너무 감사합니다. 당신의 제의나 비평은 나에게 너무 생생하고 많은 질문을 만들어 주었습니다. 그 문제에 대해서 앞으로 더 많이 연구할 것에 대한 기대로 가득 차 있습니다."

보어가 돌아간 덴마크라고 부르는 반도(半島)는 독일과 국경을 맞대고 있으며, 튼튼한 농부와 아주머니가 일하는 작고 아담한 농가와 자갈 깔린 좁은 길로 이루어진 중세 마을 등 겉으로 보기에는 두 나라를 거의 구별할 수가 없다. 그러나 독일에서는 일상생활의 한 부분이 되어 버린 지위를 강조한다거나 질서를 사랑하고 권위를 존경하는 습관이 덴마크에서는 훨씬 덜 지켜졌다.

닐스 보어는 코펜하겐에서 태어나 토의하고 사색하는 분위기

속에서 성장했다. 그의 아버지인 크리스천 보어는 코펜하겐 대학교에서 생리학을 강의하는 교수였으며 생명을 과학적으로 연구하는 것과 관련된 철학적 질문에 큰 흥미를 가졌다. 그는 닐스와 헤럴드 두 아들이 자기 실험실을 마음대로 사용하도록 허락했고 실험하는 기술도 가르쳤다. 그는 자기 두 아들이 생각해 내는 아이디어에 깊은 관심을 보였으며, 실제로 그의 아들 닐스를 '우리 가족의 머리'라고 불렀다.

격주에 한 번씩 금요일이면 빠짐없이 보어 교수의 친구인 철학자와 물리학자 그리고 언어학자가 만찬을 들러 그의 집으로 찾아오곤 했다. 저녁을 끝낸 뒤에는 네 명의 교수가 제각기 각자의 전공을 살려서 일반 문제를 함께 풀어 나가기를 좋아했다. 그들은 아직 해결되지 않은 문제에 대해 의견을 나누었다. 보어 교수의 두 아들은 옆에서 들었다.

나중에 닐스 보어는 코펜하겐 대학교에서 뛰어난 철학자인 자기 아버지의 친구 헤럴드 호프딩이 가르치는 철학 강의를 수강했다. 보어는 강의를 들으며 뭔가 잘못된 것을 발견했다. 그는 교수에게 그가 범한 논리적 잘못을 지적했는데, 저명한 호프딩 교수는 그 뒤 잘못을 수정한 다음에 이 어린 학생에게 잘 고쳐졌는지 물어 보려고 보여 주었다.

소년 시절부터 닐스 보어는 생각을 자유분방하게 굴리는 타고난 재능을 살리도록 격려받으며 자랐다. 그렇지만 그의 젊은 시절이 수동적으로 사색에나 잠겨서 보냈다고 생각한다면 잘못이다. 그는 강했으며 원기에 차 있었고 운동에도 소질이 많았다. 그는 축구 시합을 정열적으로 즐겼고 덴마크에서 우승한 아마추어 팀의 일원이었다. 그는 능숙하고도 힘이 있는 스키어였다. 친구들은 그가 항상 빠르게 달렸다고 기억한다. 젊은 물리학 교수였을 적에 그는 많은 덴마크 사람처럼 자기 연구실까지 자전거를 타고 출근했는데, 누구보다도 빠르게 자전거를 타고 학교 뒷마당으로 돌진해 들어왔다. 동료와 물리학에 대해 진지하게 벌인 토론도 '잠깐 뜀뛰기를 하기 위해 중단'하기가 일쑤였다.

보어는 심각하게 생각하는 사람이었지만, 그렇다고 진지하다거나 엄숙한 편은 아니었다. 그는 "너무 심각하기 때문에 농담으로밖에 표현할 수 없는 일도 있다"고 말하곤 했다. 물리학의 기반이 뒤흔들리고 있을 때, 꼬리를 물고 제기되는 문제마다 풀 도리가 없었고 아무도 왜 그런지 모를 때, 물리학자들이 밤을 지새우며 여러 가지 해결책에 대해 토의했지만 묘안을 한 가지도 찾아내지 못할 때, 그럴 때면 닐스 보어는 젊은 동료들을 코펜하겐 한가운데 자리 잡은 오래된 놀이동산인 티볼리로 초대하곤 했다. 거기서는 흔히 보는 탈것을 즐길 뿐 아니라 불꽃놀이 등도 볼 수 있었다. 한번은 이 젊은 물리학자의 무리가 소위 '생각 전달'이라고 부르는 공연을 보게 됐는데, 보어는 그 공연에 큰 흥미를 느끼게 됐다. 그는 곧 이 공연에서 실제로 무슨 일이 벌어졌는지 설명하려고 복화술(腹話術)에 근거를 둔 한 가지 이론을 생각해 냈다. 그는 모든 '과학적'인 수사(修辭)를 동원하며 그 이론을 그럴듯하게 자세히 설명해 나갔다. 그는 노련하고 열정적이며 말 잘하는 동료의 반대에 부딪쳤다. 그들은 이런 종류의 논쟁으로 밤을 지새웠으며, 이번에 공연을 벌인 사람은 보어였다.

이 진지하지만 명랑하고, 시와 미술과 조각과 음악을 사랑하

며 체육을 즐긴, 새끼 코끼리의 이상한 면을 지녔으면서도 질
문한다고 볼기를 맞은 적은 없었던 젊은이는 학생 시절부터 생
각에 빠져들기를 잘했는데, 이 성질이 나중에 그의 업적인 원
자 이론을 세우는 데 한몫을 해낸다.

사춘기 소년은 "인생의 의미가 무엇인가?", "우리가 왜 여기
존재하는가?"라는 따위의 생각에 빠져들지만, 닐스 보어는 "'존
재', '본성'과 같은 말이 서로 다른 시대와 서로 다른 사람에게
서로 다른 것을 의미한다면, 어떻게 그런 말이 뜻깊게 사용될
수 있을까?"와 같은 다른 종류의 의문에 마음을 빼앗겼다. 그
에게는 그런 말이 일반화시킨 것 뒤에 놓여 있는 실제 경험이
너무 여러 가지이고 서로 다르며 심지어 다른 것끼리는 서로
모순되기도 하기 때문에, 그런 말을 중심으로 벌이는 논리적인
토론은 쓸모없고 빈 강정처럼 보였다. 예를 들면, 사람이 무엇
을 선택하는 것은 사람의 생리적인 본성에 의해 강요 되는 것
인지 아니면 자유의사에 따른 것인지에 대해서 철학적 토의를
한 적이 있었다. 그와 같은 질문은 두 가지 반대되는 일반화,
즉 자유의지와 결정론을 말한다. 보어는 이 두 가지 추상적 개
념이 전혀 조화될 수 없는 반대라고 생각하지 않았다. 그것은
단순히 살아 있는 사람의 실제 처지를 나타내는 두 가지 측면
을 표현할 뿐이었다. 그는 "인간의 공통된 경험에 의하면 자기
가 처한 환경을 가장 잘 대처할 수 있다고 느끼는 것이다"라고
말하곤 했다. 자유스럽게 선택할 수 있지만 그 선택할 것은 제
한되어 있다는 생각을 묶어 주는 이 느낌으로부터 보어는 겉보
기에 반대되는 것이 조화 속에서 해결됨을 보았다.

그와 같은 사색이 물리학과는 무척 거리가 먼 것처럼 보이지

만, 보어가 과학 문제를 풀어나가는 데 한몫을 했다. 예를 들면 원자에 응용되었던 물리학이 실패한 것을 다른 방법으로 해석할 수도 있었다. 그것은 이미 알려진 물리학 또는 고전 물리학이 완전히 틀릴 수도 있음을 의미했다. 또는 이러한 실패는 어떤 필수적인 정보가 빠져 있음을 의미한다고 해석할 수도 있었다. 앞으로 나올 원자에 대한 실험 결과로부터 고전 물리학이 밑바탕부터 전부 틀리지는 않았지만 단지 잘못 응용된 것에 불과하다는 것을 밝혀 줄 새 사실을 얻을지도 모른다.

보어는 위의 어느 방향으로도 결론짓지 않았다. 그는 아인슈타인의 특수 상대론을 생각하고 그것이 광속에 가까운 빠르기로 움직이는 물체에 대해서는 뉴턴 법칙 대신에 사용되지만 느린 빠르기로 움직이는 물체에 적용하면 뉴턴 법칙과 같게 됨을 회상했다. 또한 그는 검은 물체 복사에 대한 플랑크의 양자 규칙도 생각해 봤는데 그것 역시 짧은 파장, 즉 높은 진동수 영역에서는 잘못된 고전 법칙 대신에 사용되지만 긴 파장, 즉 낮은 진동수 영역에서는 고전 법칙과 같아짐을 기억했다.

이런 증거를 기반으로 해, 보어는 언젠가 고전 물리학을 그 범위 안에 포함시킬 만큼 충분히 넓은 새 물리학이 나올 것이 틀림없다고 생각했다. 앞으로 나올 이론은 고전 물리학이 그동안 성립해 왔던 영역에서는 그대로 성립될 것이며, 거기에 덧붙여 고전 이론을 다 포함하는 더 넓은 이론이 될 것이었다. 다시 말하면, 보어는 지금은 조화될 수 없는 반대처럼 보이는 것이 한 가지 현상의 다른 두 측면일 가능성이 매우 높으며, 좀 더 넓은 의미로 보면 서로 조화됨이 증명되리라고 믿었다.

앞으로 알게 되겠지만, 바로 이 생각이 새로운 원자 물리학으로 향하는 그의 연구를 도왔다. 그는 겉으로 보기에 반대되는 것의 연결 고리를 찾아볼 예정이었다. 원자가 벌이는 당혹스러운 행동을 설명할 수 있는 가정을 세운 뒤에, 그는 이 가정을 원자의 한계 밖까지 확장해 고전 법칙이 성립한다고 알려진 영역에서 이 가정이 고전 법칙에 가까워지는가를 알아볼 참이었다. 또는 반대 방향으로 진행해 고전 법칙을 원자에 적용시켜 볼 예정이었다. 그렇게 하면 비록 틀린 대답을 얻더라도, 꼭 세세한 점까지 다 틀리리라고 볼 수 없었다. 때때로 틀린 답이 어렴풋이나마 어떤 힌트나 실마리를 가져다 줄 수도 있었다.

그렇지만 보어가 '대응 원리'라고 부르게 될 이 방법이나 양자에 대한 생각도 그가 앞에서 얘기한 스펙트럼에 대한 자료에 대해 알게 될 때까지는 아무런 도움도 줄 수 없었다. 맨체스터 그룹을 떠나 코펜하겐으로 돌아와서 그는 계속해서 원자의 구조에 대한 문제를 풀려고 시도했지만, 전과 마찬가지로 실험에 의한 조사를 시작하는 것이 불가능함을 알았다. 대신에 그 자신의 용어를 빌리면 그는 이 문제에 대해 항상 꿈을 꾸었다. 그 문제가 언제나 그의 뇌리를 떠나지 않고 맴돌았다.

닐스 보어가 마침내 수소 원자의 선 스펙트럼을 묘사한 공식을 우연히 보게 된 1913년 이른 봄의 어느 날이 물리학의 역사에서 아이작 뉴턴이 만유인력의 법칙을 발견한 것과 견줄 만한 전환점이 된 날이었다. 뉴턴의 경우에는 그 날을 알려 주는 일화가 전해 온다. 그 일화에 따르면, 나무에서 사과가 떨어져 그의 머리에 부딪히자 뉴턴에게 만유인력에 대한 아이디어가 떠올랐다. 보어의 경우에도 비슷한 일화가 전해오는데, 그가 결정적인 공식이 수록된 책을 우연히 집어 들자 뉴턴처럼 생각이

148

'떠올랐는데', 이 책은 어른이 보는 책이 아니고 어린이를 위한 책이었다.*

실제로 일어난 사실이 이 일화처럼 그렇게 흥미롭지는 못하다. 어느 날 보어는 분광학을 전공한 동료와 아직 풀지 못한 문제에 대해 얘기하고 있었다. 그 동료로부터 보어는 분광학 자료를 실은 두꺼운 책을 찾아보는 게 좋을 듯하다는 의견을 듣고, 거기서 수소 원자에 적용되는 공식을 발견했다. 이 공식은 스위스의 한 중학교 선생이었던 요한 야콥 발머(Johann Jakob Balmer)에 의해 보어가 태어난 1885년에 이미 완성되어 있었다. 스물일곱 해가 지난 뒤에 보어가 그 공식을 보게 되자, 모든 것이 풀려 나가기 시작했던 것이다.

발머는 나비 날개에 그려진 규칙적인 무늬처럼 생긴 스펙트럼 선 사이의 수치적 관계에 흥미를 가진 최초의 과학자 중의 한 사람이었다. 그는 빨강색과 초록색의 파장의 비는 정확하게 자연수 27과 20 사이의 비와 같으며 초록색과 보라색의 파장 사이의 비는 28과 25의 비와 같다는 사실을 염두에 두고, 수소 원자의 스펙트럼에 포함된 세 가지 선에 대해서 생각해 보았다. 마침내 그는 한 가지 공식에 도달했는데, 그것은 수학 용어로 다음과 같이 지시하는 숫자놀이와 같았다.

숫자 3을 제곱하라. 숫자 1을 그 결과로 나눈 다음 1/4에서 그것을 빼라. 그 답을 숫자 32,903,640,0000,000,000으로 곱하라. 이것이 수소

* 지금이나 그때나 발머 공식은 물리학과 교과 과정에 포함되어 있었으므로, 보어가 전에 그것을 본 적이 없었다는 것을 믿기가 어렵다. 어린이 책이란 이야기가 물리학자 사이에 퍼진 것은 어린아이라도 알았을 것이라고 말할 수 있을 정도로 누구나 알고 있는 것을 그가 알지 못했다는 놀라움을 반영한 것일지도 모른다.

원자의 스펙트럼에 포함된 빨강선의 진동수이다(또는 이 진동수로부터 쉽게 파장을 구할 수 있다). 만일 숫자 4부터 시작해 같은 놀이를 하면 초록선의 진동수를, 그리고 5부터 시작하면 보라선의 진동수를 얻는다.

발머가 이 공식을 만들 때는 수소 원자 스펙트럼에서 선이 단지 세 개만 관측되었다. 나중에는 다른 선도 발견되었는데, 그 선의 진동수도 숫자 6, 7 그리고 8 등을 사용해 위와 같은 공식으로부터 계산될 수 있었다.

검은 물체 복사의 에너지에 대한 플랑크의 첫 번째 공식처럼, 발머의 공식도 경험으로 얻어졌다. 이 공식은 관찰한 것을 표시했지만 왜 그렇게 되는지는 설명할 수 없었다. 그리고 다른 원소의 스펙트럼을 묘사하는 공식에서 같은 숫자 32,903,640,000,000,000,000을 사용한 스웨덴의 분광학자 J. R. 리드베리(J. R. Rydberg)도 왜 그의 숫자 놀이가 제대로 맞추는지 알지 못했다. 그의 업적 때문에 이 숫자가 '리드베리 상수'라고 부르는데, 곧 알게 되겠지만 이것이 보어의 연구에서 중요한 역할을 해낸다.

그러나 먼저 보어는 발머 공식에서 무엇을 깨달았을까? 어떤 방법으로 그것이 원자의 구조를 푸는 실마리가 되었을까? 그 대답은 아주 간단하다. 보어는 플랑크 상수인 기호를 사용해 발머 공식을 약간 다른 방식으로 쓸 수 있음을 깨달았다. 그렇게 함으로써 발머의 경우와 똑같이 실험으로 결정된 실제 수소 원자 스펙트럼을 묘사할 뿐 아니라 에너지 양자를 기반으로 해서 이 스펙트럼을 설명해 내는 공식도 얻었다.

우리가 보았던 것처럼, 원자의 경우에 적용된 물리학은 불가능한 결론을 가져왔다. 이제 발머 공식으로부터 시작해, 보어는 원자에 대한 양자론을 세웠는데, 이 이론은 원자가 보통의 경우에는 복사를 내보내지 않으며, 전자가 나선형을 그리며 원자핵에 부딪치지 않는다는 사실을 설명했다. 보어의 이론은 불가능한 결론에 도달하지 않았다. 예견하지 못한 것은 아니지만, 이 이론은 고전 물리학의 생각과 모순되는 점을 가졌다. 아래에 그 모순되는 점을 열거한다.

고전: 전자는 크기와 모양이 서로 다른 여러 궤도를 따라서 원자핵의 주위를 회전한다. 어떤 궤도를 도느냐에 따라 전자의 에너지가 조금씩 다르다. 가능한 궤도의 수는 가능한 에너지의 수와 같은 말이지만 무한히 많다. 에너지는 연속적이다.

보어: 전자가 가능한 궤도 모두를 따라 도는 것이 아니고 오직 그 에너지가 플랑크의 상수에 자연수를 곱한 것에 비례하는 경우에만 돌 수 있다. 에너지는 불연속이다.

고전: 전자는 원자핵에 이끌려서 회전하며 에너지를 내보내고 원자의 중심부를 향해 나선형을 그리며 떨어진다.

보어: 전자는 규정된 양자 궤도 중에서 한 궤도로부터 다른 궤도로 옮겨 가는 것이 허용되지만 각 궤도는 고유한 에너지를 대표한다. 전자는 가장 안쪽에 있는 양자 궤도보다 원자핵에 더 가까이 갈 수 없다.

고전: 원자 안에서 움직이는 전자는 항상 복사선을 내보내며, 이 복사선의 진동수는 전자가 궤도를 '얼마나 빨리 도느냐'에 따라 정해진다.

보어: 양자 궤도를 따라 움직이는 전자는 복사선을 내보내지 않는다. 예를 들어, 열을 가해 주거나 해서 충분한 에너지가 원

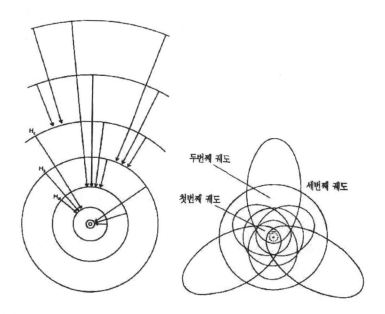

〈그림 6-1〉보어의 이론에 의한 수소 원자. 두 가지 부분을 모두 나타내는 도표이다. 큰 도표는 수소 원자 스펙트럼에 보이는 서로 다른 진동수를 만들어 주는 양자 궤도 사이의 뛰어내림을 보여 준다. '발머 수열'로 알려진 눈에 보이는 영역의 세 선은 Ha, Hb, 그리고 Hc로 표시했다. 작은 도표는 보어의 수소 원자를 약간 다른 (좀 더 친숙한) 방법으로 나타낸 것이다

자에 전달되면 전자는 낮은 에너지를 지닌 안쪽 궤도에서 높은 에너지를 지닌 바깥쪽 궤도로 올라가지 않을 수 없다. 이 전자가 원자핵에 이끌려서 안쪽 궤도로 다시 떨어져 돌아올 때 복사선이 방출된다. 높은 에너지에서 낮은 에너지로 뛰어내리면 일정한 분량의 복사 에너지가 나온다. 이 복사선의 진동수는 두 궤도의 에너지 차이를 플랑크 상수로 나눈 것과 같다. 이것은 단순히 플랑크의 방정식 E=hf를 다른 방식으로 말한 것에

불과하다. 여기서 'E'는 '에너지 손실'에 해당하고 방정식을 한 번 빙그르르 돌리면

$$\text{진동수} = \text{에너지 손실} \div \text{플랑크 상수}$$

가 된다.

전자가 한 궤도에서 다른 궤도로 양자 건너뛰기를 하는 것은 에너지가 양자의 형태로 내보내지는 (그래서 흡수되는) 것을 의미한다. 닐스 보어는 막스 플랑크의 생각을 원자의 구조에 응용하여 원자의 행동 중에서 알려진 사실을 설명하는 방법을 찾아냈다. 그렇지만 이것이 그의 이론이 꼭 옳다고 보장하는 것은 아니다. 이 사실을 설명할 수 있는 다른 방법이 존재할지도 모른다. 전자가 실제로 보어의 짐작을 따라서 움직인다는 증거가 실험으로부터 나오지는 않았다. 양자 궤도라는 생각을 지원해 줄 관찰 결과가 아직 없었다. 양자 궤도는 이미 알고 있는 것을 설명하기 위해 '고안'되었다. 그의 가정을 근거로 해 보어가 실제 수소 원자 스펙트럼을 설명할 수 있었던 것은 정말이지만(〈그림 6-1〉을 보라), 그러나 이와 같은 성공도 처음에 느꼈던 것처럼 그렇게 굉장하지는 않았다. 무엇보다도 보어가 플랑크 상수를 사용해 발머의 공식과 같은 공식을 유도하기 전에 이미 그 이론은(발머 공식은) 수소 원자 스펙트럼을 맞추도록 꾸며져 있었다.

다음 장에서 보어의 아이디어 중 몇 가지를 검증한 실험에 대해 설명할 예정이지만, 이 실험이 수행되기 전에도 보어가 옳은 길로 들어섰음을 알려 주는 다른 증거가 벌써 나와 있었다. 앞에서 얘기한 것처럼 이 이론이 원래 목표로 한 사실을

설명한 것은 물론이고, 원래 목표로 하지 않았던 다른 것까지도 또한 설명했기 때문이다. 보어의 이론은 신비하게 큰 수인 리드베리 상수의 의미를 밝혀 주었다.

이 의미를 찾아내는 과정에서 보어는 그가 나중에 '대응 원리'라고 부른 방법을 채용했다. 그 원리에 의하면 원자를 설명하는 어떤 가설이든지 원자의 가장 바깥으로 나가면 고전 역학과 일치되어야만 옳은 이론이다. 원자에 대한 그의 양자 가설에 이 원리를 적용시키면 가장 바깥으로 나가는 것은 원자핵으로부터 매우 멀리 떨어진, 그러니까 지름이 라디오 안테나만큼이나 거대하게 큰 양자 궤도에 해당했다(자연에 이와 같은 크기의 궤도가 존재할 수 있으려면 원자가 매우 큰 간격을 사이에 두고 떨어져 있어야만 한다. 지구에는 원자가 그럴 만큼 멀리 떨어져서 존재할 수 있는 적당한 조건이 없다. 별에서 나오는 빛의 스펙트럼을 분석한 결과에 따르면, 어떤 별에는 그런 조건이 존재함을 알 수 있다). 보어는 그렇게 큰 궤도에서는 그의 이론이 정말로 라디오나 그 밖의 큰 크기의 전자기 현상에 대한 고전 법칙과 일치하는 방향으로 접근함을 발견했다. 이것을 알고 나서 그는 자기의 이론을 더 발전시키는 데 고전 법칙을 사용했으며, 그렇게 함으로써 여러 가지 양자 궤도의 에너지를 알려 주는 공식에 도달했다. 그 공식은 기호를 사용해 나타내면

$$\frac{2\pi^2 m e^4}{h^3}$$

이다.

여기서 m은 전자의 질량, e는 전자의 전하, 그리고 h는 플랑크 상수를 나타낸다. 이 세 상수의 값은 실험으로 알려졌다.

그러므로 기호 대신 수치를 넣고 이 공식을 계산하면 매초 32,903,640,000,000,000번 진동한다는 진동수를 얻는다. 이 것이 바로 리드베리 상수이며, 리드베리와 발머의 수놀이를 가 능하게 만들어 준 고정된 수이다. 양자에 대한 가정을 기반으 로 삼고 자신이 제안한 대응 원리를 사용함으로써 보어는 리드 베리 상수가 어떻게 나오게 되었는지 그 구성 원인을 찾아냈 고, 그러므로 왜 그런 숫자놀이가 성립했는지를 알아냈다. 이것 은 그의 이론이 옳음을 알려 주는 매우 감명 깊은 증거였다.

닐스 보어는 원자 이론을 담은 논문을 완성하자 그것을 맨체 스터에 있는 어니스트 러더퍼드에게 보냈다. 새 생각이 활자로 발표될 수 있기 전에 러더퍼드의 허락이 필요했다.

그가 맨체스터에 머물던 동안에 일어났던 일인데, 한번은 보 어가 한 가지 이론을 상의하러 러더퍼드를 찾아갔다. 젊은 덴 마크 친구는 원자핵의 발견과 그 발견 전에 세워진 방사성 변 화의 법칙 사이에 어떤 상관관계가 존재함을 알아차렸다. 그 상관관계는 알파 입자와 베타 입자가 방출될 때 원자핵의 전하 가 바뀜을 의미하는 것은 아닐까? 원자핵이 이렇게 변하기 때 문에 방사성 변화에서 만들어지는 생성물이 새 원소가 되는 것 은 아닐까?

이런 생각을 논문으로 만들어 발표하기 전에 맨체스터 연구 소의 소장인 러더퍼드의 승낙을 먼저 얻어야만 되었는데, 그는 보어에게 그 생각을 더 개선시킬 수 있는 증거가 실험으로 나 올 때까지 기다리라고 일렀다. 그러고 나서 몇 달이 지난 뒤에 다른 물리학자가 (소디와 파잔) 비슷한 생각을 먼저 발표했다.

이 생각이 옳다고 밝혀졌을 때 그들이 그 공로를 다 차지했음은 더 말할 나위도 없다.

이와 같이 지나간 사정을 감안하면, 보어가 논문과 함께 러더퍼드에게 보낸 편지에 쓴 다음과 같은 한 구절의 의미가 더욱 심장해진다. "저는 이 이론에 대해서 선생님께서 어떻게 생각하시는지 시급히 알고 싶어 못 견디겠습니다."

보어는 새 이론을 어떻게 설명할지를 놓고 큰 노력을 기울였다. 그의 생각을 써 내려가고 이를 마지막 형태로 정리하는 것이 그에게는 쉽지 않았다. 우선 그의 생각을 들어 줄 사람이 필요했다. 그가 어릴 적에는 어머니가 그 역할을 맡아서 숙제를 도와주었으며, 나중에는 다른 물리학자가 그의 말을 듣고 응답해 주는 반향판(反響板) 노릇을 했고 그의 말을 받아 적었다 (보어가 무엇을 종이에 적으려고 펜에 손을 대는 것은 매우 드물었다. 그의 필적은 전혀 알아볼 수가 없었다).

그런데 필요한 도움이 다 준비된 경우에도, 그는 작문이나 과학 논문을 제대로 끝내지 못했다. 대부분의 물리학자는 그들의 생각을 이루는 기본 골격을 논리적이고 분명하게 보여 주고 나면 그 연구가 끝났다고 느낀다. 보어는 그런 느낌을 나누지 않았다. 지식의 확장이란 무엇보다도 물어 볼 의문이 더 많아짐을 의미했다. 그가 논문을 작성할 때는 단지 이것저것이 어떻게 다 들어맞는지만을 보여 주려 하지 않고, 그것이 어떻게 들어맞지 않는지도 보여 주려고 했다. 그렇게 함으로써 더 발전할 방향을 제시할 수 있었다. 그는 너무 분명하기를 원하지 않았다. 그것은 뭔가 남겨 둠을 의미했는데, 자주 바로 그렇게 남겨 둔 것이 더 깊은 이해에 이르도록 도와주곤 했다.

러더퍼드에게 보낸 논문에서 그는 자기 자신이 품은 양자에 대한 생각과 고전 물리에 대한 생각 사이에 모순되는 점을 강조하고자 했다. 그 점을 강조하고 대응 원리를 통해 더 연구해봄으로써 발전을 가져올 수 있으리라고 생각했기 때문이다. 그런데 겉으로 보기에는 논리적이지 못한 것처럼 들리는 이 생각을 제대로 전달하기가 어려웠다. 나중에 보어의 논문 중에서 몇 가지가 다른 나라 말로 번역되었을 때, "단지 이와 같은 차이점을 강조하는 것만으로, 어떤 일관성을 가져오는 것이 어쩌면 가능할 것이다"라는 구절이 두 다른 번역자에 의해 다른 뜻의 구절로 바뀌었는데, 추측하건데 번역자가 생각하기에 이 구절이 저자가 말하고자 원하는 것을 의미한다고 볼 수 있는 가능성이 매우 희박하다고 생각했기 때문일 것이다.

북해를 사이에 두고 코펜하겐과 나뉘어진 맨체스터에서 러더퍼드는 보어의 논문을 받았다. 그 논문은 보어가 물리학에서 첫 번째로 쓴 주요 작품으로, 수도 없이 옮겨 쓰고 고쳐 쓰고 수많은 밤을 지새운 소산이었다. 논문을 작성하면서 보어는 공을 받아야 마땅한 모든 사람에게 그 공을 돌려주려는 시도로 다른 사람의 문헌을 매우 많이 인용했다. 정말이지 보어가 나중에 회고한 것처럼 필요한 것보다도 훨씬 더 많은 양을 인용했다. 그리고 이 논문의 내용은 그냥 읽기에도 어려웠는데, 설상가상으로 사용된 말 자체가 어색했다. 이 젊은 덴마크 친구는 아직도 영어에 문제가 있었다(시일이 좀 지난 뒤에 러더퍼드는 그에게 "문장이 하나같이 모두 '그럼에도 불구하고'로 시작하지 않았더라면 훨씬 더 좋았을 걸"이라고 말해 주었다).

러더퍼드는 단순한 것을 좋아했다. 그는 어떤 이론이 그럴듯하려면 누구나 알아들을 수 있어야 한다고 말한 적이 있었다. 보어의 논문에 대한 답장에서 그는 아이디어가 "무척 창의적이며 잘 성립하는 것처럼 보인다"라고 말했다. 그러나 "분명하게 표현하려는 노력 때문에 논문의 이곳저곳에서 같은 말을 반복하려는 경향이 엿보인다. 너의 논문은 정말이지 좀 줄여야겠다고 생각하며, 줄인다고 해서 분명한 점이 조금이라도 타격받지는 않으리라고 본다"라고 계속했다.

이 답장이 "나를 참 난처한 지경에 빠뜨렸다"고 보어가 나중에 회고했다. 러더퍼드에게 보낸 논문이 아무래도 만족스럽지가 않아서, 그는 그것을 다시 고쳐 썼다. 그런데 새로 쓴 것이 처음 것보다 훨씬 더 길어졌고, 첫 번째 논문에 대한 러더퍼드의 반응을 기다리지 않고 새 논문을 벌써 그에게 보내 버렸던 것이다.

이제 닐스 보어는 맨체스터로 건너가서 모든 문제에 대해 러더퍼드와 직접 얘기하는 것이 일을 해결하는 가장 좋은 방법이라고 결정지었다. 그래서 그는 영국으로 향하는 배에 몸을 실었다.

그가 도착하던 날, 러더퍼드의 집에서는 가족끼리 거실에서 한 손님과 환담을 나누고 있었다. 이 손님이 나중에 기억한 것에 따르면, '홀쭉해 보이는 소년'이 갑자기 들이닥쳤는데 러더퍼드가 즉시 그를 서재로 데리고 들어갔다.

그곳에서 둘은 오랫동안 머물렀고, 그다음 날 저녁에도 같은 곳에서 같은 화제로 논쟁하는 그들의 모습을 볼 수 있었다. 비록 보어가 겸손한 사람이었지만, 자기 생각을 지키는 데 수줍어하지는 않았다. 정말이지 그와는 정반대였다. 더 이상 미심쩍은 태도로 얘기하는 것이 아니고 정열적이고 거침없이 말했다. 어떤 친구는 심지어 보어가 논쟁할 때는 다른 사람처럼 보인다고까지 말했다. 무겁고 규칙적이지 못한 성질은 사라져 버리는 것처럼 보였고, 무엇보다도 '짙은 눈썹의 보호 밑에 놓인' 솔직하고 상냥한 빛을 띤 눈이 사람의 눈길을 끌었다.

논문에 대한 논쟁에서 마침내 의견의 일치를 보게 된 후에, 러더퍼드는 바로 얼마 전에 '경험을 좀 쌓으려고' 그에게 왔던 젊은 친구에게, 너 참 예상 밖으로 고집불통이구나라는 말을 했다. 보어도 역시 러더퍼드 때문에 깜짝 놀랐다. 그는 연구하느라 언제나 무척 바쁜 이 선배가 논문 따위의 일 때문에 이렇게 많은 시간을 내주고, 보어의 말을 그대로 빌리면 '거의 천사와 같은 인내심'을 보여 주리라고는 전혀 기대하지 못했다. 그리고 러더퍼드는 몇 가지 표현 방법에 따른 사소한 문제를 제외하고는 결국 이 논문이 보어가 원래 쓴 그대로여야 한다 는 점에 동의했다.

이로서 두 사람 사이에는 친밀한 교분이 싹트기 시작했으며, 덴마크와 영국을 번갈아 방문하고 편지를 주고받기 시작했다. 보어는 러더퍼드와 한평생 사귀었지만 왕립학회 클럽에서 만찬을 들고 있던 하루저녁에 일어난 일에서처럼 러더퍼드가 크게 화를 내며 말한 적은 결코 없었다고 돌이켰다. 그는 보어가 다른 회원과 얘기하는 자리에서 러더퍼드를 지칭하면서 그의 작위를 사용해 러더퍼드 경이라고 불렀는데, 이 얘기를 귀 넘어 들은 러더퍼드는 불같이 화를 내면서 그들의 대화에 끼어들어서 덴마크 친구에게 큰소리로 "네가 나에게 '경'자를 붙일 수가 있니?"라고 쓸쓸하게 외쳤다.

닐스 보어의 원자에 대한 양자론은 1913년 한 해 동안에 걸쳐 세 부분으로 나뉘어서 영국 논문집에 실렸다. 이 이론을 공부한 물리학자 중에서 몇 사람은 '들어맞을 때까지 숫자를 가지고 잔재주를 부린 것'처럼 느꼈다. 그렇지만, 알버트 아인슈타인은 그렇지 않았다. 한 동료가 보어의 이론을 뒷받침해 주는 새 증거를 아인슈타인에게 전해 주자 "그의 큰 눈이 더 크게 보였다"라고 회고했다.

아인슈타인은 "그렇다면 양자론은 가장 위대한 발견 중 하나야"라고 말했다. 1913년을 시작으로 십 년 동안 그의 원자 이론이 숫자를 이용한 잔재주에 불과하지 않음이 실험으로 밝혀지면서, 점점 더 많은 수의 물리학자가 아인슈타인과 같은 의견을 갖게 되었다. 그리고 보어는 원자 이론으로 분광학 분야의 기초를 세우면서 화학 분야의 기초도 함께 세웠다. 이제 이 두 분야에서 쌓인 광대한 양의 정보는 원자의 구조로부터 다 해석될 수 있게 되었다.

1913년과 1923년 사이의 십 년 동안은 초기 원자 물리학 시대였으며, 한 물리학자가 묘사한 것처럼 "약속과 절망이 모두 가득 찼던" 기간이었다. 왜냐하면 원자에 대한 어떤 점을 이해할 수 있도록 만들어 준 바로 그 이론이 다른 점을 이해할 수 없도록 만들기도 했기 때문이었다. 이 기간은 젊은 물리학자를 위한 기간이었다. 화학과 분광학 분야에서 아직 분석되지 않은 자료가 많이 쌓여 있었지만, 기존의 학문 체계로는 그 자료를 해석할 수 없었다. 그런데 새 이론을 만들어 내기 위해 밑바탕이 되는 야릇한 생각이 자명하게 옳은 것처럼 여겨지기 시작할 때까지는, 오랫동안 고전 물리학으로 훈련된 마음이 이미 정설로 굳혀진 이론에 의문을 제기할 수 있거나 근본적으로 다른 생각을 추론할 수 있는 능력만큼 값지지 못했다.

다음 장에서 닐스 보어의 이론이 이룬 몇 가지 성공에 대해 얘기하고, 또한 물리학자가 자연 현상 중에서 논리를 무시하고 어떤 모형으로도 나타낼 수 없는 부분을 이해하려고 시도했던 십 년 동안에 이 이론이 어떻게 실패를 맛보았는지도 얘기할 것이다. 그다음에는 계속해서 보어가 젊은 물리학자로 이루어진 한 그룹과 어떻게 함께 일하기 시작했는지 알아볼 것이다. 그 그룹은 그중에 한 사람이 회고했듯이, "젊고 낙천적이며 익살스러운 사람들이 모여 위아래 구별 없이 어울려 살면서 자연의 수수께끼를 풀어 나갔고, 그때 그들은 공격 정신과 틀에 박힌 굴레로부터 벗어나려는 자유스러움 그리고 기쁨에 가득 차서 의기양양했다…."

일곱 번째 마당

닐스 보어: 초기 원자 물리

> 빛과 이성의 도움으로
> 마지막 형태의 양자 역학이 완성된 뒤에 교육받은
> 우리와 같은 사람에게는, 희망스러운 기대와 절망이
> 한꺼번에 오고갔던 양자 역학 이전의 시대에
> 대두된 미묘한 문제라든가
> 모험에 찬 분위기가 거의 섬뜩하게 여겨지기조차 한다.
> 당시에는 황당하게만 여겨졌을 추론을 통해
> 올바른 결론에 도달해야만 되는 일을
> 멋지게 이루어 내던 그때는 오로지 놀랍다는 말밖에
> 달리 표현할 도리가 없다.
> ─C. N. Yang, 1961년 출판된 프린스턴 출판사 발행의 『소립자』에서

1차 세계 대전이 일어난 해인 1914년, 두 명의 독일 물리학자 제임스 프랑크(James Franck)와 구스타프 헤르츠(Gustav Hertz)가 닐스 보어의 새 원자 이론이 옳음을 보여 주는 데 중대한 단서가 될 실험 결과를 발표했다.

두 사람의 결과에 대해 설명하기 전에, 전자의 에너지가 제한되었으며 따라서 원자가 지닌 제한되고 연속되지 않은 에너지가 원자에서 간격을 두고 나타나는 선 스펙트럼으로 반영된다는 보어의 생각을 증명하기 위해서 어떤 실험이 수행될 수 있을지 알아보는 것도 유익하리라.

원자 기체로 가득 채워진 통과, 빠르기를 조절할 수 있는 전

162

자의 흐름 다발이 그 통을 똑바로 지나가도록 설계한 것이 이 실험의 기본 장비이다(원자 기체로는 원자 하나가 분자인 수은 기체를 사용할 수 있다). 전자 총알이 통을 통과한 후에 그 빠르기가 얼마나 변했는지 측정한다. 그 빠르기가 조금이라도 줄어들면 총알이 수은 기체 사이를 지나가면서 에너지를 잃었음을 알려 준다.

보어의 이론에 따르면, 원자는 에너지를 제한 없이 받아들일수 있는 것이 아니라 단지 정해진 양만 받아들일 수 있다. 그정해진 양의 에너지는 원자의 정상 상태 또는 바닥 상태를 대표하는 첫 번째 양자 궤도에 놓인 전자를 바깥쪽에 존재할 것으로 추정되는 궤도 가운데 하나로 보낼 것이다. 따라서 전자탄환의 처음 빠르기 또는 에너지가 과녁 전자를 바깥쪽 궤도로옮길 만큼 충분히 크지 않다면 조금도 느려져서는 안 된다.

각 양자 궤도에 속한 에너지의 양이 궤도 2에는 20단위의에너지, 궤도 3에는 30단위의 에너지 등이라고 치자. 그리고이 실험을 계속 반복해서 전자 탄환이 통에 들어갈 때마다 조금씩 다른 빠르기로 통 속을 통과한다고 가정하자. 우리의 이론이 맞는다면 통 내부를 통과해 나오는 전자 탄환의 마지막빠르기는 어떤 규칙을 따를 것이라고 기대할 수 있다. 즉 에너지가 20단위 미만인 탄환의 빠르기는 조금도 더 느려지지 않아야 하며, 에너지가 20단위에서 30단위인 전자의 에너지는 20단위보다 더 많이 잃어버려서는 안 되는 식으로 계속될 것이다. 총알이 수은 원자 속에 포함된 전자들 중에서 하나를 가장바깥쪽 궤도 밖으로 내보낼 수 있을 만큼 충분한 에너지를 지녔을 때는 이 에너지 사다리의 맨 위 계단에 도달한 셈이다.

이렇게 되면 전기적으로 중성이었던 원자는 전자 하나를 잃고
서 양전기를 띠게 될 것이다. 다시 말하면 그 원자는 이온으로
바뀌었다.

보어의 이론에 따르면, 총알에 의해 원자에 전달된 에너지는
전자가 안쪽 궤도로 다시 떨어지면서 특별히 정해진 파장을 갖
는 빛을 방출한다. 그래서 이런 실험을 통해 기체를 지나가도
록 쏜 총알의 에너지를 점점 더 크게 하면, 실제로 수은 원자
스펙트럼의 선이 하나씩 증가하면서 선 스펙트럼을 만들어 가
는 과정을 차근차근 관찰하는 것이 가능해야 할 것이다.

제임스 프랑크와 구스타프 헤르츠가 실제로 수행한 실험이
이것과 매우 흡사했다. 그 실험은 보어의 이론이 발표되기 전
에 이미 시작되었으며, 프랑크와 헤르츠는 보어의 생각을 미리
알지 못했다. 그들은 수은 원자를 이온으로 만드는 데 필요한
에너지를 측정하는 데 흥미를 가졌을 뿐이지 원자의 에너지가
연속되지 못하다는 증거를 찾으려고 시도한 것은 아니었다. 그
들은 에너지가 연속되지 못할 것이라고 의심하지도 않았다.

프랑크와 헤르츠는 충돌시키는 에너지를 점점 더 키워가면서
어떤 에너지에서 수은 원자가 전자 하나를 잃고 양전기를 띤
이온으로 바뀌는지를 결정하고자 했다. 그러므로 그 실험은 수
은 기체 통 속에 생긴 양전기의 전류를 측정해서, 측정된 것만
큼의 전류를 만들려면 얼마만큼의 에너지가 요구되는지 알아내
도록 설계되었다. 그리고 1914년에 그들의 관찰 결과를 발표
했다. 그들은 양전기 전류를 관찰하는 데 성공했으며 그래서
원자가 이온으로 바뀌었다고 가정했고 수은을 이온으로 바꾸는
데 드는 에너지가 어느 정도라고 발표했다.

프랑크와 헤르츠가 수은 원자가 전자를 잃고 이온으로 바뀌었다고 말한 것은 닐스 보어 이론에는 나쁜 소식이었다. 그러나 보어의 이론에 귀를 기울이면, 전자를 잃기 전에 에너지가 여러 번 건너뛰게 되어 있으며 프랑크와 헤르츠 실험이 에너지가 한 움큼씩 전달되는 것을 감지해 내지 못할 이유가 없었다.

그러나 그러한 현상은 측정되지 않았다.

보어는 그 실험 보고서를 검토했다. 실험 결과는 그의 이론을 입증하는 데 불리해 보였다. 수은 원자가 정말로 이온으로 바뀌었다면 불리한 것이다. 그렇지만 정말로 바뀐 것은 아니라고 가정해 보자. 프랑크와 헤르츠가 측정한 양전기 전류를 만들어 낼 수 있는 어떤 다른 이유가 있지 않을까? 그런 것이 있었다. 충돌 과정에서 수은 원자는 높은 진동수의 빛을 내보낸다. 이 빛이 어떤 금속에 부딪치면 우리가 알고 있는 광전 효과를 일으킨다. 그 실험에서 금속으로 만든 전극이 사용되었다. 광전 효과 때문에 이 전극에서 전자가 방출되었을 수도 있었다. 어쩌면 그 실험에서 이런 부작용이 양전기 전류를 만들었을지도 모르며, 그래서 말하자면 수은 원자가 아니고 그 전극이 이온으로 바뀌었을지도 모른다. 어쩌면 프랑크와 헤르츠 실험에서 사용된 총알의 에너지는 전자를 첫 번째 양자 궤도로 보낼 정도밖에 안되었고, 수은 원자를 이온으로 바꾸는 데 필요하다고 그들이 발표한 에너지의 크기는 실제로 보어의 이론에서 나오는 에너지 사다리의 첫 번째 계단에 해당하는 것일지도 모른다.

보어는 러더퍼드의 초청으로 강의를 하려고 맨체스터에 돌아와 있었으며, 이때 그는 이와 같은 계산을 해보고 나서 프랑크

1923년의 닐스 보어. 이때 그는 서른여덟 살이었으며, 1913년에 발표한 원자 구조에 대한 이론으로 노벨상을 받기 한 해 전이었다. 이 사진은 보어가 처음으로 미국을 방문해 컬럼비아 대학교에서 찍었다

와 헤르츠 실험에서 그가 수상쩍게 여긴 것에 대해 러더퍼드와 상의했다. 뉴질랜드 사람은 "자네가 맞나 틀리나 직접 알아보지 그래?"라는 뜻의 대답을 했다.

그래서 여러 가지 전극과 격자(格子)로 이루어진 복잡한 석영 장치를 만들기 시작했다. 보어는 이 장치를 만드는 데 그곳 물리학자 중에서 한 사람과, 가장 중요하게는 맨체스터 연구소에서 러더퍼드를 여러 해 동안 거들어 준 유리 부는 사람의 도움을 받았다(그 기술자는 알파 입자가 헬륨 원자핵과 같은 것임을 알아낸 실험에 사용된 얇은 유리관도 만들었다).

 이때 영국은 독일과 전쟁 중이었으며 유리 부는 기술자는 독일 사람이었다. 러더퍼드는 전쟁 중이지만 유리 부는 기술자의 경우는 예외로 인정하고 영국에 남아 있도록 허락해 달라고 영국 정부에 요청했다.

 그러나 그 기술자는 성질이 급했고 독일을 지지하면서 분통을 터뜨리곤 했기 때문에 영국 경찰에 붙잡혀 갔다. 그 기술자가 잡혀 가기 전에 보어의 장치는 다 완성되었다. 그런데 실험이 채 끝나기도 전에 한 가지 사고가 일어났다. 이 장치가 놓여 있는 받침대에 불이 붙었다. 보어는 "우리의 정교한 장치가 다 부서졌다"라고 말했다. 그리고 보어는 유리 부는 기술자가 없으면 그 장치를 다시 만들기가 불가능함을 알았다. 그 실험을 결코 끝내지는 못했지만, 그러나 몇 해 뒤에 뉴욕에서 다른 물리학자가 보어의 가정이 옳았음을 증명했다. 프랑크와 헤르츠는 그들의 실험에서 수은 원자가 이온으로 바뀌었다고 잘못 판단했던 것이다. 실제로는 그들이 원자 에너지가 연속되지 않는다는 보어의 생각에 대한 매우 강력한 증거를 발견한 셈이었으며, 그런 공로 때문에 그들은 1925년 노벨 물리학상을 받았다. 닐스 보어는 1922년에 이미 노벨상을 받았다. 보어가 제안했고 실험으로 확인된 이 생각을 물리학자가 깨닫고 이용하기까지 그렇게 오래 걸리지는 않았다. 원자의 구조를 알아내는 열쇠는 원자로부터 나온 빛의 스펙트럼에서 찾을 수 있었다. 이 새롭고 신선한 지식은 정말로 이제부터 물어 볼 것이 더 많음을 의미했다.

 보어가 이 질문 중의 하나를 제기했다. "원자 구조가 어떻게

서로 다른 화학 원소의 성질을 결정할까?" 원자 안에 전자가
단지 하나 더 들어 있다는 이유 때문에 어떻게 한 원소는 많은
화학 결합을 만드는 액체가 되기도 하고 다른 원소는 화학 결
합을 하나도 만들지 않는 기체가 되기도 하는 것일까?

보어는 J. J. 톰슨 밑에서 공부하러 처음 영국으로 건너간 후
에도 계속해서 이 문제에 흥미를 느꼈다. 원자의 구조와 여러
가지 원소의 성질 사이에 어떤 관계가 존재하리라는 것은 의심
할 여지가 없었다. 원소는 질량의 크기 순서인 수소가 맨 처음
이고 다음에 약간 더 무거운 헬륨 등으로 이름표를 만들 수 있
었다. 이렇게 나열하면 어떤 성질은 반복해서 나타나기도 했는
데 세 번째 원소와 열한 번째, 열아홉 번째, 서른일곱 번째, 그
리고 쉰다섯 번째 원소는 서로 두드러지게 닮았다. 그들은 연
알칼리금속이다. 또 다른 깜짝 놀라게 닮은 것으로는 이름표에
서 두 번째, 열 번째, 열여덟 번째, 서른여섯 번째, 그리고 쉰
네 번째 원소를 들 수 있는데, 그들은 모두 기체로서 다른 원
소와 쉽게 결합하지 않는 소위 '불활성(不活性) 기체'이다. 그런
주기적인 반복이 러시아 사람 D. I. 멘델레예프(D. I. Mendeleev)에
의해 만들어진 원소 주기율표에서 매우 분명하게 드러났으며,
이로부터 한 가지 의문이 제기되었다. "이 반복되는 성질이 원
자 안에 들어 있는 전자의 배치가 반복되는 것에 기반을 두고
설명될 수 있을까?"

보어가 캐번디시 연구소에 머물기 전에, J. J. 톰슨은 바로 이
문제에 대해 연구하는 중이었다. 그의 연구는 톰슨이 세운 원자
모형에 근거해서 이루어졌는데, 그 모형에서 그는 양전기가 맨
가운데 밀집되어 있지 않고 원자 내부에 고루 퍼져 있다고 가

정했다. 톰슨은 전자가 고루 퍼진 양전기의 전기장 안에서 닫힌 고리 모양[원자가 구(球)라고 생각했으므로 좀 더 정확하게는 구의 껍질 모양]으로 배치되어 있다고 상상했다. 전자로 이루어진 껍질 한 개는 마치 양파의 껍질처럼 다른 전자로 만들어진 더 큰 껍질로 둘러싸여 있다. 이 생각을 기반으로, J. J.와 그의 제자들은 화학에서 관찰된 성질 중에서 몇 가지를 설명할 수 있었다. 러더퍼드의 산란 실험 결과가 나오기 전까지는 그런 성공 때문에 J. J.의 원자 모형이 매우 높게 평가되었다.

원자핵의 발견으로 형편이 바뀌었으나, 보어는 J. J.의 껍질에 대한 아이디어는 여전히 사용될 수 있으리라 생각했다. 1920년대 초, 그는 수소와 헬륨 등의 원자에서 관찰된 서로 다른 선 스펙트럼을 그의 이론으로 해석해 봄으로써 원자 내부의 전자 배치가 톰슨 모형의 경우와 비슷하게 반복됨을 알아냈다.

보어는 처음에 전자를 제외한 양전기만으로 이루어진 원자핵에서 시작했다. 그리고 나서 원자핵의 양전기를 모두 상쇄할 수 있을 때까지 원자에 전자를 하나씩 더해 나갔다. 각 전자는 제각기 하나의 양자 궤도에 배치되었다. 여러 궤도가 모여서 한 껍질을 이루었다.

첫 번째 껍질 또는 K껍질은 원자핵에서 가장 가까우며, 원자핵의 양 전기장에 의해 가장 단단하게 묶여 있다. K껍질을 둘러싸고 있는 다른 껍질은 조금 덜 단단하게 묶여 있으며, 그런 식으로 반복되어 있다. 예를 들면, 전기적으로 중성인 나트륨 원자는 열한 개의 전자를 갖는다. 그중에서 둘은 닫힌 껍질을 이루는데, 보어의 이론에 따르면 두 개 이상의 전자로 이루어진 원자는 모두 그런 K껍질을 갖는다. K껍질을 둘러싸는 다음

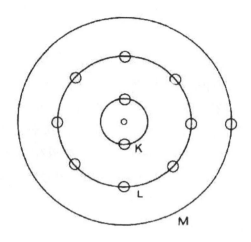

나트륨 원자의 전자 껍질

껍질(L껍질)은 여덟 개의 전자가 들어가면 꽉 차므로 나트륨의 전자 중에서 그다음 여덟 개는 L껍질로 들어간다. 나트륨에 들어 있는 열한 개의 전자들 중에서 한 개가 남았다. 그래서 마지막 남은 한 개의 전자는 새 껍질(M껍질)을 시작한다. 이 M껍질도 여덟 개의 전자가 들어가면 꽉 찬다.

보어는 헐겁게 묶인 마지막 전자가 나트륨의 화학 성질을 설명한다고 말했다. 화학자가 말하듯이, 왜 이 원소는 '양전기를 띤 것처럼' 행동할까? 그것은 다 차지 않은 껍질에 들어 있는 단 한 개의 전자가 쉽게 떨어져 나가서 원자가 양전기를 띠도록 만들기 때문이다. 다시 한 번 화학 용어를 빌리면, 왜 나트륨은 '1가' 원소일까? 그것도 역시 이 하나밖에 없는 '여분'의 전자 때문인데, 나트륨 원자는 가장 바깥 껍질에 전자 한 개를 덜 포함한 원자와 결합하고 싶어 한다. 예를 들면, 나트륨 원자는 염소 원자와 결합해 화합물인 염화나트륨, 즉 식탁에 놓인 소금을 만든다.

나트륨은 앞에서 언급한 것과 비슷한 성질을 지닌 연알칼리 금속 중의 한 가지이다. 여기에 속한 원자는 모두 1가이고 단결합을 하며, 양전기를 띤 것처럼 행동한다. 또 한 번 껍질 구조로부터 그 까닭을 설명할 수 있다. 이 그룹에 속한 원소는 제각기 서로 다른 수의 전자로 이루어져 있지만, 이 전자들이 어떤 경우에든 모두 보어의 이론에 의해 가능한 껍질에 배치되어 있으면서 마지막 한 개의 전자가 원자의 가장 바깥에 남아서 쉽게 떨어져 나간다.

헬륨이나 네온 등과 같은 불활성 기체에서 관찰되는 비슷한 성질도 같은 방식으로 설명할 수 있다. 이 모임에 속한 원소가 갖고 있는 전자의 전체 수는 정해진 껍질을 모두 꽉 채울 수 있는 수와 똑같다. 따라서 가장 바깥 껍질에 빈자리가 하나도 남아 있지 않다. 그러므로 이런 원자는 다른 원자와 결합하지 않는 것을 원칙으로 삼는다. 화학적으로 얘기하자면, 그 원소는 '불활성'이다.

이것이 원자 속에 주기적으로 배치된 전자를 기반으로 해서 원소의 주기율표가 보여 주는 주된 성질을 설명하는 방법이다. 소설가이자 물리학자인 C. P. 스노(C. P. Snow)는 대학교에서 위와 같은 이론을 처음으로 배운 다음, 물리학을 배우는 학생으로서의 느낌을 그의 책 『진리를 찾아(The Search)』에서 다음과 같이 묘사했다.

처음으로 나는 우연히 일어나는 잡동사니 사실들이 일렬로 늘어서고 질서가 잡혀가는 것을 보았다. 모든 잡동사니들, 비법들 그리고 소년 시절에 알았던 유기화학의 알쏭달쏭한 것들이 내 눈앞에서 한 체계 안으로 자신을 맞춰 나가는 것 같았다. 그것은 마치 정글 속에 있다가 그 바깥으로 한 걸음 빠져 나오니 갑자기 그 정글이 네덜란드의 정원으로 변하는 것 같았다. "그렇지만 그것은 진실이다"라고 내 자신에게 말했다. "그것은 매우 아름다우며 그리고 진실이다."

그런 것이 러더퍼드와 보어의 원자가 누린 성공이었다. 그러나 보어의 추론이 아무리 아름답고 잘 맞았더라도 그것이 의존하고 있는 이론이 적절하지 못했다. 그래서 오래지 않아 새롭고 다른 체계의 생각으로 대치되게 된다. 보어의 이론은 물질을 여러 가지 측면에서 조사해 온 과학에 의해 축적된 굉장히 많은 양의 자료를 논리적이고 정확히 설명할 수 있는 그런 성질의 이론이 아니었다. 그것은 원자를 수학적으로 완전히 푼 이론이 아니었던 것이다.

보어의 이론이 옳은 방향을 향하고 있는 것만큼은 틀림없었다. 문제는 끝까지 다 이루지 못했다는 데 있다. 그의 가정으로부터 출발해서 원소의 정확한 스펙트럼을 계산하려는 시도는 수소를 제외하고는 모두 실패했다. 그 이론은 관찰된 스펙트럼선을 제대로 예언했음에도 불구하고 그 이론은 다른 것, 즉 실제로는 나타나지 않는 선 스펙트럼도 예언했다. 이 예언에 기반을 둔 껍질 체계는 알려진 화학 자료를 아주 정확하게 설명하기에는 부족했다. 보어가 대응 원리를 이용해 옳은 대답을 얻을 수 있었던 것은 사실이다(즉 고전 물리에 의해서 어떤 진동수가 생길지 계산한 다음에 이 고전 방법에 의한 예언을 사용해 양자론에 의한 예언을 '수정'한다). 그렇지만 이렇게 상반되는 두 가지를 가지고 조절하는 것은 과학이라기보다는 예술에 더 가까웠다. 보어는 이론으로 세운 가정에서 시작해 논리적 경로를 따라서 정확한 사실로 접근할 수가 없었다.

게다가, 왜 가장 안쪽의 껍질에는 단지 두 개의 전자, 그다음 껍질에는 여덟 개의 전자 등등이 들어가야만 하는지 마땅한 까닭을 생각해 낼 수가 없었다. 전자를 이런 방법으로 먼저 갈라 놓으면 나중 일은 저절로 맞아떨어졌다. 그러나 왜 전자들이 꼭 그렇게만 갈라져야 할까? 보어의 이론에 의하면 원자가 중성이라는 것은 모든 전자가 허용된 바깥쪽 껍질로부터 원자핵에서 가장 가까운 껍질로 옮겨 가서 원자의 정상 상태 또는 바닥 상태를 대표한다는 것을 의미한다. 그렇다면 나트륨 원자에 들어 있는 전자는 왜 가장 안쪽 껍질에 모두 들어 있지 않고 단지 두 개만 들어 있을까?

다음 장에서 우리는 다른 사람이 보어가 제안한 껍질 모형의 기초가 될 이론을 어떻게 찾아냈는지 볼 것이다. 그러나 그렇게 크게 걸음 앞으로 내디뎠지만 보어의 이론에서 바로 밑뿌리에 위치한 잘못된 생각을 제거하지는 못했다. 오늘날에는 그 이론의 강점과 약점을 모두 매우 잘 이해하고 있다. 원자의 에너지는 연속적이지 않다(양자화되었다)는 보어의 생각은 옳았으나 이에 대한 그의 설명이 옳지 않았다. 전자는 보어가 가정했던 것처럼 원자 물리 이전에 다루었던 아주 미세한 물질 입자가 아니다. 전자는 원자 안에서 입자라면 움직일 것처럼 움직이지 않는다.

이런 사실을 다 깨닫게 되기까지 오랜 시간이 걸렸다. 어떤 사람이 다음과 같은 올바른 질문을 물어 보게 되는 데까지도 오랜 시간이 걸렸다. "빛이 어떤 경우에는 서로 독립인 입자의 모임인 것처럼 보이고 어떤 경우에는 연속된 파동인 것처럼 행

동하는 것과 마찬가지로, 물질의 기본 단위도 그렇게 이중으로
행동할 수 있지 않을까?" 이 질문은 빛에 대한 아인슈타인의
양자론을 지지하는 더 많은 증거가 실험으로 발견된 뒤에야 겨
우 제기되었다. 처음에는 광전 효과에 대한 실험 한 가지밖에
다른 증거가 없었다. 미국 학자인 R. A. 밀리컨(R. A. Millikan)
과 A. H. 콤프턴(A. H. Compton)에 의해 훨씬 더 정교하게 수
행된 실험의 결과로 '논리적으로 얘기하면 빛은 서로 모순되는
성질을 동시에 가졌음'을 많은 물리학자가 믿도록 설득시켰다.
그때까지 물리학자는 파동 모형과 입자 모형 두 가지 중에서
하나를 골라서 생각하려는 경향을 보였으며, 빛에 대한 정보는
첫 번째 모형으로 그리고 원자에 대한 정보는 두 번째 모형으
로 맞추려고 시도했다.

　그들은 뉴턴의 법칙 또는 '고전 역학'*이라고 알려진, 행성
을 미세한 점으로 취급하는 것과 같은 방법으로 물체의 운동을
설명하는 법칙을 원자의 경우에도 계속 적용했다. 우리가 이미
본 것처럼, 보어는 플랑크 상수를 사용해 고전 법칙을 제한해
야 함을 발견했는데, 그것은 수소 원자의 스펙트럼을 설명하는
이론을 만들자면 에너지가 연속되지 않도록 제한할 필요가 있
었기 때문이었다. 플랑크와 마찬가지로 보어도 고전 법칙을 수
정했다. 나중에 이렇게 수정된 물리학이 원자(또는 빛)를 모두
설명할 수는 없고 아주 새로운 체계의 생각이 필요함이 분명해
졌을 때, 물리학자는 보어와 플랑크의 연구 결과를 되돌아보고

---

* 물리학자는 원자 안에 들어 있는 전자가 광속과 비슷한 빠르기로 움직
이므로 아인슈타인의 특수 상대론에 의한 운동 법칙을 적용했다. 지금 내
용으로 비추어 보면, 아인슈타인의 법칙으로 물체의 운동을 지배하는 법
칙을 수정한 것이라는 의미에서 고전적이라고 간주할 수 있다.

174

h로 대표되는 정해진 수가 마치 또 다른 상수인 광속 c와 마찬가지로 어떤 신호를 보내 준다는 사실을 깨달을 수 있었다. 아인슈타인은 c라는 상수가 고전 역학에 제한을 주는 기준임을 보였다. 빛의 빠르기에 가까운 속력으로 움직이는 물체는 고전 법칙이 아니고 전혀 다른 가정에 기반을 둔 법칙에 의해서 지배받았다. 상수 h는 원자의 경우에 고전 역학이 다시 한 번 더 적용되지 않음을 표시한다. 원자가 완벽히 그리고 논리적으로 설명될 수 있으려면, 즉 원자가 제대로 이해될 수 있으려면 뉴턴의 법칙이 (그러니까 또한 아인슈타인의 법칙도) 근거하고 있는 가정과는 다른 가정 위에서 세워진 역학이 먼저 나와야만 된다. 즉 양자 역학이 출현해야만 된다.

양자 역학은 정확한 도구가 될 것이다. 보어는 서로 상반되는 것을 절묘하게 뒤섞어서 분광학과 화학에서 얻는 실험 자료를 설명하는 것이 가능하게 만들었지만, 양자 역학의 가정을 사용하면 그런 결과가 논리적이고 필연적으로 뒤따르게 될 것이다. 물리학자가 철 원자에 대한 정보를 양자 역학이라는 기계에 집어넣고, 이를테면 단추를 누르면 나오는 것으로부터 생각해 낼 수 있는 모든 조건 아래서 철에 대한 모든 자세한 성질을 정확히 알 수 있을 것이다. 양자 역학으로는 알려진 것이나 마찬가지로 알려지지 않은 것까지도 정확히 추론해 낼 수 있을 것이다. 그것은 원자를 수학적으로 완벽히 다룬 이론이 될 것이다.

그러나 원자 물리의 암흑 시대였던 '양자 역학 이전 시대'에는 수학적으로 성공을 거둘 때마다 언제나 대답할 수 없는 다른 의문이 계속 제기되곤 했다. 플랑크와 보어가 고전 물리학을 수정한 경우를 제외하고도 양자화시키기 위해 그와 같이 수정한 경우가 많았는데, 그때마다 다음과 같은 동일한 종류의 의문이 제기되었다. "제한을 주는 이러한 양자 규칙 뒤에는 무엇이 놓여 있을까?" "무엇이 그러한 제한을 만들어 낼까?" 이와 같이 보어가 만든 규칙의 경우에는 지체 없이 "전자가 원자핵의 주위를 회전할 때 어떻게 어느 특정한 궤도를 골라낼 수 있을까?"라든지 "무엇이 전자의 에너지가 어떤 값 아래로는 더 작아지지 않아서 원자핵으로 끌려 들어가지 않도록 만들까?"라는 등의 질문이 바로 대두되었다. 이 질문에 대한 대답으로, 이론은 힘이 아니고 숫자들(그중에 하나가 h로 대표되는 숫자)을 제시한다. 양자 규칙에는 그런 규칙이 꼭 필요한 어떤 이유도 없어 보일 뿐 아니라 이 규칙은 전자가 놀라운 성질을 갖고 있음을 암시하는 것처럼 보인다. 예를 들면 〈그림 6-1〉로 돌아가서 보어의 이론에 따른다면 궤도 5로 떨어지려는 전자는 궤도 4든지 3이든지 2 또는 1로 떨어지려는 전자와 다른 진동수로 떨릴 것이라고 말한다. 어떤 경우에든 다른 궤도로 건너뛰려는 전자는 처음부터 어떤 궤도로 떨어질지 조절되어야 한다. 어떻게 이런 일이 가능할까? 그것은 마치 전자가 미리 어디로 건너뛸지 아는 것과, 즉 처음부터 어떤 진동수로 떨지 결정된 것과 마찬가지이다.

각각의 양자 규칙은 이런 종류의 의문을 제기했다. 양자 규칙이 새로 나올 때마다 원자가 어떻게 동작하는지 상상해 보는 것이 더 어려워졌다. 우리가 앞에서 보인 것처럼 보어의 양자 규칙을 만족하는 원자를 도표로 그릴 수 있다고 하더라도 그것은 우리가 흔히 보는 과학박물관에 전시된 모형이나, 압력이나 힘으로부터 어떻게 동작되는지를 보여 주는 축소형 모터 등과는 아주 다르다. 보어의 원자를 나타낼 수 있는 모형이 없었다. 보어의 원자가 어떻게 활동하는지 알려 주는 동작 원리가 없었다. 원자에서 일어나는 사건을 수학적으로 점점 더 정확히 묘사하면 할수록 그와 동시에 그런 사건이 어떻게 해서 벌어지는지 상상해 보는 것은 1920년대 중반 양자 역학에 기초한 새로운 원자 이론이 마침내 탄생할 때까지 점점 더 어려워졌다. 새 이론이 세워진 뒤에야 비로소 앞에서 제기된 의문들에 대한 해답이 마련되었다. 그때까지 물리학자는 그런 의문을 지닌 채 살아야 했다(그리고 우리도 그런 의문을 그대로 지니고 있겠지만 앞으로 한두 장만 더 참으면 된다).

물리학자들은 자연 현상이 그들의 방정식이 가리키는 것처럼 '어리석게' 되어 있다고 믿기가 어려웠다. 가장 놀랄 만한 예가 E=hf라는 방정식인데, 이 방정식은 빛의 경우에 적용했던 것처럼 원자에도 마찬가지로 적용했으며, 이 방정식은 쪼개진 것을 쪼개지지 않은 것과 같다고 놓았고, 제한된 것과 제한되지 않은 것을 같다고 놓았다.

미국 물리학자 R. A. 밀리컨은 시카고 대학교에서 A. A. 마이컬슨(A. A. Michelson)의 지도를 받으며 실험실에서 아인슈타인이 빛의 파동설, 즉 광자 이론에 도전하고 있다는 소식을 들었다고 말했다. 그는 빛의 파장이 주위에서 흔히 보는 1피트짜리 막대자 또는 스프링 저울과 조금도 다름없이 실제로 존재하는 것이었다고 말했다. 그는 빛이 입자와 같은 구조라는 아인슈타인의 생각을 "분별이 없다"고 불렀다(그 뒤로 십 년 동안 이 분별없는 생각을 실험으로 조사하면서 보냈고 결국은 그 생각이 모두 옳았음을 증명했다).

같은 기간 동안 막스 플랑크까지도 광자 이론에 반대 의견을 보였다. 그가 아인슈타인을 프러시아 황실 과학 학술원 회원에 가입할 수 있도록 추천하는 편지에, "한 예로 그가 제기한 빛의 양자 가설과 같이, 그 사람도 가끔 과녁에서 빗나가기도 하지만 그런 실수는 정말로 그에게 불리하게 작용할 만큼 중요하지 않다"라고 썼다.

아인슈타인은 독일로 돌아오기 직전에 우연히 프레이그란 도시의 정신 병원에 딸려 있는 아름다운 정원이 내려다보이는 사무실에서 빛의 구조에 대한 문제를 심사숙고하고 있었다. 창문을 통해 바깥을 내다보면서, 정원에 나와 있는 사람들을 바라보곤 했다. 어떤 사람은 커다란 나무의 그늘 아래서 왔다 갔다 하면서 깊은 생각에 잠겨 있음이 분명했고, 다른 사람들은 몇 명씩 모여서 그들의 격렬한 몸짓으로 미루어 보아 뜨겁게 논쟁하는 것처럼 보였다. 이 광경을 바라보던 아인슈타인은 그의 동료들이 자기 보고 미쳤다고 말하던 행동이 생각났다. 그는 바깥 광경을 가리키며, 한 동료에게 "저것 좀 보게. 저 사람들은 양자론에 몰두하지 않고도 미친 사람들이네"라고 말했다.

아인슈타인은 1917년 미쳐 보이는 이론을 발전시키는 데 한 번 더 결정적인 기여를 했다. 그는 원자 구조에 대한 보어의 이론을 적용해서 플랑크의 복사 공식까지 도달하는 길을 찾아냈다. 플랑크가 그의 공식에 대해 연구하고 있을 때 비로소 전자가 발견되었기 때문에 그는 복사가 발생하는 물질의 구조에 대해 매우 일반적인 가정밖에 세우지 못했으며, 그런 일반적인 가정에서 시작해서 복사 공식을 도출했다. 이제 보어가 물질 구조에 대한 자세한 이론을 제공했으므로 보어의 연구로부터 플랑크의 결과를 추론하는 것이 가능해야만 한다. 구체적으로 말하면, 전자가 뛰어넘을 수 있는 궤도와 관계되어 나오는 진동수를 연관 짓는 보어의 규칙으로부터 검은 물체 복사의 에너지 분포를 추론하는 것이 가능해야만 한다. 뛰어넘기가 반복되는 횟수는 스펙트럼에서 각각의 진동수가 표시하는 에너지의 세기가 될 것이다.

아인슈타인은 그렇게 하는 데 성공했을 뿐 아니라 그렇게 하면서 심오하고도 중요한 무엇을 분명하게 보여 줬다. 즉 뛰어넘기가 통계적으로 일어난다고 가정함으로써 보어의 이론으로부터 시작해 플랑크의 공식을 얻을 수 있었다. 뛰어넘기가 일어날 확률을 결정하는 규칙을 따르면 검은 물체 스펙트럼을 얻을 수 있으며, 그 밖의 방법으로는 그것이 불가능했다. 아인슈타인은 그의 논문에서 이 경우와 방사능 붕괴에 대한 러더퍼드와 소디의 법칙이 얼마나 유사한지 눈여겨봐 달라고 간곡히 청했다. 두 경우 모두 우리는 원자가 어떤 행동을 취할 때, 그렇게 행동하는 까닭이 무엇인지 모른다. 우리는 무엇이 전자를 다른 궤도로 뛰어넘지 않고 어떤 특별한 궤도로 뛰어넘게 만드는지 모른다. 우리는 무엇이 방사능 붕괴를 가져오는 원자핵의 변화를 유발하는지 모른다. 그러므로 우리는 매우 많은 수의 비슷한 경우를 함께 고려해야만 비로소 어떤 예언을 만들 수 있으며 그렇게 함으로써 우리는 무엇이 가장 일어나기에 적합한지를 알 수 있다.

닐스 보어는 아인슈타인의 이러한 연구 결과 속에 그의 원자 이론을 수정해 새로운 이론으로 발전시킬 수 있는 방법이 들어

있음을 알아차리고 자기의 경우에 바로 적용했다. 앞에서 보았
듯이, 그의 이론은 수소의 경우를 제외하고는 다른 원소의 선
스펙트럼을 제대로 만들어 내지 못했다. 즉 그의 이론으로부터
예언된 선에는 관찰된 선들 말고도 관찰되지 않은 선들까지도
포함하고 있었다. 대응 원리의 도움으로 아인슈타인의 아이디
어를 사용해 그의 이론이 지닌 약점을 보완할 수 있었다. 앞에
서 말했듯이 보어는 스펙트럼에서 어떤 선이 가장 만들어지기
쉬운지 알기 위해 고전 물리학으로부터 실마리를 얻었다. 이런
방법을 이용해, 아인슈타인처럼 보어도 스펙트럼에서 얻은 원
자 구조를 알려 주는 증거에 맞도록 그의 원자 구조 이론을 조
절하는 데 통계적 방법을 사용할 수 있었다. 이러한 계산에 의
해서 앞에서 묘사한 것과 같은 수소 이외의 여러 가지 원소의
껍질 구조를 밝혀내는 데 성공했다.

　보어는 그가 사용한 이론이 완전치 못함을 매우 잘 알았음에
도 불구하고 그 이론을 계속 밀고 나갔다. 그는 대답을 얻지
못한 의문이 자꾸 쌓였지만 그대로 앞으로 진행했다. 이미 보
았듯이 이러한 의문의 대답을 얻기 위해 새로운 실험 결과를
기다릴 필요는 없었다. 실험은 분광학자에 의해서 이미 모두
수행된 뒤였다. 그들은 여러 가지 다른 원소의 선 스펙트럼에
관한 보통 자료만 축적해 놓았을 뿐 아니라, 전기장이나 자기
장 아래와 같은 서로 다른 물리적 조건 아래서 스펙트럼에 어
떤 변화가 생기는지에 대한 자료까지 축적해 놓았다. 원자가
서로 다른 조건에 반응해 스펙트럼에 반영되는 이러한 변화는
원자가 행동하는 모양을 알려 주는 자료인데, 그것을 모으면
거대한 목록을 이루었다. 이 목록은 아직도 해독되지 못했다.

그것은 빛의 진동수, 즉 스펙트럼이라는 암호로 씌어 있었다. 만일 한 경우 한 경우씩 그에 대응하는 수학 표현을 알아내는 식으로 그 암호를 깰 수만 있다면 앞의 의문들에 대한 해답을 알려 줄, 원하던 새 이론까지 다다르지 않을까? 보어는 그럴지도 모른다고 믿었으며 그래서 대응 원리와 통계학을 이용하면서 불완전한 이론이지만 계속 밀고 나갔다. 참으로 그는 아인슈타인이 제의한 확률 법칙을 이용한 이 새로운 응용이 그의 대응 원리를 구체화시켜 줄 것이라고 믿었다. 통계적 방법이야말로 옛것과 새것을 잇는 다리였다. 그것은 원자를 최종적으로, 즉 서로 모순된 생각을 해결하도록 이해하는 데 사용되는 언어를 제공했다.

아인슈타인이 생각한 것은 그와 달랐다. 그에게 통계적 방법은 뭔가 임시변통인 것처럼 보였다. 누구든지 정보가 부족하면 그가 했던 것처럼 이 규칙, 즉 통계적 방법을 사용한다. 그 부족한 정보를 얻고 나면, 즉 물리학자가 무엇이 원자의 기이한 행동을 만들었는지 알고 나면 통계를 쓸 필요가 없어질 것이었다. 보어는 통계가 원자를 최종적으로 이해하는 데 필수적인 역할을 차지한다고 생각한 것과는 대조적으로 아인슈타인은 그렇게 생각할 수가 없었다. 그는 양자론에 의해 제기된 문제에 접근하는 데 다른 방향의 견해를 취했다. 그는 검은 물체 복사를 연구할 때나 광전 효과를 연구할 때도 그와 같은 방향의 견해를 지켰다. 그래서 전과 마찬가지로, 파동과 입자가 지닌 연속과 불연속의 이중성을 해결할 수 있는 방안을 모색하면서 기체 입자의 성질을 복사의 성질과 비교 조사했다.

그런 동안에 닐스 보어는 실마리를 찾아서 이쪽저쪽을 두리

번거리면서 알려지지 않은 영역을 가로지르는 통계적 길을 따라 자신만의 접근 방법을 계속 밀고 나갔으며 조금씩, 매우 조금씩 찾고 있는 것의 윤곽을 그려 나가기 시작했다. 그는 여러 가지 종류의 경우에 어떤 성질의 해답을 기대할지 알게 되었다. 그는 양자론이 향하고 있는 방향을 감지했다. 그는 풀리지 않는 문제를 바라보는 새로운 시각을 얻기 시작했다. 그는 올바른 질문을 물어보기 시작했다.

어떤 물리학자는 원자를 이해할 수 있을지 절망하기도 했지만, 보어는 여전히 모순처럼 보이는 것도 결국에는 더 큰 조화의 한 부분으로 판명되리라고 믿으면서 대체로 낙관적 견해를 바꾸지 않았다. 양자에 대한 새로운 아이디어가 아무리 이상하고 전에 인간이 이해했던 자연을 아무리 부정하더라도, 새 아이디어와 예전의 이해 사이에는 대응 원리가 존재했다. 예전 이해, 즉 고전 물리학의 주류를 이루는 물리를 원자의 양자 세계로 가져다 놓으면 앞으로 더 나갈 수 있었다. 그 질문에 대한 대답은 결국 나올 것이며, 원자에 대한 이해도 가능하게 될 것이었다.

보어가 스펙트럼에 대응하는 이론을 찾는 데 매달린 유일한 물리학자는 결코 아니었다. 프랑크와 헤르츠의 실험이 성공한 뒤를 이어서, 스펙트럼을 이해하는 일이 이론 물리학의 주요 연구 대상이 되었다. 그런 연구는 코펜하겐뿐 아니라 네덜란드의 라이덴 대학교라든지 뮌헨이나 괴팅겐, 튀빙겐, 베를린에 위치한 독일 대학교에서도 수행되었다. 이러한 대학교를 찾아서 유럽의 다른 나라뿐 아니라 영국이나 심지어 아시아 또는 미국 출신의 대학원 학생들이 모여들었다.

오늘날 사정과는 엄청나게 대조가 되지만, 미국에는 원자에 대한 연구를 수행하는 연구소가 글자 그대로 한 군데도 없었다. 정말이지 미국에는 단지 몇 명 안 되는 이론 물리학자가 있었을 뿐이며, 로버트 오펜하이머는 1920년대에 하버드 학생이었을 때 이론 물리학자가 되는 것이 가능할지 알 수 없었다고 말했다. 그는 원자 폭탄이 만들어진 다음 그렇게 유명해진 페르미(E. Fermi)나 질라드(Szilard), 텔러(Teller) 그리고 많은 다른 사람들처럼 유럽에서 이론 물리학자가 되는 방법을 배웠다.

오늘날 이론 물리학자 중에서 상당히 많은 사람이 젊었을 때, 보어가 "오로지 코펜하겐에서만 효력을 발휘했던 요술지팡이"라고 부르던 대응 원리를 그렇게 성공적으로 휘둘렀던 코펜하겐에 매력을 느꼈다. 보어를 처음으로 찾아온 사람은 한스 크레이머스(Hans Kramers)라는 어린 네덜란드 학생이었는데, 그는 네덜란드에서 덴마크를 찾아오는 동안에 덴마크 말을 배웠다고 한다. 크레이머스가 학생 토론회에 참석하고자 1916년 처음으로 코펜하겐에 왔을 때는 겨우 스무 살이었다. 그는 다른 나라 도시를 방문하면 자기와 같은 종류의 일에 종사하는 사람을 찾아보는 것이 마땅하다고 생각했다. 그래서 물리학자가 되려고 공부 중이던 그는 코펜하겐 대학교로 찾아가 물리학과에 어떤 사람이 있는지 알아보았다. 그곳에서 그는 바로 얼마 전에 맨체스터를 떠나 코펜하겐에서 다시 강의를 맡고 있는 닐스 보어를 만났다.

두 젊은이는 당장에 서로를 좋아하게 되었고 크레이머스는 방문 기간이 다 끝나갈 무렵 여비가 떨어지게 되자 보어를 생각해 내고 이번에는 돈을 좀 꾸려고 그를 다시 찾아갔다.

　보어는 코펜하겐 대학교에 자기 말고도 물리학자가 또 있어
서 대화를 나눌 수 있기를(또는 같은 뜻이지만, 함께 연구를 할 수
있기를) 원했으며, 그래서 크레이머스에게 자기 조수가 될 생각
이 없느냐고 물었다. 크레이머스는 좋다고 대답했고 대학교 당
국도 동의했다. 그 뒤를 이은 몇 해 동안에, 보어는 노르웨이나
스웨덴 그리고 헝가리 등으로부터 코펜하겐에서 함께 일하자고
젊은 물리학자들을 초청했으며 대학교에 그들을 채용해 달라고
설득했다. 그는 캠퍼스 부근의 오래된 고등학교 건물에서 모두
함께 연구할 수 있는 빈 사무실을 몇 개 찾아냈다.

　이것이 '이론 물리학 연구소'로 부르게 될 연구 센터의 시작
이었는데, 지금은 물리학자들에게 간단히 '보어 연구소'로 알려
져 있다. 1920년 몇 명의 덴마크 사업가들이 기부한 기금으로
첫 번째 건물을 마련하고 정식으로 출발했다. 그 이후로 더 많
은 건물이 들어섰고 연구에 참여하는 학생의 수는 몇 명에서
거의 백 명에 이르도록 불어났다. 그러나 이 연구소는 처음에
시작했을 때와 마찬가지로 여전히 국제적이고 격식을 차리지
않는 곳으로 그대로 남아 있다.

　맨체스터에서 공부한 후, 보어는 언젠가 러더퍼드의 것과 같
은 학교를 갖고 싶었다. 그는 이 뉴질랜드 친구가 연구 뒤에
숨어 있는 아이디어에 학생도 참여시키고 그들의 제의를 진지
하게 받아들이는 방법이 좋았다. 그는 심지어 어떤 의미에서
러더퍼드의 급한 성미까지도 좋았다. 보어는 "그는 자기의 급
한 성미를 숨기려고 시도하지도 않고 자신과 자기 조수들의 노
력에 보탬이 될 비판을 끌어내는 데 그 성미를 사용할 줄 안단
말이야"라고 말했다.

보어는 러더퍼드보다 조용한 사람이었지만, 그도 또한 그의 기분이 연구에 보탬이 되도록 만들었고 학생과는 유달리 직접 관계를 맺었다. 어쩌면 러더퍼드보다도 더 심하게 그는 연구를 수행하는 데 이론 학자와 실험학자 그리고 교수와 학생이 서로 도와야 한다고 믿었다. 젊은이의 신선한 의견이나 비판적인 자세가 값지다고 생각했고 그래서 선생은 자기가 알고 이해하는 것을 다른 각도에서 다시 생각해 보게 된다고 여겼다.

양자 물리학의 역사에서 보어와 그의 학생들은 결정적인 역할을 해냈다. 비록 코펜하겐에서만 교수와 학생이 함께 스펙트럼으로 된 '암호'라고 부른 것을 연구한 건 아니지만, 물리학자가 그 암호를 깬 대응 원리를 배운 곳이 바로 보어 연구소였다. 그곳에서 보어와 대화를 나누면서 그들은 올바르고 마지막에는 이해할 수 있게 된 질문을 물어 보기 시작했다.

거의 모든 이론 물리학자에게 탐색을 위한 대화나 논쟁은 생활의 필수 요소 중의 하나이다. 물리학, 특별히 현대 물리학에서 수학 표현이 대부분 먼저 나오게 되고, 그로부터 한참 지난 뒤에야 비로소 그 표현의 의미를 완전히 이해하게 된다. 물리학자는 막스 플랑크가 검은 물체 복사에 대해 그의 첫 번째 공식을 도출할 때 겪은 것과 같은 종류의 다음과 같은 문제에 반복해 부딪치게 된다. 추상적인 논리를 어떻게 이해해야 할까? 그것은 스스로 만든 공식일 수도 있고 다른 사람이 세운 공식일 수도 있지만 문제는 마찬가지이다. 그리고 스스로 그 의미를 깨닫는 것이 불가능함을 발견하면 그와 마찬가지로 어둠 속을 헤매고 있을지 모르는 다른 물리학자를 찾아보게 된다. 그러면, 교대로 한 사람씩 자기가 그 수학 표현이 의미한다고 생각하는 것을 다른 사람에게 설명(토의)하게 될 것이다. 논리적인 경우를 설명하거나 또는 다른 사람의 견해를 논박하려는 시도로 생각의 순서를 정리하면 자주 더 많은 것을 깨닫게 된다. 로버트 오펜하이머는 이런 종류의 대화를 "우리가 모두 알지 못하는 것을 서로에게 설명해 주기"라고 불렀다.

논쟁은 위와 같은 이유 때문에 필요하고, 또한 정보를 재빨리 교환하기 위해서도 필요하다. 그래서 이론 물리학자는 자주 격식을 갖추지 않은 자리를 마련하고 모일 뿐 아니라 크고 작은 여러 가지 국내 또는 국제 규모의 토론회를 열고 모이기도 한다. 오로지 의견을 교환하기 위해 이론 물리학자는 먼 곳으로 여행하기를 또는 전화 걸기를 마다하지 않을 것이다. 그리고 1920년대에는 보어 연구소만큼 의견을 나누고 논쟁하기에 더 좋은 장소를 찾을 수 없었다. 그곳에는 플랑크가 베를린 대학교에서 겪었던 것과 같은 교수와 학생 사이의 장벽이 글자 그대로 존재하지 않았고 항상 누구든지 그곳에 있는 어떤 다른 사람과도 의견을 나눴다.

다음 장에서 우리는 매일같이 새로운 것을 생각해 내야 했던 '섬뜩'하고 '모험'에 가득 찼던 원자 물리 기간 동안에 닐스 보어와 함께 일했던 두 젊은이를 소개할 것이다. 그들의 이름은 볼프강 파울리(Wolfgang Pauli)와 베르너 하이젠베르크(Werner Heisenberg)인데, 스펙트럼 암호를 깬 후에 물리학자가 새 이론을 만드는 데 그들의 생각이 기본이 되었다. 이 이론의 생략되지 않은 명칭은 '코펜하겐에서 해석한 양자 역학'이다. 그들의 기여가 컸음에도 불구하고 이 이론을 보어나 파울리 또는 하이젠베르크의 해석이라고 부르지는 않는데, 그렇게 된 이유

중에서 하나는 그것이 이론 물리학자라면 모두 너무 많이 토의한 뒤에 나왔다는 사실 때문이다. 연구를 수행하면서 아이디어나 의견 그리고 비판 등을 많이 교환하다 보면 자주 어떤 특별한 발견에 한 사람의 이름을 붙이기는 너무 어려워진다. 그런 까닭으로 다음 장에서는 하이젠베르크와 파울리를 소개하기 전에 먼저 1920년대에서 1930년대에 걸쳐 코펜하겐에서 일했던 한 무리의 젊은 물리학자들이 누렸던 생활을 엿보기 위해 보어 연구소를 살펴볼 것이다.

여덟 번째 마당

볼프강 파울리, 베르너 하이젠베르크 그리고 보어 연구소

물리학에서 다시는 찾아오지 않을 행복했던 시절
—H. B. G. Casimir

물리학을 전공하는 어린 학생이었던 프리츠 칼커(Fritz Kalckar)는 「신비한 원자에 대한 워크숍」에 참석하려고 보어 연구소를 향해 처음으로 블레그담베(Blegsdamves) 길을 따라 터벅터벅 걷고 있었다. 나중에 그는 그곳에서 발견한 것이 무엇인지 묘사했는데, 우리는 여기에 그의 말을 그대로 인용하려고 한다. 그렇지만 먼저 독자에게 그의 말을 너무 글자 그대로 받아들이지 말라고 미리 경고한다.

연구소 소장님은 어느새 블레그담베 길 앞까지 마중 나와 환영해 주고 계셨는데, 그분은 건장한 체구에 덥수룩한 회색 머리와 잘 빗겨진 큰 눈썹 밑에 현명해 보이고 슬픈 듯하며 약간 갈색 눈을 가진 친절하고 조금 수줍어 보이는 분이었다. 그분은 다정하게 우리를 연구소까지 데려다 주셨다. 여러 번 초인종을 울리고 큰소리로 부른 뒤에 수상하다는 표정으로 한 신사가 문을 우악스럽게 열고는 화를 버럭 내며 수금하러 온 사람이 아닌지 물었고 만일 그렇다면 "다른 날 오시오"라고 말했다. 우리는 신경질 부리는 그 강사에게 우호적인 목적으로 왔음을 확인시켜 준 뒤에야 비로소 건물 안으로 들어갈 수 있었는데, 그곳에서 호기심에 가득 찬 우리는 한곳에 모여 있는 젊은 학자들을 방해했다. 그들은 그날 도착한 우편물을 살펴보는 중이었는데, 그곳에 없는 사람에게 온 엽서를 모두 돌려가며 읽는 중이었고, 봉투를 만든 종이가 얇아서 글씨가 비쳐 보이면 그 안에 든 편지 내용 또한 모두들 돌려가며 읽고 있었다.

이 글의 저자는 다른 방에서 덜컹거리는 기묘한 소리를 듣자 원자에 대해 연구하고 있을 닐스 보어를 직접 보려고 두근거리는 가슴으로 소리가 나는 방으로 살금살금 다가가면서 다음의 '커다란 감동'에 대해 설명을 계속한다. 건너편 방에서는 '핑' 소리와 '펑' 소리가 연달아 들리면서 '충돌 실험'이 진행 중이었다. 그 실험은 보어가 아니고 두 학생에 의해 수행되고 있었는데, 그중에서 한 사람인(오늘날 그의 다른 업적은 제외하고도 인기 높은 과학 교양서적을 저술한 것으로 유명한) 러시아 출신의 조지 가모가 펑 소리를 만든 것은 원자 실험 때문이 아니고 탁구 때문이었으며, 그 실험의 목적은 공을 맞추는 것이 라고 설명했다.

이 일화에서 엿볼 수 있듯이, 누구든지 보어 연구소에서 연구가 진행되는 현장을 보고자 하는 사람은 그것이 참 어려움을 경험했다. 칠판에 쓰인 것을 빼고는 연구의 흔적이 남아 있지 않았다. 그곳에서는 실험이 거의 수행되지 않았으며, 연구소에 속한 사람 중에서 거의 대부분이 주로 이론에 관심을 가졌고, 동시에 그곳에서는 정규 강의도 없었다.

붉은 기와로 지붕을 입힌 3층 시멘트 건물인 연구소는 밖에서 보면 학교 건물이라기보다 보통 살림집처럼 보였다. 실제로 1912년 결혼한 뒤 몇 해 안에 아들 다섯을 거느린 대가족의 가장이 된 닐스 보어는 맨 위층을 살림집으로 쓴 적도 있었다. 건물 안에는 점심을 위한 식당도 있었고 도서관은 물론 학생들

이 격식을 차리지 않고 토의를 하던 방도 여럿 있었다. 보어의
아들들은 주로 연구소 뒤쪽 창문을 통해 드나들었는데, 이런
것이 격식을 차리지 않는 연구소 분위기를 단적으로 말해 준다.

처음에는 모두 금발머리인 이 소년들이 누가 누구인지 분간
하기 어려웠다. 물리학자인 레온 로젠펠드(Leon Rosenfeld)는
"보어의 어떤 아들인지 알아내려면 한참 생각해 봐야만 했지"
라고 회고했다. 로젠펠드는 보어를 처음 만났을 때 그가 풍기
는 아버지스러운 분위기로부터 깊은 인상을 받았다. 그는 보어
가 아들들에게 둘러싸여 있었던 것을 고려하면 그렇게 놀라운
인상도 아니었다고 말했다. 로젠펠드가 그다음 날 보어를 만났
을 때도 역시 그의 주위에는 아들이 있었다. "어제와는 다른
아들"일 것이라고 로젠펠드는 짐작했는데, 같은 날 오후에 보
어가 또 처음 보는 것 같은 아들과 함께 나타나자 어리둥절하
지 않을 수 없었다. 로젠펠드는 "보어가 마치 요술쟁이처럼 아
들을 땅에서 집어 올리든지 아니면 소매에서 만들어 내는 것처
럼 보였다"라고 말했다.

키가 후리후리하게 크고 아름다운 보어 부인 역시 연구소의
분위기를 가족적으로 만드는 데 한몫을 했다. 학생들은 끊임없
이 보어의 살림집으로 찾아와 물리뿐 아니라 정치나 철학, 음
악, 책, 영화 그리고 여자에 대해서 끝없이 얘기하곤 했는데,
그럴 때면 보어 부인은 그들에게 샌드위치를 만들어 주기를 즐
겨 했다.

학생들은 탁구를 가장 좋아했고 탁구대 양쪽 마룻바닥은 탁
구를 치는 사람의 발자국 때문에 두 군데씩 움푹 파였다. 탁구
다음으로 학생들에게 인기 있던 소일거리는 영화 구경이었다.

어떤 금발의 여배우를 특별히 좋아했고, 서부 영화라면 하나도 빠짐없이 즐겼던 닐스 보어도 자주 영화 구경을 가는 데 함께 어울렸다. 그중에서 한 영화는 "널리 알려지지는 않은 어떤 보어 이론을 시험해 보기 위한 실험"이라고 부른 것의 계기가 되었다.

보어는 가모와 그리고 다른 몇 학생과 함께 서부 영화를 보고 난 뒤에 맥주와 샌드위치를 곁들여 즐기는 그런 종류의 자리에서 한 논쟁에 휩쓸렸다. 가모가 먼저 "서부 영화에서는 왜 항상 주인공이 악당보다 더 빨리 총을 빼들까?"라는 의문을 제기했다. "준비가 전혀 안 되어 있는 주인공에 비해 악당은 자기가 무엇을 할 예정인지 미리 알고 있지 않은가? 그래서 악당이 더 빨리 총을 빼드는 것이 이치에 맞지 않을까?"라고 물었다.

항상 좋은 것이 좋다고 생각하는 보어는 가모의 의견에 동의하지 않았다. 주인공은 악당을 죽이는 것이 목적이 아니므로 아무런 죄책감을 느끼지 않을 것이고, 따라서 보어의 생각으로는 주인공의 반응이 악당보다 더 빨라야 했다.

논쟁이 무르익어 가면서, 이론 물리학자 사이의 토의가 늘 그러하듯 이 주제가 특정한 문제에서부터 일반 문제로 옮겨 갔으며, 곧 모두 누구나 마음대로 권총을 사용하도록 허락하는 기묘한 나라에 대해 얘기하게 되었다. 보어는 그런 나라에서는 결백한 사람만 살아남을 것이라고 예측했다.

그런데 가모가 그 의견에 동의하도록 설득할 수가 없었다. 다음 날 이 논쟁을 끝내려고, 보어와 다른 사람들이 모두 장난감 권총으로 무장했다. 그리고 나중에 전혀 예고하지 않고 가모와 그의 의견을 지지하는 학생들이 보어를 기습했다. 드디어

권총을 빼들었다. 이긴 사람은 결백한 보어였다.

 영화는 무엇을 진지하게 생각하도록 만들어 주는 계기가 되기도 했다. 연구소 사람을 따라서 처음으로 영화관에 따라간 로젠펠드는 H. B. G. 카시미어라는 학생이 영화관의 불이 꺼지고 영화가 시작하기 직전까지 뭔가 중요해 보이는 계산에 몰두해 있는 것을 보고서 깜짝 놀랐다. 로젠펠드는 "불쌍한 카시미어"라고 말했다. "그가 계산을 다시 시작하려면, 사랑에 빠진 사람들이 역경을 모두 이겨내고 결혼해서 행복하게 살 때까지 기다리지 않을 수 없었다. 그렇지만 그는 시간을 조금이라도 헛되게 보내지는 않았다. 불이 밝혀지면 언제나 등을 구부리고 앉아서 한 조각의 종이 위에 복잡한 공식을 열정적으로 적고 있는 우리 친구를 발견할 수 있었다. 그런 절망적인 환경까지도 최선을 다해 이용하는 그를 보면 진정으로 경탄을 금할 수가 없었다."

 많은 연구소 사람들이 사색에 가장 열중하는 시간은 밤이었다. 영화를 보고 난 뒤라거나, 탁구 시합을 끝내고 카페에서 간단한 간식을 든 다음에, 학생들은 자기 방에서 밤을 꼬박 지새우며 열심히 공부했다. 그래서 그다음 날 아침에는 늦게까지 일어나지 못하고 우편물의 도착과 같이 중요한 일을 놓치기도 했다.

 잠에서 일찍 깬 사람은 우편물이 도착하기를 목 놓아 기다렸다. 그들은 개인 편지를 기다렸을 뿐 아니라 근래의 실험에 대한 보고나 최근에 수행된 갖가지 터무니없어 보이기조차 한 수학적 추측이 실린 잡지로부터 과학에 대한 소식을 듣기 위해 기다렸다. 그런 잡지는 도서관으로 보내기 전에 샅샅이 읽혀지며, 그 안에 무엇이든지 중요해 보이는 것이 들어 있으면 그 소식은 삽시간에 모두에게 퍼졌다. 늦잠을 자고 늦게 일어난 학생은 일층 계단을 내려오면서 복도에 웅성거리며 모여 있고 알아들을 수 없는 내용을 저마다 소리 지르는 사람들을 보면 벌써 무슨 일이 벌어졌구나 하고 눈치를 챌 수 있었다.

모여 있던 사람들은 잠시 후에 하나둘씩 짝을 지어서 제각기 칠판이 있는 곳을 찾아 떠났다. 한 사람이 칠판 위에 그의 생각을 수학으로 전개시켜 나가고 있는 동안에 다른 사람들은 의자의 등을 뒤로 젖힌다든지 무릎을 세우고 옆으로 비스듬히 앉아 있든지 또는 발을 한쪽 벽에 기대고 책상 위에 누워 있는 등 가장 편안한 자세를 취하고 있었다. 이런 방법으로 돌아가면서 각자의 생각을 발표하는 동안에 그들은 수학에 관해서 가장 최근에 벌어진 소식의 의미가 무엇인지 찾아보았다. 만일 그날 우편물이 아무런 새 소식도 가져오지 않았더라도 같은 종류의 토론이 벌어지곤 했다. 그리고 전날 밤에 잠을 설치며 시도했어도 아직 다 이해하지 못한 부분이 남아 있다고 말하는 것이 토론이 시작되는 신호였다. 이와 같이 새로운 것을 모색하는 토론은 점심 시간 또는 다른 식사 시간이 될 때까지 계속되곤 했다. 덴마크에서는 하루에 다섯 끼를 먹는 것이 관습이다. 그래서 어떤 학생은 "언제든지 기막힌 아이디어가 떠오르면 그만 밥 먹으러 가야 한다"고 불평했다.

식사 시간 동안에는 보통 긴장을 풀고 코펜하겐 사람 등과 같이 과학과는 거리가 먼 화제를 즐겼다. 코펜하겐 사람들은 "야성적이면서 또 색다른 매력"을 지니고 있다고들 평했다. 이곳 사람들은 또한 어느 곳이나 자전거를 타고 돌아다녔으며,

연구소에서 발견된 물리 법칙에 의하면 그것이 바로 그렇게 많은 학생들로 하여금 덴마크 사람과 결혼하지 않을 수 없도록 만든 까닭이기도 했다. 연구소의 젊은 친구들은 이곳 사람들을 다음과 같이 분류했다.

1. 아무리 쳐다보지 않으려고 발버둥 쳐도 쳐다볼 수밖에 없다.
2. 고개를 돌려 버릴 수는 있지만 그러자면 가슴이 아프다.
3. 보든 안 보든 아무 상관없다.
4. 보기가 민망스럽다.
5. 보고 싶어도 볼 수가 없다.

이것과 똑같은 분류 방법이 영화에도 역시 적용되었는데, 만일 영화가 상영되고 있는 중이라도 함께 간 사람들이 모두 이 영화는 다섯 번째에 속한다고 동의하면 당장 극장을 떠났다.

점심 시간이 끝난 뒤에야 비로소 정식으로 공부하는 것 같은 징후가 나타났다. 닐스 보어는 학생 중 한 명에게 자기 방으로 오라고 불러서 그가 무엇을 하고 있는지 말해 달라고 청하곤 했다. 보어의 질문에 격려받아서, 불려온 학생은 자기 생각을 발전시키거나 그 과정에서 자기가 잘못한 것을 찾아내곤 했다. 보어 자신은 절대로 학생을 비평하지 않았다.

오후 시간에는 가끔 세미나가 열렸다. 어쩌면 다른 도시로부터 어떤 물리학자가 새로운 생각에 대해 토의하고 싶어서 보어를 찾아올 수도 있었다. 그러면 보어는 그 방문객에게 그의 생각을 학생에게도 설명해 달라고 청하곤 했다. 세미나가 열리면 시작하자마자 청중 중에서 설명을 좀 더 확실하게 해 주기를 바라는 질문이 쏟아져 나오기가 일쑤였다. 그곳에서는 아무도 점잖은 체하거나 부끄러워하지 않았다. 그곳에서 학생 시절을 보냈던 사람 중 한 사람이 "우리는 그곳 식구 모두를 너무 잘 알고 있었기 때문에 '그 말은 이해할 수 없군'이라든가 '자네가 틀렸네'라는 말을 아주 거리낌 없이 할 수 있었다"라고 말했다.

1920년대와 1930년대에 걸쳐서 닐스 보어 밑에서 공부했던 젊은이가 오늘날에는 유럽과 미국의 각지에서 물리학 교수 또는 여러 가지 연구 계획을 수행하는 책임자로 활동하고 있다. 그들 중에서 많은 사람은 자기가 속한 나라에서 정부나 군대 기관의 과학 관계 문제에 대한 자문위원으로 봉사한다. 그들은 옛적 코펜하겐 시절을 얘기하고 싶어 한다. 때때로 그들은 젊은 시절을 회상하고 미소 짓는다. 한 사람은 다음과 같은 경험을 회고했다. "우리 그룹에서 한 사람이 아이작 뉴턴에 버금가는 정말로 중요한 발견을 이루어낸 적이 있었지. 왜냐하면 그것이 우리가 자연을 이해하는 방법을 송두리째 바꿔 놓았기 때문이야. 이 젊은 친구가 자기의 깊고 엄청난 성취를 어떻게 받아들였는지 알겠나? 글쎄, 그는 나에게 광적인 우표 수집가가 굉장히 귀한 우표를 손에 넣는 순간을 연상하게 만들었지!"

다른 물리학자는, 그곳에서 당장 물리의 역사가 만들어지고 있으며 그들이 그것을 돕고 있다는 사실을 잘 알고 있었기 때문에 보어의 젊은 제자들이 어깨에 힘을 주고 다녔던 것에 대해 말해 주었다. 그는 "우리 자신들을 선택된 소수라고 여기고 있었지." "우리는 '끼리끼리 통하는' 사람이었고, 다른 특수 계급에 속한 사람처럼 우리도 남을 우리 그룹에 끼워주는 데 매우 인색했지. 어떤 특정한 나라 출신의 학생은 뛰어난 물리학자가 되는 것이 불가능하다는 느낌이 퍼져 있었고, 심지어 우리 중에서 몇 사람은 그런 나라로부터 연구소에 오겠다고 신청하는 사람을 뽑지 못하게 하기도 했지. 그리고 사람들은 자기가 연구소를 운영하고 있다고 착각하기도 했어. 그때는 연구소를 운영하는 문제 따위는 사소한 일이라고 여겼기 때문에 어떤 의미로는 그들이 운영에 관여한다고 볼 수도 있었지. 보어는 그런 문제에는 거의 관심을 두지 않았으니까"라고 회고했다.

지금 말한 물리학자들은 스스로 인정했듯이, 그때는 약간 바보스러웠고 또한 몹시 가난했지만 그 옛 시절을 그리워한다. 그때는 자동차를 가진 사람은 아무도 없었고, 기차의 일등칸을 탈 만큼 여유 있는 사람도 없었다. 록펠러 재단에서 주는 장학금은 미국에서 생활을 꾸려가기에는 빠듯한 것이었지만 유럽에서는 크게 한몫 잡은 재산으로 여겨졌다. 그런 장학금을 타는 학생은 한동안 교수보다도 더 넉넉하게 살았다.

게다가 그들은 앞으로도 계속해서 가난하리라는 것을 잘 알고 있었다. 그들이 바랄 수 있는 최상의 것은 교수직이었는데, 한 물리학과에 두서너 명의 교수밖에 없었던 그 시절에 교수직을 얻기란 하늘의 별 따기였고, 보수가 좋다고 볼 수 없는 그 밖의 다른 자리도 그나마 몇 가지 있지 않았기 때문에 경쟁이 매우 치열했다.

그렇다면 왜 옛 시절을 그리워할까? 지금은 그때와 비교하면 물리학자가 매우 잘산다. 그뿐 아니라 영향력 또한 아주 세다. 1920년대에는 물리학자가 무엇을 하고 있든 물리학계를 제외한 바깥사람은 전혀 관심을 두지 않았다. 그러나 원자력 시대라고 말하는 오늘날에는 대통령이나 수상 그리고 장군들이 물리학자의 조언을 구하며, 물리학자의 견해가 신문에 실린다.

  그러나 그 사람들은 이 모든 것이 지금은 옛 시절보다 자유
스럽지 못하다는 사실을 뜻할 뿐이라고 지적한다. 첫째, 그들이
젊었을 때는 돈이 별로 중요하다고 여기지 않았다. 누구도 돈
을 넉넉히 갖지 못했고, 다른 물리학자를 찾아서 삼등 열차를
타고 여러 대학교를 찾아가며 살아가는 데 꼭 필요한 만큼의
금액은 그럭저럭 끌어모을 수 있었다. 지위가 높든지 낮든지
낡은 의복은 물리학자의 상징이었으며, 어떤 자부심을 가지고
그런 옷을 입었다.

  그들은 물리학자란 마치 분투하는 예술가와 같았다고 말한
다. 물리학자의 연구는 아무도 알아주지 않았고 돈이 벌리는
것도 아니었지만 그 어떤 다른 일을 하는 것보다도 더 흥분스
러웠다. 어떤 누구도 그들에게 무슨 문제를 해 달라고 맡기지
도 않았다. 그들은 스스로 가장 흥미롭다고 생각하는 문제를
직접 골랐다. 그들은 연구 제목을 자유롭게 선택했을 뿐 아니
라 그 문제에 대해 자유롭게 발표할 수 있었다. 그들은 결코
대화를 나누던 도중에 갑자기 '비밀'로 분류된 것을 말하려던
참이었음을 깨닫고 입을 다무는 법이 없었다.

  원자핵이 쪼개지지 않았던 그런 옛 시절의 물리학자의 연구
란 자기 자신의 문제일 따름이었지 군사 전략이나 무기 그리고
전쟁의 기술 등과 아무런 연관이 없었다. 그 당시에는 물리학
자가 스스로 세운 논리적 목표를 향해 생각을 전개해 나가는
데 완벽하게 자유로웠다. 생각이 문제를 어디로 끌고 가든지
아무런 상관이 없었다.

  이렇게 자유분방했던 물리학자 중에서 스물다섯 살이 되기도
전에 원자에 대한 새로운 과학에 뛰어난 공헌을 한 두 사람이

포함되어 있었다. 두 사람 모두 플랑크의 양자론이 나온 때인 세기가 바뀌는 찰나에 태어났으며, 이 세기의 20년대에 그들도 또한 20대의 한창 나이였다. 닐스 보어는 볼프강 파울리와 베르너 하이젠베르크를 독일에서 만났는데, 그때 그는 몇 차례의 강의를 하고자 독일을 방문하던 중이었다. 그는 그들의 뛰어난 재능에 깊은 감명을 받고 코펜하겐에서 함께 일하자고 간곡히 청했다고 말했다. 어쩌면 그들이 보어가 제기한 원자 이론의 약점을 고쳐줄 수 있을지도 몰랐다.

정해진 수속을 거친 후에, 하이젠베르크와 파울리가 연구소에 도착했고 그 뒤로 보어와 함께 연구했다. 이 세 사람이 함께 일하는 데 각자가 서로 다른 종류의 능력을 가지고 기여했다.

비엔나 출신의 건장한 청년인 볼프강 파울리는 부처님을 닮았다. 그의 입술은 두터운 편이었고 얼굴은 넓적했으며, 눈은 약간 밑으로 처졌다. 그러나 그는 눈에 광채를 띤 부처님이었다. 서로 비평할 때는 파울리가 가장 탁월했다. 어떤 문제를 푸는 과정이 논리적으로 전혀 오류가 없고 완벽하지만 간결해야지, 그저 옳은 답만 구한다는 것은 그에게 아무런 의미도 없었다. 그의 과학 논문은 몇 편 되지 않았고 오랜 기간이 지난 뒤에야 한 편씩 발표되곤 했지만, 그 논문들은 그의 정확하고 수준 높은 요구 사항을 모두 충족시킬 때까지 어렵고 긴 사고 과정을 거치며 고치고 또 고친 마지막 산물이었다. 그래서 파울리의 연구 결과가 틀렸다고 판명되는 경우는 거의 없었다. 그의 논리에 대한 엄격한 표준이 그를 항상 옳은 방향으로 인도하는 것처럼 보였다. 다른 물리학자들은 그들이 "격조 높다"고 부른 그의 논문에 경탄했고, 자주 자기들이 쓴 논문에 대해 파

1930년경 보어 연구소에 속한 그룹. 왼편에서 오른편으로 첫째 줄은 클라인, 보어, 하이젠베르크, 파울리, 가모, 란다우, 크레이머스. 두 번째 줄은 윌러, 하인, 파이얼스, 하이틀러, 블로흐, 에렌페스트 양, 콜비, 텔러. 세 번째 줄의 첫 번째 사람은 확인할 수 없고, 윈트너, 필, 한센이다. 파울리 앞에는 장난감 대포를 그리고 하이젠베르크 앞에는 주석으로 만든 혼을 가져다 놓는 익살을 부린 사람은 틀림없이 가모일 것이다

울리의 조언을 구했다.

비평가의 역할을 수행하면서, 파울리는 어떤 면에서 통통하게 살찐 마이크로프트 홈즈(Mycroft Homes)와 닮았다. 마이크로프트 홈즈는 편안한 안락의자에서 좀처럼 자리를 뜨지 않고 앉아 있으면서도, 그보다 더 활동적인 동생 셜록 홈즈의 문제를 쉽사리 풀어냈다. 그런데 비록 많은 물리학자가 그의 비평으로부터 이득을 얻고 있었지만 그 비평을 받아들이기가 그리 수월한 편은 아니었다.

파울리는 자신에게 원하는 것을 남에게도 제공했다. 그는 물리학자가 자기 조교로 들어오면 "자네가 할 일이란 그리 많지 않네. 자네 임무는 내가 무슨 말을 할 때마다 그 말에서 모순을 찾아 가장 강력한 논리를 사용해 반박하는 것이네"라고 말했다.* 자기에게 조언을 구하는 사람도 자기와 똑같이 느끼리라는 가정 아래서, 파울리는 조언을 구하는 사람의 연구 결과를 냉혹하리만치 비판적인 눈으로 바라보았다. 그는 어떤 것도 당연하다고 받아들이지 않았다. 그는 인정이나 사정을 봐주지 않았으며 거칠었고 독설을 내뱉었지만, 거의 대부분 큰 도움이 되었다. 하이젠베르크와 보어는 비록 아무리 혹독했을망정 파울리의 비판으로부터 덕을 본 두 사람이었다. 보어는 파울리를 격랑이 일고 있는 바다에 버티고 선 바위에 비유했는데, 하이젠베르크와 보어는 모두 그의 격렬한 지적 정직성을 찬양했다. 누구든지 자기가 생각하는 것을 정확하게 표현하고 싶을 때는 언제든지 파울리의 도움을 얻으면 그것이 가능했다.

그렇다고 파울리가 사람들의 연구에 대해서만 생각하는 것은 아니었다. 한번은 그가 사람이 지닌 민감한 부분, 즉 약점을 티눈에 비교했다. 그는 사람들과 잘 지낼 수 있는 가장 좋은 방법은, 장기적 안목에서 보면 그들이 익숙해질 때까지 그들의 약점을 자주 건드리는 것이라고 말했다. 그리고 그는 바로 그런 방법을 사용했다. 그는 의도적으로 사람들의 아픈 데를 찔렀는데, 그것은 그를 처음 알게 된 사람들을 자주 비참하게 만들었다. 그렇지만 같은 일이 반복되면서, 파울리는 높은 사람이건 낮은 사람이건 가리지 않고 누구의 약점이나 찌르며, 그 일은 어떤 원칙 아래서 행한다는 사실을 알게 되므로 그런 아픔은 조금씩 사그라졌다. 예를 들자면, 파울리가 보어에게 "입 닥

---

* 이 조교가 맡은 또 다른 임무는 뚱뚱한 물리학자가 늦은 오후면 규칙적으로 방문하는 아이스크림 가게로의 나들이를 감시하는 일이었다. 그곳에서도 파울리의 다른 기호 중 하나인 수영장 나들이에서처럼, 그는 강력한 논리를 사용해 파울리가 먹는 아이스크림의 양을 엄격하게 제한했다.

치지 못해! 순 바보짓을 하다니"라고 말하면 보어는 자기 주장을 더 계속하고 싶어서 "그렇지만, 파울리" 하며 머뭇거린다. 그러면 파울리는 "아니야. 그것은 무식의 소산이야. 더 이상 한 마디도 더 듣지 않겠어"라고 딱 잘라 말한다. 파울리가 보어에게조차 이렇게 말하는 것을 들은 사람은 자기에게 그런 오류에서는 도저히 헤어날 수가 없다는 식으로 말하는 것을 듣는다고 해도 그렇게 심하게 속상해 하지는 않았다.

수학적 능력은 어려서 나타나게 마련인데, 파울리의 경우도 예외가 아니었다. 그가 열한 살쯤 되었을 때 학교 선생님이 이미 그의 재능을 알아보았고, 그래서 어려운 수준의 수학을 스스로 힘닿는 데까지 공부하며 전진하도록 배려했다. 파울리는 학교 생활을 즐겼다. 그의 수학 지식이 부모보다 월등히 높아지기 전까지는 집에서 생물학 교수 아버지와 과학에 대해 얘기했다. 그렇지만 자기와 마찬가지로 음악을 사랑했던 어머니와 더 가까웠다고 파울리가 고백했다. 그의 어머니는 기자였는데, 파울리가 어렸을 때 신문사에서 일했으며 집에서는 여가를 이용해 라틴어와 그리스어를 공부했다. 파울리에게는 단 한 명의 동생이 있었는데, 누이동생 허타(Hertha Pauli)는 볼프강이 이미 초등학교에 입학한 뒤에 태어났다. 그래서 오랫동안 집안에서 단 하나뿐인 아이로 귀염받기에 익숙해 있었기 때문에 누이동생이 태어났을 때 기쁘기만 한 것은 아니었다. 그렇지만 누이동생이 함께 놀 수 있고 무엇을 가르쳐 주면 알아들을 만큼 자라게 되자 허타가 조금씩 마음에 들기 시작했다. 마침내 그는 자기를 귀찮게 굴며 쫓아다니는 검은 머리의 누이동생을 무척 좋아하게 되었다.

파울리 가족은 비엔나 교외에 위치한 과일 나무로 둘러싸인 조그만 저택에서 살았다. 아이들은 나무에서 떨어진 밤이나 도토리 등을 모았고 다뉴브 강에서 함께 헤엄쳤으며 비엔나의 숲 속을 헤집고 다녔다. 어떤 때는 허타의 오빠가 그녀에게 자기가 수집한 수많은 줄 베른(Jules Verne)의 공상 과학 소설 가운데 하나를 읽어 주었다. 그리고는 『지구에서 달까지』라는 소설에서는 베른이 심각한 잘못을 저질렀다고 허타에게 열심히 설명했다. 베른은 우주선에 탄 승객이 달까지 여행하는 도중에 달의 중력이 지구의 중력을 정확하게 상쇄하는 단 한 장소에서만 무중력 상태를 경험할 것이라고 썼다. 파울리는 그것이 옳지 않다고 말했다. 승객은 우주선의 동력 장치가 작동하기를 멈추고 지구 대기권의 마찰을 벗어나는 순간부터 무중력 상태를 느끼기 시작할 것이다.

12월이 되어 어두컴컴해진 오후에는, 부모가 아이들 몰래 크리스마스를 준비하려고 그들 보고 집 밖에 나가 놀라고 말하곤 했다. 아직 오후 다섯 시밖에 되지 않았는데도 별이 나타났다. 어린 파울리는 누이동생에게 별을 가리키며 천문학에 대한 자기의 풍부한 지식 중에서 일부를 전달해 주곤 했다. 그가 느낀 것이 순전히 과학적인 흥미뿐이었다기보다는 그보다 더 깊은 무엇이 있었다. 별은 마치 고대 철학자나 신비주의자에게 그랬던 것처럼 파울리에게도 깊은 개인적 의미를 제공했다.

허타는 그때 파울리의 천문학 지식을 이해하기에는 아직 어린 여덟 또는 아홉 살이었다. 그가 소위 '항성(恒星)'이 어떤 의미로도 하늘에 고정된 것이 아니라는 점을 설명할 때, 그녀는 그녀가 내릴 수 있는 결론으로는 아주 그럴듯하게, "아 그러니까 별이 떨어지는구나"라고 소리쳤다.

파울리는 그 말에 짜증이 났다. 그녀에게 옳게 알려 주려고 시도했지만 허타는 좀처럼 들으려 하지 않았다.

"별들은 떨어져"라고 그녀는 목청껏 소리 질렀다. "별들은 떨어져! 떨어져! 떨어져!"

이 대화는 어쩔 수 없이 격렬하게 끝나고 말았다.

그녀는 자라서 작가가 되었는데, 그 전에는 몇 해 동안 독일 무대에서 연극배우로 활약했다. 파울리는 연극을 사랑했으므로 이것이 그를 무척 기쁘게 만들었으며, 그는 누이동생을 친구들에게 자랑했다. 그는 공연이 끝난 후면 무대 뒤로 누이동생을 찾아가는 것을 즐겼고, 이 기회를 이용해 다른 여배우와도 사귀었다('밤벌레'임에 틀림없는 파울리가 생각해 낸 가장 좋은 아이디어는 뮤지컬로 공연되는 희극을 볼 때 생각났다는 얘기가 전해 내려온다).

파울리는 매우 어렸을 때 벌써 물리학자로서의 평판을 얻었다. 그는 정규 교육을 뮌헨 대학교에서 보통 정해진 기간보다 1년 먼저 마쳤으며, 그의 지도 교수는 뛰어난 이론 물리학자인 아놀드 섬머펠드(Arnold Summerfeld)였다. 플랑크가 학생이었던 시절에 비해 뮌헨 대학교도 무척 변했다. 파울리가 19살 나이의 대학원생이었을 때, 한 유명 인사가 학교를 방문했는데, 바로 상대론을 강의하러 온 아인슈타인이었다. 아인슈타인이 강연을 마치자 청중 속에서 파울리가 일어섰다. 십 대 청년인 그는 "정말로 아인슈타인 선생께서는 소문으로 듣던 것과 마찬가지로 미련한 분이 아니시군요"라고 서두를 뗐다.

그 당시에 파울리는 실제로 아인슈타인을 평할 수 있으리만치 잘 준비되어 있었다. 그는 한 과학백과사전에 실으려고 상대론에 관한 기사를 썼는데, 이 기사는 상대론을 어찌나 간결하고 깊고 그리고 논리적으로 아름답게 설명했던지, 아인슈타인 자신이 이 기사를 읽고서 이제 상대론을 좀 더 잘 이해할 수 있게 되었다고 말할 정도였다.

상대론에 대한 이 기사의 결과로, 파울리의 이름이 다른 물리학자에게 알려지게 되었으며 이 뛰어난 젊은이가 무지막지한 독설가라는 소문도 또한 함께 퍼졌다.

그는 어떤 물리학자에게 "나는 당신이 생각을 빨리빨리 진전시키지 못하는 데는 별로 개의치 않소. 그렇지만 만일 당신이 생각하기보다 더 빨리 논문을 발표하려 든다면 그것은 딱 질색이오"라고 말했다.

그리고 한 학술회의에서 그는 레이텐 대학교에 재직하고 있는 폴 에렌페스트(Paul Ehrenfest) 교수에게 소개된 적이 있었다. 그는 파울리의 상대론 기사를 예찬하는 사람 중의 하나였으며, 동료로부터는 훌륭한 논문을 많이 발표했다고 많은 칭송을 한 몸에 받고 있는 매우 유명한 물리학자였다. 파울리는 그를 소개받은 자리에서 매우 무례하게 굴었다. 그러자 에렌페스트는 아주 솔직하게 파울리에게 "나는 당신을 좋아하는 것보다 당신 논문을 더 좋아하오"라고 말했다. 이 말을 받아서 젊은 파울리는 "이상하네요. 선생에 대한 나의 느낌은 바로 정반대인데요"라고 응답해 상대방을 꼼짝 못하게 만들었다.

가끔 '무시무시한* 젊은이'라고 불리는 파울리가 스물세 살에 코펜하겐으로 갔다. 그가 그곳에 도착하기도 전에 그의 평

---

* '겁주는 사람'이라는 뜻.

204

판이 먼저 와 있었는데, 그것은 파울리의 아버지가 연구소에 소속된 어떤 사람에게 그의 아들이 보어에게 배우기 위해 코펜하겐으로 가게 되면 공부뿐 아니라 좋은 예절도 함께 배울 수 있기를 희망한다고 말했기 때문이다.

파울리가 코펜하겐에 도착했을 때 침울하고 어딘가 정신이 팔려 있는 듯이 보였다. 그는 선 스펙트럼이 자기장(磁氣場)에 반응해 변하는 것을 지칭한 '비정상 제만 효과(The Anomalous Zeeman Effect)'라고 부르는 현상을 이해하려고 시도하는 중이었다. 보어의 이론은 여러 개의 규칙을 보태어 보강했음에도 불구하고 원소를 자석의 두 극 사이에 놓아두면 가끔 스펙트럼에 보이는 (한 개의 선이 여섯 개나 또는 더 많은 수로 갈라진다고 관찰된) 현상을 설명할 수가 없었다. 이 효과가 그 당시의 이론과 일치하지 않았기 때문에 '비정상'이라고 불렸다('제만'은 이론이 예언하는 것보다 스펙트럼이 더 많이 갈라짐을 처음으로 주목한 사람의 이름이다). 파울리는 이 문제에 대해 벌써 오랫동안 곰곰이 생각해 보는 중이었다. 보어의 부인이 어머니처럼 자상한 태도로 그에게 왜 행복하지 않은 것처럼 보이냐고 물었을 때, 그는 "물론이지요. 비정상 제만 효과를 이해할 수 없으니까 불행하지요"라고 화를 내는 투로 대답했다.

그는 이 문제의 답을 얻으면 다른 문제, 즉 보어가 원소의 주기율표를 설명하려고 만들었던 껍질계에 존재하는 심각한 논리적 결함도 해결하는 것이 가능하리라고 생각했다. 우리가 앞에서 언급한 껍질계는 그것을 지지하는 기둥이 될 이론이 필요했다. 전자를 한 껍질에는 두 개, 그다음 껍질에는 여덟 개 등으

(위) 파울리(왼)와 에렌페스트(오른)는 만나자마자 절친한 사이가 되었다. 그들
이 코펜하겐으로 향하는 페리선을 함께 타고 있다. 파울리가 바로 어떤
농담을 시작하려는 순간이다

(아래) 농담이 끝난 직후. 이 사진은 (파울리가 스물아홉 살이었던) 1929년 물리
학자 S. A. 구드스미트가 찍었다

로 나눔으로써 원소의 화학적 성질을 설명할 수 있었지만, 그러나 이와 같이 전자를 무작정 배치하게 만드는 원인은 무엇일까? 무엇이 꼭 이런 방법으로만 전자를 나누게 만드는 것일까?

보어는 독일에서 강의할 때 이 효과에 대해 언급했다. 청중속에 앉아 있던 파울리는 보어가 껍질 배치를 정당화시키는 일반 규칙을 찾고 있다는 '강한 인상'을 받았다고 나중에 회고했다. 이제 코펜하겐에서 연구하면서 파울리는 보어에게 그 규칙을 찾아주었는데, 그것은 '배타 원리(排他原理)'라고 알려져 있다.

파울리의 연구는 관찰된 원자의 스펙트럼에 근거를 두었다. 앞에서 설명했던 것처럼, 이러한 관찰에 대한 자료는 산더미처럼 쌓여 있었다. 이 대단히 많은 자료 더미 앞에서, 그는 모든 경우에 성립하는 간단한 분류 방법을 구별해 냈다. 원자에 들어 있는 전자의 모임처럼 기본 입자가 모여 있는 어떤 계도, 어느 두 입자가 같은 방법으로 움직이는 것이 허락되지 않았다(같은 에너지 상태를 차지하지 못했다).

파울리의 원리는 일반적이었을 뿐 아니라 간단했고, 앞으로 오랫동안 처음에는 누구도 그러리라고 예견하지 못했던 방법으로 적용될 것이다. 예를 들면, 이 원리는 원자핵을 구성하는 입자의 운동도 지배하는데, 파울리가 이 원리를 발표할 때는 원자핵이 아직 발견되지도 않았다. 원자핵이 발견된 것은 그로부터 오랜 시간이 지난 뒤였다. 그리고 실제로 이 연구는 앞으로 세워질 양자 역학에서 중요한 부분을 구성할 것이며, 또한 원자 안에서 전자가 어떻게 움직이느냐에 대한 보어의 아이디어는 더 이상 활용되지 않을 것이지만 배타 원리는 원자 물리학의 기초로 계속 남아 있을 것이다. 더구나 보어와 그의 동료가 배타 원리에 기반을 두고 대응 원리로 보정해 이룬 대부분의 이론이 틀리지는 않았다. 다시 말하면 틀렸다고 버려진 것이 아니고 단지 다른 방법으로 이해되었을 뿐이었다. 그런 측면은 보어가 결합시킨 서로 다른 화학 원소의 껍질계에 대해서도 마찬가지였다. 그리고 여러 가지 껍질에 보어의 방식대로 전자를 배치하게 된 이유를 알아낸 사람이 바로 파울리였다. 왜냐하면 원자 구조에 대한 보어의 생각에 배타 원리를 적용하면 아무런 이유도 없이 단지 껍질계를 만들기 위해 보어가 제한했던 방법과 똑같은 방법으로 원자의 행동을 제한하게 되기 때문이다.

파울리는 보어의 이론에 배타 원리라는 선물을 제공했고, 그 대가로 껍질 모형과 배타 원리를 검증해 볼 수 있는 화학적 성질을 담은 수많은 자료를 얻었다. 이것이 (비정상 제만 효과를 포함한) 스펙트럼으로부터 관찰된 자료와 함께 배타 원리가 옳음을 보여주는 압도적인 증거가 되었다. 그렇지만 그것이 무엇을 의미하는가? 그 원리는 한 전자가 특정한 방법으로 움직이면, 그 계에 속한 모든 다른 원자는 왜 먼젓번 처음 전자와 똑같은 방법으로 움직일 수 없는 것인지를 설명해 주는 힘을 제공하지는 못했다. 보어의 원자 이론과 마찬가지로, 그것은 전자가 다른 친구 전자에게 앞으로 어떻게 움직이겠다고 '의사를 소통하는' 놀라운 성질을 가졌음을 암시할 따름이었다. 파울리가 우아한 논리적 형태로 발표한 이 원리는 새로 탄생할 역학에 의해 원자 스펙트럼에 담긴 암호가 완전히 해독된 뒤에는, 별 의미를 지니지 못했다. 그때까지 물리학자는 파울리에 의해 공식으로 만들어진 이 원리를 "무어라 형용할 수 없지만 아름답다"고 불렀다.

파울리가 코펜하겐에서 이 문제에 대해 연구하고 있을 때, 그는 연구소에 소속된 몇 명 안 되는 실험 물리학자 중의 한 사람인 조지 폰 헤베시(George von Hevesy)와 연구실을 함께 사용했다. 그는 오늘날 생물학 연구에서 널리 사용되고 있는 방사능 추적 장치를 맨 처음 고안한 사람이다. 파울리가 그와 처음 함께 연구실을 사용하기 시작했을 때, 헤베시는 보어의 껍질계에 근거해 예언된 어떤 새 원소를 찾으려고 시도하고 있었다. 그 원소는 코펜하겐이란 뜻의 라틴어 단어를 따라서 이미 '하프늄'이라고 이름까지 붙여 놓았지만, 그 원소에서 나오는 스펙트럼이 다른 원소의 스펙트럼과 너무나 유사했기 때문에 새로운 원소가 존재함을 명확하게 증명하는 것은 꽤 까다로운 문제였다. 실험 장치에 등을 구부리고 관찰하면서 여러 주일을 보낸 뒤에 헤베시는 거의 성공 단계에 가까워졌는데, 바로 그때 파울리가 같은 방의 책상을 사용하기 시작했다. 헤베시에게는 안 된 일이었지만, 이 통통하게 살찐 비엔나 출신의 물리학자는 남의 신경을 건드리는 한 가지 습관을 가지고 있었다. 그는 생각에 잠겨 있을 때 자기도 모르게 몸을 앞뒤로 흔들었는데, 생각을 더 골똘히 하면 할수록 더 심하게 흔들었다. 방의 마루가 고르지 못했으므로 그가 몸을 흔들면 헤베시의 실험 장치가 떨리기 시작했다. 따라서 파울리가 만든 진동 때문에 때때로 정확히 측정하기가 불가능하게 되곤 했다. 그러면 헤베시는 파울리에게 그만 흔들라고 청했다.

파울리는 자신이 흔든다는 것을 알지 못했다. 실제로 계산에 푹 빠져 있을 때 그는 방 안에 자기 말고 다른 사람이 있다는 사실조차 거의 의식하지 못했다. 헤베시가 흔들지 말라고 청하면 문득 주위에 누가 있으며 그 사람이 어떤 일을 하는 중임을 상기했다. 파울리는 이 세상에 실험을 수행하는 물리학자도 있다는 것을 알기는 했지만 단지 어렴풋이 알 정도였다. 그는 실험에는 전혀 소질이 없었으며 사람들이 왜 실험 같은 과학을 즐기는지 도저히 이해할 수 없었다. 이제 생각에 잠겨 있다가 방해를 받은 뒤에 생각의 흐름이 일단 끊기자, 헤베시에게 무엇에 대해 연구하는 중이냐고 물었다.

'하프늄'이라는 대답을 들은 파울리는 다시 계산을 계속했다.

며칠이 지난 뒤에, 헤베시는 또다시 실험 좀 할 수 있도록 흔들기를 멈춰 달라고 파울리에게 청하지 않을 수 없었다. 파울리는 다시 한 번 주위에 헤베시가 일하고 있었음을 깨닫고는 '이번에는 무슨 일에 대해 연구하고 있는지 물어야지'라고 생각했다〔헤베시는 이렇게 어려운 환경 아래서도 D. 코스터(D. Coster's)의 도움을 받으면서 새 원소를 확인하는 데 성공했다〕.

'하프늄'이라고 헤베시는 한 번 더 대답했지만, 아마도 퉁명스럽게 내뱉었을 게 틀림없다.

파울리의 기준에 의하면 너무도 대수롭지 않은 일이 그렇게 오래 걸릴 수 있다는 사실에 깜짝 놀란 그는 "그것을 믿기가 도저히 불가능하다"고 비평했다.

헤베시와 한 연구실을 사용하던 기간이 파울리가 그의 생애 전체에서 실험실에 들어가 본 몇 번 안 되는 기회 중의 하나였다. 그에게는 실험 과학이 서투른 분야일 뿐 아니라 전혀 관심 밖의 일이었음은 잘 알려졌다. 그는 아주 간단한 기계 장치도 확신을 가지고 만지지 못했으며 백 번에 달하는 운전 교습을 받은 뒤에야 자동차 운전면허 시험에 합격했다는 소문이 전해져 내려온다.

그의 굉장한 비판 능력과 그로부터 비롯되는 상대를 쩔쩔매게 만드는 효과라든지 그의 배타 원리가 암시하는 신비한 힘 등, 파울리의 연구 업적과 인간성의 여러 가지 측면이 어우러져서 물리학자들은 '파울리 효과'라고 부르는 것에 대해 말하기 시작했다. 그들은 파울리가 단순히 근처에 가까이 오기만 해도 이 효과로부터 실험실 장치가 깨지거나 또는 분해된다고 말했다. 예를 들면, 괴팅겐 대학교에서 (어느 누구도 그 이유를 알지 못하는 사이에) 무엇인가가 폭발해 어떤 진공 실험 장치를 부순 일이 발생한 적이 있었다. 나중에 그 원인이 밝혀졌다. 폭발이 일어났던 바로 그 순간에 파울리를 태운 기차가 괴팅겐 역에 도착해 멈추었다.

현대 물리의 전설이 된 파울리 효과는, 이 효과의 이름으로 불리는 사람을 예찬하는 것으로 이해할 수 있을 것이다. 이론학자가 실험실에서 서툴다는 사실은 아주 흔히 발견되는 일이며, 그런 굉장한 파괴력을 파울리 때문으로 돌렸다는 것은 이론 물리학자로서의 파울리가 얼마나 뛰어났는가를 말하는 한 가지 방법이다. 어찌 되었든, 파울리 자신은 그런 생각을 무척 즐겼는데, 다음과 같은 경우가 그가 매우 즐거워한 특별한 예 중의 한 가지이다. 이탈리아에서 열렸던 한 학술회의에서 젊은 물리학자들이 파울리를 골려 주고 그렇게 함으로써 파울리 효과를 보여 주려고 시도했다. 그들은 샹들리에에 복잡한 장치를 붙여서 파울리가 어떤 정해진 출입문을 열고 들어서는 순간에 샹들리에가 떨어져서 장렬한 모양으로 산산조각이 나도록 꾸몄다. 그러나 새끼줄 하나가 도르래 사이로 끼어드는 바람에 그

'실험'은 실패하고 말았으며, 파울리가 출입문을 열고 들어왔지만 아무 일도 벌어지지 않았다. 공들여 만든 장치가 만든 사람의 의도대로 작동하지 않은 것을 발견한 파울리는 뛸 듯이 재미있어 하면서 그들에게 전형적인 파울리 효과를 보여 주는 데 성공했다고 치하했다.

코펜하겐에서 1년 동안 머문 뒤에 파울리는 함부르크 대학교의 교수직을 맡기 위해 그곳을 떠났다. 함부르크 대학교는 코펜하겐에서 가까운 독일 북부에 자리 잡고 있었다. 그곳에서 코펜하겐으로 가려면 그리 멀지 않은 해안까지 기차를 탄 뒤에 발트 해를 건너는 페리선을 이용해야 한다. 파울리는 두 곳을 자주 왕래했다. 그는 1920년대에 보어 연구소에서 자주 볼 수 있는 사람이었으며, 비록 공식적으로 공로를 인정받지는 않았지만 그곳에서 발표된 많은 중요한 논문을 만드는 데 비평과 조언으로 뒤에서 크게 기여했다. 그는 또한 처음으로 여러 가지 모형의 한계가 무엇인지 깨닫고, 원자를 설명하기 위해서는 그러한 모형을 피해야 한다고 강조한 사람 중의 하나이다.

파울리와 친분을 맺고서 이득을 본 사람 중에 한 사람이 베르너 하이젠베르크인데, 그는 바로 보어가 독일에서 처음 만난 뒤 연구소로 오도록 초청한 두 젊은이 중에서 한 사람이다. 하이젠베르크는 미남이었으며 금발에 건강했다. 보어처럼 하이젠베르크도 운동에 뛰어났으며 자주 등산가가 입는 가죽조끼를 걸치기를 좋아했다. 그렇지만 연구소에서는 그의 왕성한 에너지가 주로 물리에 투자되었다. 그는 거의 쉬지 않고 연구에만 열심이었다. 그가 영화관을 쫓아가거나 탁구를 치는 모습을 보기란 쉽지 않았다.

그의 동료들은 하이젠베르크가 매우 직관적인 물리학자라고 기억한다. 하이젠베르크 자신이 말했듯이, "…나는 자질구레하고 세세한 점에서부터 시작하기보다는 내가 따라야만 될 방법이라고 느끼는 것으로부터 시작해야만 했다…." 그보다 더 오래 훈련받고 수학에 대한 지식이 더 풍부했던 다른 사람이 풀지 못한 문제의 해답을 그는 순식간에 찾아낼 수 있었다. 그렇지만 파울리와는 달리 하이젠베르크는 해답까지 이르는 논리를 완벽하게 만들기 위해 오래 또는 열심히 노력하지는 않았다. 그리고 또한 보어와는 달리 그는 문제를 여러 가지 관점으로부터 충실히 이해할 때까지 빙빙 돌지도 않았다. 하이젠베르크는 그가 발견한 것을 될 수 있는 대로 빨리 논문으로 발표하고자 했으며, 그 발견에 이르는 논리에 대해서는 다른 사람들의 몫인 것처럼 언급하지 않았다. 물리학자들은 그의 수학적 증명이 '엉성하다'고 평했으며(파울리는 좀 더 강력한 말을 사용했다), 그는 엉뚱한 이유로부터 옳은 답에 이르는 경우가 비일비재하다고 알려졌다. 파울리와 보어는 하이젠베르크에게 그렇게 쉽사리 떠올릴 수 있는 아이디어의 깊은 뜻을 발전시켜 보라고 간곡히 청하곤 했다.

그의 아이디어 중 한 가지는, 앞으로 알게 되겠지만 하이젠베르크가 원자의 선 스펙트럼이 제공한 암호를 깨는 것이 가능하도록 만들었다. 그는 원자로부터 얻은 자료 중에서 오직 관찰된 사실과 직접 연관된 것만 골라서 연구해 봄으로써 이 일을 멋지게 이룰 수 있었다. 그는 모형에 근거한 가정을 만들지 않았다. 실제로 그는 모형을 전혀 사용하지도 않았다. 이상한 일이었지만, 그가 닐스 보어의 모형을 처음 들었던 때보다 훨

F.HUND

선 스펙트럼에 담긴 암호를 해독하고 나서 오래 지나지 않은 스물네 살 때의
베르너 하이젠베르크

씬 전부터 원자 모형이 미덥지 못하다고 느꼈다. 자기가 처음
으로 본 과학 교과서를 펼쳤을 때 원자를 묘사하는 그림이 나
왔는데, 그는 그런 그림이 옳을 수는 없다는 확신을 느꼈다.

그때 하이젠베르크는 뮌헨에 위치한 막시밀리안 김나지움에
다니던 학생이었다. 이 학교는 사십 년 전 막스 플랑크가 다니
던 바로 그 학교였다. 플랑크와 마찬가지로, 하이젠베르크도 그
곳에서 라틴어와 그리스어를 즐겼으며, 그곳에서 그가 "진정한
과학"이라고 부른 것에 처음으로 강한 인상을 받았다. 그것은
그때까지 그가 심취해 있던 엔진을 제작한다든가 과학 놀이를
한다든가 하는 따위와는 완전히 다른 그 무엇이었다. 그는 선
생님이 기하의 공리 중에서 하나를 설명할 때 그것이 "매우 재

미없는 내용"이라고 느끼며 듣고 있었는데, 하이젠베르크 자신의 말을 그대로 인용하면 기하 속에 "굉장히 묘하고 흥분스러운 어떤 것이 있구나" 하는 생각이 갑자기 그를 때렸다(똑같은 것이 거의 같은 나이 때의 아인슈타인도 때렸다). 이 기하 공리가 조금도 색다른 것은 아니었지만, 실제로 한 개인이 경험한 내용의 구조에는 딱 들어맞았던 것이다.

이 생각에 자극받아, 하이젠베르크는 새로운 놀이를 시작했다. 그는 주변에서 보는 것을 자기가 이미 알고 있는 수학을 이용해 묘사하기 시작했다. 그는 이 놀이가 무척 즐거워서 묘사를 더 충실히 할 수 있는 도구를 얻으려고 수학책을 읽기 시작했다. 이런 방법으로 그는 해석학을 독학으로 배운 뒤 그것을 이용해 자신이 만든 엔진을 지배하는 법칙을 공식으로 적을 수 있었다.

그는 물리도 배우고 있었다. 그렇지만 그의 흥미를 가장 끈 것은 엔진이라든가 수학이 묘사하는 대상이 아니라 수학 놀이의 바로 수학 부분이었다. 그런데 그가 우연히 교과서에서 원자를 그린 그림을 본 후에는 이것이 변했다. 그 그림은 기체의 원자 구조를 보여 주려고 그린 것이었는데, 어떤 원자는 화학 결합을 표시하는 걸쇠와 고리를 이용해 서로 연결되어 있었다. 하이젠베르크는 그런 걸쇠와 고리를 "바보 같다"라고 불렀다. 참 딱하지, 바로 그 책 속에서 원자란 고대 그리스 철학자가 이름 짓고 정의했듯이 물질을 구성하는 가장 작은 개체라고 말하지 않았는가? 그것은 논리적으로 원자가 간단해야 함을 의미했다. 원자란 복잡한 성질을 소유할 수 없는데, 그것은 원자의 정의로부터 원자가 바로 그런 성질을 설명해 주는 존재이기 때문이다. 걸쇠와 고리로 배치해 나타내는 모양으로 복잡한 구조를 갖는 교과서의 그림은 그가 느끼기에 '원자'라는 명칭과 전혀 걸맞지 않았다. 그는 그런 그림이 중요한 과학 교과서에 실리도록 허락되었다는 사실에 격분했다.

하이젠베르크의 직관은, 나중에 그가 알아냈지만 결국 옳았다. 데모크리토스가 기원전 500년에 제안한 원자는 색깔이나 냄새 그리고 맛과 같은 물리적 성질을 지니지 않았다. 원자란 그 성질을 설명하는 아주 추상적인 그 무엇이었다. 데모크리토스 뒤에 나온 과학자들은 하이젠베르크가 사용했던 것과 같은 기본 되는 또는 궁극적인 입자라는 뜻으로 '원자'라는 말을 사용했다. 그런데 마침내 그들은 그들이 '원자'라고 부른 것이 여전히 다른 입자로 구성되어 있으며 따라서 원자가 결국은 물질을 이루는 가장 작고 더 이상 나눌 수 없는 존재가 아님을 발견했다. 전자나 양성자 그리고 중성자 등이 데모크리토스가 원자라고 부른 것에 훨씬 더 가까웠다. 역사적으로 원자라는 용어가 엉뚱한 것에 붙여졌던 것이다.

하이젠베르크가 자주 함께 산을 오르던 친구 중에서 고대 그리스 철학자에 흥미를 가졌던 사람이 있었는데, 그 사람이 읽어 본 고대 철학자의 원자에 대한 개념 중에서 어떤 것은 물질이 없는 순수한 수학적 형태로 원자를 정의하는 등 데모크리토스보다 더 추상적이었다. 이 친구는 교과서 그림에 대한 하이젠베르크의 의견을 진심으로 지지했을 뿐 아니라 실제로 한술 더 떴다. 그는 보어의 이론에 근거해 원자를 복잡한 것으로 묘사한 원자 모형을 책에서 봤기 때문에 "현대 물리의 대부분은 엉터리"라고 비판했다. 그는 원자를 설명하기 위해 그림으로

216

나타낸다면 원자의 모습을 어떻게 그렸느냐에 상관없이 그러한 그림에 의존한 물리가 발전할 희망이라곤 조금도 남아 있지 않다고 생각했다. 하이젠베르크는 그렇게까지 극단적으로 나가지는 않았다. 그도 모형이 옳지 않음에는 동의했지만, 그러나 그 모형 속에 어떤 의미가 숨어 있을지도 모른다. 그의 호기심이 꿈틀거렸으며, '원자 물리학이 어떤 상황에 처해 있는지' 알고 싶었다.

그때 하이젠베르크는 열일곱 살이었으며, 그의 생애에서 아주 중요한 김나지움 졸업반이었다. 그것은 독일이 전쟁에 패배한 1919년의 일이었고, 마치 러시아에서 볼셰비키 당이 그랬던 것처럼 뮌헨에서는 노동자와 전쟁에서 돌아온 군인 중 일부가 시정부(市政府)를 힘으로 빼앗아 장악했다. 하이젠베르크는 다른 학교 친구 몇 명과 함께 혁명 세력에 대항하는 군부대에서 복무하고 있었다. 그는 아주 어려서부터 비정한 정치적 갈등의 와중에서 한쪽 편을 들었다.

그에게 그것은 모험의 시기였다. 그때 그는 아직 학교에 다니고 있었지만, 언제든지 낮이나 밤이나 부대로 근무하러 나오라는 동원 명령을 받을 수 있었다. 그는 아인슈타인이 그토록 반항했던 학교에서의 규율이나 규제에서는 해방되었다. 부모 또는 선생 그 누구도 그가 무엇을 하든지 또는 어디에 가든지 간섭하지 않았으며, 그가 군대에서 맡은 일이 힘들거나 귀찮지도 않았다. 자주, 특히 아침이면 그는 원하는 것을 마음대로 할 수 있어서 아무렇게나 골라잡은 책을 뽑아 들고 부대 본부 지붕 꼭대기로 올라가 햇볕을 쬐며 누워서 책을 읽곤 했다. 거기서 그는 물질이 아닌 순수한 기하적 형태와 그 조합을 가지고

무한히 많은 변화를 지닌 자연 현상을 설명한 플라톤의 대화편
『티마이오스』를 우연히 읽게 된 후에 고대 그리스 철학자가 가
졌던 원자에 대한 생각에 대해 더 많은 것을 배웠다. 그의 친
구가 그랬던 것처럼 하이젠베르크도 플라톤의 설명에 감명을
받았다. 그것은 실험에 근거하지는 않았고, 그래서 엄밀히 말하
면 '과학'이라고 부를 수도 없었다. 그럼에도 불구하고, 물질이
지닌 무한한 변화와 성질을 설명하는 물질의 기본 단위 자체는
대단히 추상적(물질이라기보다는 형태)이라는 관점이 그에게는 퍽
그럴듯했으며, 그래서 그는 원자를 눈으로 볼 수 있도록 나타
낸 모든 것에 대해 비판적이었다.

　파울리나 플랑크와 마찬가지로, 하이젠베르크도 뮌헨 대학교
에 다녔으며, 처음에는 물리학보다도 수학이 여전히 더 흥미로
웠으므로 수학을 공부하기 시작했다. 그런데 그가 열아홉 살이
되었을 때, 그가 농담으로 "보어 축제 계절"이라고 부른 괴팅겐
대학교에서 열리는 보어의 강연회를 들으러 그곳을 방문해 보
기로 결심했다. 이 보어의 강연회에는 다른 많은 대학교로부터
물리학자와 그들의 제자가 참석했다. 이것이 하이젠베르크가
원자 물리를 당시에 가장 활발하게 적용하고 있으며 원자 모형
을 만든 바로 당사자로부터 원자 물리가 무엇인지 직접 들어볼
수 있는 기회였다.

　괴팅겐 대학교에서 열아홉 나이의 하이젠베르크는 당시에 알
려진 원자 모습에 대한 보어의 강의를 듣고서, 질문 시간이 되
자 조금도 주저하지 않고 논리가 좀 약해 보인다고 그가 생각
한 부분을 보어 교수에게 지적했다. 보어는 이 비판에 대해 뭐
라고 답변했지만 그의 대답이 충분하지 못했다고 스스로 느꼈

음에 틀림없다. 질문 시간이 끝나자, 보어는 하이젠베르크에게 찾아가서 얘기 좀 하자고 청했다. 그들은 낡은 성곽으로 둘러 싸인 괴팅겐 시 변두리의 시골길을 걷다가 전원 풍경을 한눈에 내려다볼 수 있는 좀 높직한 곳에 자리 잡은 한 카페를 발견했다. 그들은 맥주를 마시고 안주를 들며 하이젠베르크가 제 기한 문제에 대해 의견을 더 나누었다. 보어는 '참 좋은 시간'을 보냈다고 말했다.

이 나들이에서 두 남자는 여러 시간을 함께 보냈으며 보어는 하이젠베르크의 타고난 재능에 깊은 감명을 받고 헤어졌다. 하이젠베르크는 이 만남의 결과로 수학자가 되려던 뜻을 꺾고 물리를 공부하기 시작했다. 그는 나중에 보어가 물리학을 연구하는 방법에서 큰 감명을 받았다고 말했다. 그는 이 덴마크 사람이 처음부터 수학적으로 다루기보다는 실험으로 발견한 사실을 설명해 줄 수 있는 생각을 찾아내는 방법이 마음에 들었다. 이 생각에 대한 증명, 즉 수학적으로 풀어내는 일은 나중에 꼭 필요했지만, 그런 일은 문제를 다 이해한 다음으로 미루어졌다.

그들이 처음 가졌던 긴 대화를 나누는 동안에, 보어는 하이젠베르크가 앞에서 제기한 문제를 아직은 만족할 만큼 대답해 줄 수 없다고 인정했다. 당시 원자 이론의 아버지 격인 사람으로부터 아직 진실로 해결되지 않은 문제가 남아 있다는 얘기를 듣고 나자 하이젠베르크는 한번 해보고 싶다는 의욕이 솟아났다. 책을 읽으며 간접적으로 깨달았던 물리학의 약점이 갑자기 생생히 살아서 그에게 다가왔다. 이 문제들은 실감에 가득 차 있었고 바로 손이 닿는 곳에 놓여 있었으며 절박했다. 뮌헨으로 돌아와서 그는 물리학을 공부했으며, 몇 해가 지나 정규 교육을 모두 마친 뒤에는 닐스 보어와 함께 연구하려고 코펜하겐에 도착했다.

사람들은 하이젠베르크가 신체나 두뇌 모두에서 뛰어난 자질을 갖추고 극도로 자신감에 차 있는 '빛을 발하는' 젊은이라고 말했다. 그를 아는 한 사람은 "세상에서 그가 해낼 수 없는 것은 없었다"라고 평했다. 그리고 하이젠베르크는 스물세 살의 나이에 원자 스펙트럼의 암호를 해독함으로써 양자 역학의 기초를 세우고 닐스 보어가 허깨비만 쫓았던 것이 아님을 마침내 여실히 보여 주었다.

하이젠베르크가 성취한 것이 비록 굉장한 일이었지만, 그 뒤로 곧장 원자를 모두 이해하게 되지는 않았다. 양자론의 경우에는 수학 공식체계가 먼저 만들어지고 그 의미는 나중에 이해되었다. 이 두 가지 사이에 물리학자가 아직 플랑크 상수의 중요성을 인식하지 못하고 보어의 이론과 파울리의 배타 원리에서 제기된 의문을 여전히 대답할 수 없으며 왜 통계 규칙의 도움을 받아야만 했는지 모른 채 거의 2년이라는 세월을 보냈다.

이런 사실 때문에, 다음 장에서는 사람과 그들의 연구 업적을 설명하는 방식을 멈추고 하이젠베르크의 연구 결과가 나온 뒤 물리학자 자신도 깨닫지 못한 것을 설명함으로써 이 책에서 지금까지 제기된 문제에 대한 해답을 제공하는 장을 만들고자 한다. 그래서 다음 장의 설명은 독자를 물리학자보다 한 걸음 앞서가게 만들어 줄 것이며 그렇게 함으로써 베르너 하이젠베르크와 닐스 보어로 다시 돌아갈 때 독자들에게 그들이 어떻게 이해에 도달했는지 살펴볼 수 있도록 해 줄 것이다.

설명 위주로 쓰인 다음 장은 두 물리학자인 선배와 후배 사이의 대화 형식을 취한다. 서로 과학에 대한 문제를 토의하는 실제 물리학자는 전문 용어와 칠판을 이용할 것이다. 그들은 옆에서 엿들으면서 무엇인가 배우려는 일반인에게는 친숙하지 않은 연구 결과를 인용할 수도 있을 것이다. 그러나 다음 장에서 대화를 나누는 두 물리학자인 선배와 후배는 독자에게 그런 문제를 안겨 주지는 않을 것이다. 그들은 가상 인물이다.

아홉 번째 마당

현대 양자론의 도입

이제 원자가 어떤 모양인지 알았네!
—Lord Rutherford, 1911

아직까지 우리는 (원자에 대한) 완전한 모형을 찾아내지 못했을
뿐아니라 그런 것을 찾는 일이 아무 소용도 없음을 알고 있다….
—Sir. James Jeans, 1942

이번 장에서는 두 물리학자가(가상 인물임) 대화를 나누는데,
선배가 먼저 묻는다. 그는 1924년까지 러더퍼드와 소디의 방
사능 이론이나 플랑크의 방정식 E=hf, 보어의 원자 모형, 그리
고 이 책에서 논의된 다른 연구 결과에 대해서는 들어서 알고
있었지만 그 이후에 발전된 물리학에 대해서는 아무것도 모른
다. 그 이유는 안성맞춤으로 그가 1924년부터 지금까지 남미
밀림 지대에서 길을 잃고 방황하다가 최근에 구조되었기 때문
이다. 그는 물리학의 연구가 어떻게 되어 가는지 너무 궁금해
그동안 일어난 일을 설명해 줄 수 있는 젊은 후배를 찾아왔다.

선배: 후배, 자네에게 물어 볼 것이 꽤나 많네. 무엇보다 먼
저, 빛이 무엇인가? 에너지 덩어리인가 아니면 진동하는 파동
인가? 두 번째로 자네는 원자를 이해하고 있나? 전자는 어떻게
자기가 회전할 특정한 궤도를 '고르고', 다른 궤도로 뛰어넘기

222

도 전에 어떻게 자기가 띨 진동수를 '결정'하는가? 전자가 어떻게 원자 속에 들어 있는 다른 전자의 운동에 대해서 알 수 있는가? 전자가 어떻게 다른 전자에 자기의 운동에 대해서 말해 줄 수 있는가? 보어의 이론과 파울리 원리는 아무리 낮추어 표현하더라도 경이롭다고 말할 수밖에 없는 전자의 이런 행동을 조금도 설명해 주지 못하지 않나? 보어는 단순히 플랑크의 양자 상수를 원자의 경우에 적용했을 뿐이네. 보어는 원자가 안정된 까닭이 플랑크 상수에 의해 지배되는 에너지에 대한 제한 때문이라고 말했네. 그렇지만 그 상수 값을 그렇게 되는 근거라고 부를 수는 없지 않겠나! 그것은 전자가 어떻게 원자핵 밖에 머물러 있는지를 설명해 주지도 못하네. 그리고 만일 자네가 나의 이 모든 질문에 대한 답을 갖고 있다면, 자네는 통계규칙을 제거해 버릴 수밖에 다른 도리가 없을 것이네. 그렇게 되는 것인가?

후배: 선배님의 첫 번째 질문에 대한 답은 이렇습니다. 빛은 진행할 때는 파동처럼 움직입니다. 그렇지만 빛이 물질에 부딪치면 빛 에너지가 덩어리져서 옮겨 갑니다. 그리고 물질이 빛을 내보낼 때도 역시 에너지는 덩어리로 나갑니다.

선배: 그렇다면 광자라는 아이디어로 아인슈타인이 광전 효과를 설명했던 1905년 이래 아무런 진전도 없었던 셈이군 그래. 그 당시에도 빛이 파동의 성질을 지녔다는 측면은 간섭 실험으로부터 잘 알려져 있었지.

후배: 아니지요. 우리는 무척 더 많이 알게 되었답니다. 물질의 기본양도 파동의 성질을 지녔음을 알고 있지요. 그러니까 물질도 빛처럼 두 가지 특성을 모두 지니고 있어서, 어떤 때는

마치 파동으로 이루어진 것처럼 그리고 어떤 때는 입자로 이루어진 것처럼 행동한답니다. 그리고 그 경우에도 또한 양자 상수인 플랑크 상수가 기본적인 역할을 맡고 있지요. 선배님께서도 E=hf라는 식을 기억하고 계실 줄로 믿습니다. 여기서 왼쪽의 기호는 입자에 적용되는 양을 말하고 오른쪽은 파동의 성질을 나타내는 양을 말합니다. 이때 플랑크 상수는 이 두 가지 양 사이의 관계를 정해 주지요. 그 뒤에 물질에 대해 연구하면서 이와 매우 유사한 다른 방정식이 발견되었지요. 그것은

운동량 = 플랑크 상수 ÷ 파장

입니다. 운동량이란 질량에 비례하므로 좌변은 입자에 관계되는 양이고 우변에는 파동의 성질에 관계되는 양이 나와 있지요. 이때도 h는 두 양 사이의 관계를 정해줍니다.

선배: 그렇다면 자네는 괴상한 방정식을 한 개뿐 아니라 두 개씩이나 갖고 있군 그래! 복사로 이루어진 파동이란 공간이 당겨지거나 느슨해진 상태이지. 그래서 그것은 경계도 없고 물질로 이루어지지도 않았지. 물질로 만들어진 입자란 말할 것도 없이 이와는 정반대이지. 그런데 자네의 두 방정식은 두 가지 정반대가 되는 양을 하나로 같다고 묶다니.

후배: 이 문제를 계속하기 전에 선배님께 우리가 논의하고 있는 대상의 크기에 대해 먼저 말씀드려야만 한다고 생각합니다. 우리는 맨눈으로 사람의 크기보다 약 1,000분의 1 정도로 작은 것을 분별해 볼 수 있지요. 기계의 도움을 빈다면 백만 분의 1 정도로 작은 것까지도 관찰할 수 있답니다. 그렇지만 광자라든지 소립자는 사람의 몸보다 일억 분의 1 정도로 더 작아

요. 우리가 자연에서 이렇게 작은 영역은 도저히 볼 수 없을 것이고 백만 분의 1초 정도 계속되는 세계의 사건을 직접 경험할 수도 없을 것입니다.

우리가 이 영역에 대해 관심을 갖게 된 것도 극히 최근의 일이지요. 산란 실험 등과 같은 간접 증거로부터 그런 영역이 존재함을 알게 되고 나서 그 세계가 우리 감각을 통해 경험한 세계와는 같지 않음을 조금씩 깨닫게 되었지요. 원자나 광자는 우리가 알고 있는 것보다 단순히 크기만 더 작은 것이 아니었어요. 그들은 우리가 알고 있던 것과는 달랐지요. 이것이 물리학자를 난처한 지경에 빠뜨렸답니다. 이 새 영역을 이해하려는 시도로, 물리학자는 선배님이 저에게 물어 보신 것과 같은 질문을 제기했지요. 그 질문이 사리에 맞지 않는 것은 아니었지만 전혀 다른 세계의 경험을, 즉 큰 세계의 경험을 기초로 만들어졌기 때문에 지금 논의하고 있는 주제에는 전혀 적용될 수 없거나 조금밖에는 관계가 없었지요. 그리고 그런 질문에 대한 답을 얻으려고 실험을 했더니 마치 제 답변이 선배님께 전혀 이치에 맞지 않게 들리는 것처럼 그 실험으로 얻은 답도 도대체 무슨 뜻인지 알 수 없었지요.

선배: 그럼 자네는 물질이나 빛이 모두 입자 같지도 또는 파동 같지도 않다고 말하는 것인가? 자네의 말은 소립자나 광자가 어떤 특정한 위치에 한정되어 존재하거나 존재하지 않는 것으로 구분될 수 없음을 의미하나?

후배: 네.

선배: 그렇다면 새 영역을 어떤 모형으로도 나타낼 수가 없겠군. 어떤 모습일지 마음속에 그려 볼 수는 더더욱 없겠고. 우리

가 의존할 것이라고는 간접적인 측정뿐이고 그 측정으로부터 뜻이 통하게 만들 도리가 없겠어. 그것이 뜻하는 것이 무엇일지 자네의 의견을 말해 보게. 필연적으로 자네의 의견은 이미 알고 있는 예전 과학에 의한 경험으로부터 나올 수밖에 없네. 그래서 그 의견이 틀릴 수밖에 없지. 도대체 어떻게 올바른 질문을 생각해 내야 그 대답의 뜻이 통할 수 있도록 만들 수 있다는 말인가?

후배: 우리는 문제의 핵심에 접근하게 되었지요. 이제 우리는 원자를 이해할 수 있게 되었다는 말입니다. 어떻게요? 이것 아니면 저것이냐는 논리적 질문을 물어 보는 것이 어느 때 의미가 통했고 어느 때 의미가 통하지 않았는지 깨닫게 되면서부터 이지요. 양자 물리라는 방법이 우리의 경계(안내)가 되어 주었답니다. 그래서 새 영역을 조사하는 데 과거에 만들어진 생각을 따를지 아니면 논리를 따를지 인도해 주었지요.

선배: 그렇다면, 나는 다시 학생이 되어서 양자 물리를 배우든가 아니면 영원히 모른 채 지나는 수밖에 다른 도리가 없을 것 같군.

후배: 아니요. 지금 당장 선배님의 질문을 제가 도와줄 수 있다고 생각합니다. 그 질문에 대한 대답은 조금 뒤로 미루고, 먼저 전자와 같은 소립자의 행동을 이해하려면 입자 모형과 파동 모형 두 가지가 왜 모두 필요한지를 보여 주는 한 가지 실험에 대해서 얘기해 보지요.

선배님은 빛의 파동성을 보여 주는 데 사용된 장치를 잘 아시지요. 그 장치는 기본적으로 광원(光源)과 두 개의 선을 따라가는 틈새를 뚫은 장애물, 그리고 건너편에 도착하는 빛을 기록할 감광판이나 스크린이지요. 빛 대신에 많은 전자를 장애물 쪽으로 보낸다고 가정하지요. 이 전자의 속력은 모두 같고 상당히 느립니다. 전자가 입자라면 우리가 볼 수 있으리라고 기대되는 것처럼 전자가 형광 스크린에 부딪칠 때마다 아주 작고 희미하게 빛이 번쩍거릴 테지요. 그런데 좀 기다리면, 점점 더 많은 전자가 스크린에 부딪치면서 신기한 일이 벌어집니다. 입자가 그림을 그렸어요! 스크린에는 일정한 간격을 두고 띠가 나타납니다. 그것은 비슷한 조건 아래서 빛이 만드는 간섭무늬와 똑같은 모습이에요. 그것은 물동이에 조약돌을 떨어뜨렸을 때 생기는 잔물결의 모습과 비슷하지요. 그런데 이 그림을 어떻게 설명할 수 있을까요? 입자가 그림을 그리기 위해 스크린에서 다른 곳 말고 어떤 특별한 곳으로 스스로 찾아갈 수는 없는 노릇이 아니겠어요?

선배: 그래, 그런 그림은 파동만이 만들 수 있지. 스크린에 도달한 두 파동의 위상이 정확하게 어긋나서 서로를 상쇄한다든지 또는 보강 해골이나 마루를 만드는 것이지. 이제 문제점을 이해하겠군. 전자를 입자 모형으로 바라보면 서로 간섭해 무늬를 만들 수 있는 능력을 도저히 설명할 수가 없겠군. 그런데 그 무늬를 설명할 수 있는 파동 모형이 이번에는 전자가 스크린에 충돌할 때 내는 번쩍임을 설명하는 데 실패하고 만단 말이지. 실은 그 번쩍임이 모여서 무늬를 만드는 것인데. 만일 파동 모형을 고집한다면, 틈새를 통과해 온 공간에 널리 퍼진 빛이 스크린에 부딪치기 직전에 수축한다고 결론지을 수밖에 없지 않은가? 스스로 수축하는 파동이란 스스로 길을 찾아가는 입자만큼이나 말이 안 되는 일이지!

후배: 그렇다면 선배님도 이 실험을 해석하기 위해서 파동과 입자 모형 모두가 필요하다는 데 동의하시는군요?

선배: 잠깐! 장애물에 뚫린 틈새에 기록 장치를 붙여 놓으면 어떻게 되지? 그런 장치는 입자에만 반응할 텐데. 그렇게 했나?

후배: 네. 그 장치가 반응을 보였지요.

선배: 그렇다면 전자는 구멍을 지나갈 때나 스크린에 부딪칠 때 모두 입자구먼.

후배: 그런데 기록 장치를 붙여 놓으면 스크린에 간섭무늬가 더 이상 나타나지 않아요. 즉 전자는 그렇게 되면 파동 성질을 보여 주지 않습니다. 전자가 입자인지 아니면 진동하는 파동인지 확실히 알려고 시도할 때마다 어김없이 그런 종류의 일이 벌어지지요. 그렇게 작은 크기의 입자를 검출하려면 과녁으로 어떤 기구를 사용하지 않을 수 없지요. 계수기(計數器)라든가 섬광막 또는 안개상자 등이 그러한 기구의 예지요. 그런데 소립자는 스크린에 도달할 때까지 방해하는 그런 과녁이 없을 때만 파동의 성질을 나타낸답니다.

선배: 어쩌면 자네의 실험을 충분히 신뢰할 수 없을지도 모르겠구먼. 자네 같은 젊은 사람 중에서 누군가가 나와서 머지않아 이 문제를 해결하게 될 거야.

후배: 여기에는 해결할 문제가 더 이상 아무것도 남아 있지 않답니다! 선배님은 전자가 실제로는 입자나 파동 두 종류 중에서 한 가지일 것이라고 가정하시지요. 그런데 둘 중에 어느 것에도 속하지 않는다는 증거가 압도적으로 많답니다. 당장 간단한 증거 한 가지를 말씀드릴게요. 선배님은 위의 두 가지가

서로 모순이라고 말씀하셨어요. 무엇에 대한 모순이지요? 우리가 이미 알고 있는 것에 대한 모순이 아닙니까? 그런데 우리가 무엇을 알고 있지요? 우리 자신의 크기가 척도인 세계에서 보이는 대상이나 힘에 대해서 알고 있는 것일 따름입니다. 좀 생각해 보세요. 우리가 잘 알고 있는 것을 이루는 토대가 되고 왜 그것이 그렇게 행동하는지 설명해 주는 일들이 서로 같지 않으면 이상하게 보이는 것은 당연하지 않겠어요? 지금까지 밝혀진 것으로는 바로 그렇게 된 것이랍니다. 소위 원자 영역에서의 모순이 우리가 이미 익숙해진 것을 이해하는 데도 도움을 주었어요.

이제 조금 다른 말씀을 드릴게요. 순전히 논리를 이어 나가기 위해서, 전자가 실제로 사람 정도의 크기를 갖는 척도의 현상이라고 가정하고 그러므로 우리 척도의 세상에서는 다 그렇듯이 전자도 파동이나 입자 두 가지 종류 중에서 한 가지에만 속해야 한다고 가정합시다. 그래서 전자가 입자이거나 또는 입자가 아니라는 잘못된 가정으로부터 출발해 보지요. 둘 중에서 어느 종류에 속하는지 발견할 수 있는 방법을 아세요?

선배: 그것이 입자임을 증명하려면 공간에 전자가 놓여 있는 위치와 그 질량을 정확히 알아낼 수가 있어야지. 그런 것은 무엇이 전자와 접촉한 다음에 그 효과를 보는 것과 같이 간접적으로밖에는 측정할 수 없겠지. 최소한의 교란을 피할 수는 없을 테니까, 접촉하는 물체의 질량이 전자의 질량보다 더 크면 곤란하겠지. 그것 때문에 가능한 방법이 제한을 받겠는데, 물질에서 가장 가벼운 단위가 바로 전자가 아닌가? 한 다발의 전자를 과녁인 원자를 통과시켜 섬광막까지 보낸다고 가정하세. 그

러면 산란 무늬로부터…. 아니, 안되겠군. 전자와 전자가 충돌하는 효과를 재고 그로부터 정확한 측정에 도달하려면 과녁 전자에 접촉하는 순간에 탄환 전자의 정확한 위치와 속도를 알아야만 하지. 그런데 물론 우리는 그것을 모르지 않는가? 그것이 실험에서 알아내려는 바로 과녁 전자의 위치가 아닌가! 그렇지만 한 가지 다른 가능성이 존재하지. 물질을 이용할 수 없다면, 광선을 이용하면 어떨까?

후배: 안되지요. 같은 문제에 다시 봉착합니다. 빛이 물질과 서로 작용할 때는 입자처럼 행동하지요. 탄환 광자도 탄환 전자의 경우와 마찬가지로 과녁의 위치와 속도를 변화시킵니다. 이 변화를 재려면 역시 충돌하는 순간에 광자의 속력과 위치를 정확히 알아야만 하는데, 이것을 알 도리가 없지요.

선배: 그러니까, 전자가 보통 흔히 보는 입자라고 하더라도 절대로 증명될 수 없다는 말이군. 그렇지만, 자네의 말과 마찬가지로, 다른 실험으로부터 우리는 전자가 보통 입자와는 다르다는 사실을 알고 있지 않나? 전자는 파동의 성질을 지니고 있다면서? 그래서 전자를 입자로 증명할 수 없다는 사실이 그리 나쁜 소식은 아닌 것 같군.

그런데 다른 나쁜 소식이 한 가지 생각나는데. 지금이든지 또는 나중에라도 고안될 측정 장치는 어떤 것이든 물질 또는 광선을 이용하지 않을 수 없을 텐데. 그 두 가지 말고는 사용할 수 있는 다른 것이 없으니까. 그래서 원자 영역에서 수행된 측정으로는 어떤 것도 확실하게 결정지을 수가 없지. 측정할 때 사용되는 도구 자체가 정확히 측정될 수 없다는 말이지. 그러므로 우리가 다루고자 하는 원자 내부의 물질의 측정에 사용된 도구가 어떤 영향을 미칠지 정확히 아는 것이 불가능하겠군. 실험에서 생기는 효과와 실험의 주제를 구별하고 어떤 것이 어떤 것에 속하는지 알 수가 없으니까. 그것이 내가 생각할 수 있는 나쁜 소식이야.

후배: 그것이 바로 제가 엉터리 가정으로 출발한 논리적 근거에 대해 말해 달라고 부탁드린 까닭이지요. 선배님이 옳습니다. 원자 크기가 실험의 대상일 때, 대상과 측정하는 도구의 효과를 구별하는 것이 불가능하지요. 그러면 어떻게 할까요. 그 두 가지를 하나로 취급하고 거기서부터 시작하는 수밖에 없지요.

선배: 어떤 관점에서 보면, 자네의 그런 얘기는 전혀 새로울 것이 없지. 원자건 아니건, 어떤 실험에서든지 그 대상이 어떤 형태로건 도구에 반응하지 않을 수 없지. 뜨거운 액체의 온도를 측정한다고 하세. 측정하려는 대상의 열에너지 중에서 일부는 온도계의 수은 기둥을 올리는 데 사용될 것이네. 사람들은 그렇게 해서 생긴 차이를 계산에 집어넣지. 가끔 그런 차이가 얼마만큼인지 정확히 계산에 넣기가 불가능할 때는 오차가 측정값의 더하기 빼기 얼마라고 말하지. 그렇지만 그 범위 내에서 결과는 확실하네. 그 결과는 측정하는 목표나 진행 과정 또는 대상 자체에 대한 정보를 제공해 주지. 그러나 그 대상에 무엇을 했느냐에 대한 정보를 제공해 주지는 않네. 과학에서 지금까지 항상 이 두 가지에 대한 구분이 뚜렷이 존재해 왔지. 이제 더 이상 그렇게 구분할 수 없다면, 그것은 과학적 방법에 근본적 변화가 왔음을 의미하는 것이네.

후배: 비교적 큰 물체라든지 에너지가 많이 변할 때를 조사하기 위해 어떤 방법이 사용되었는지 되살펴보기로 하지요. 그런

것이 대상 물질인 경우에, 과학자는 그것을 관찰함으로써 자연 현상에서 발생하는 변화를 놓치지 않고 기억할 수 있지요. 그런 것을 관찰하는 데는 빛이 사용되며, 빛으로 행성을 보거나 모기 또는 심지어 살아 있는 세포를 관찰할 때라도 광자가 충돌하는 것 따위에 대해서 걱정할 필요가 없습니다. 혹시 보는데 환상이나 착각이 일어나면 그것이 어떻게 형성되었는지 알아내는 것이 어렵지 않기 때문에 항상 관찰의 효과를 조절할 수 있지요. 그러면 환상이나 착각이 제거됩니다. 그렇지만 착각이 제거될 때 그것은 보통 무엇인가 배우게 됨을 의미한다는 사실을 지적하고 싶습니다. 이 경우에 우리는 자연 현상과 관찰자—결국은 관찰자 자신도 자연 현상의 일부이지만—사이의 관계에 대해 배웠습니다. 이제 물리학에서 우리는 산 것이나 죽은 것에 관계없이 모든 물질의 궁극적인 성분에 관해 탐구하고 있습니다. 생물학과 물리학이 이제 더 이상 전처럼 동떨어진 학문이 아닙니다. 제가 보기에 물질을 더 깊이 파고들어가면 갈수록 우리가 더 이상 피도 생명도 없는 관찰자 상태로 꾸밀 수 없는 지경에 이를 것이 틀림없습니다. 지금까지는 정확한 수학적 용어로 그렇지 않다고 단언한 자연 과학 중 가장 엄밀한 분야인 물리학에서 한 걸음 더 앞으로 발전한 신호라고 저는 받아들입니다. 저는 이것이 언젠가는 우리 자신을 포함한 생명체도 이해할 수 있게 될 수 있을 것임을 알려 주는 징조라고 믿습니다.

선배: 다른 과학자도 그렇게 느낄까? 실험 결과가 옛날처럼 의심의 여지없이 객관적으로 옳지가 않다는 생각에 모두가 만족해하지 않을 텐데.

후배: 물리학에서 이루어진 이러한 발전을 어떻게 받아들이느냐는 개인의 철학 문제겠지요. 저는 제 견해를 말씀드렸을 따름입니다. 많은 과학자가 과거와 크게 달라진 점을 대표하는 양자 물리의 이런 측면을 좋아하지 않는 것도 사실입니다. 나이 드신 분이 주로 그렇게 느끼시는 듯싶습니다. 비교적 젊은 사람은 그런 점을 별로 걱정하지 않는 편이지요. 그들은 "무엇이든지 알아내자"는 것이 가장 주된 관심사입니다. 그리고 그들은 알아냈지요. 관찰의 효과를 분리해 낼 수 없다는 사실이 전자와 그리고 원자의 전체적인 측면을 매우 잘 이해하기에 이르는 데 방해가 되지 못했답니다.

선배: 나 원, 세상에 어떻게 그런 일을 해냈는가? 무엇보다도 자네는 소립자가 어떻게 생겼는지 그 형상을 그릴 수 없는 존재임을 보여 주지 않았나? 그들은 공간에서 명확한 위치를 차지하는 성질과 명확한 위치를 차지하지 않는 성질을 모두 지녔고, 물질이면서도 물질이 아니지 않은가? 그런 것을 형상화시키는 것이 불가능할 뿐 아니라 그런 것에 대해 생각하기조차도 불가능하네. 소립자란 우리가 물리에서 사용해 온 정의들, 즉 '위치'니 '진동수'니 또는 '속도' 등등을 사용해서 설명할 수가 없지 않은가? 소립자를 매우 가까이 가져올 수 있는 실험 자체가 또 나를 더 혼란스럽게 만들 뿐이네. 안개상자에 나타나는 궤적이나 계측기에서 딸각-딸각 나는 소리 말일세. 계측기가 소리를 내거나 궤적이 만들어질 때 거기에 뭔가 있었을 것이 아닌가? 세상에 어떻게 그것이 항상 어느 곳엔가 있지 않을 수 있단 말인가?

후배: 그렇지만 간섭무늬를 만드는 원인이 되는 존재는 동시

에 공간의 정확한 위치를 차지할 수 없다는 데 동의하시지요? 전자가 우리가 지금 알고 있는 성질을 지닌, 크기만 아주 작은 물질이라고 생각하지 마십시오. 작은 틈새를 통해 모래를 아무리 오래 던지더라도 간섭무늬는 생기지 않습니다. 물체라면 그것이 언제나 어떤 장소에 있으리라고 생각하는 것이 논리적이지만, 전자는 그런 물체가 아니며 전자에 대한 논리적 가정이 종종 우리를 현혹시키지요.

선배: 원자 세계가 어떻게 생겼는지 그려 볼 수 없을지도 모르고, 논리만 이용해서는 잘못된 길로 들어서기가 십상이지. 그것만으로도 충분히 어려운 일이군. 그런데 자네는 게다가 실험의 결과가 항상 정확하지 못하고 정확하지 못한 정도를 잴 수도 없다고 말했지. 다시 말하면, 얻은 정보가 애매하다는 뜻이지. 이로부터 두 가지를 알 수 있네. 첫째는 장래에 대한 예언 역시 애매할 수밖에 없다는 점이네. 둘째는, 전자에 대한 정보가 언제 가장 많이 얻어졌는지 결코 모를 것이라는 사실일세. 파동 성질을 끄집어내려면 어떤 한 가지 종류의 실험을 설계해야만 하지. 그런가 하면 입자 성질을 찾아내기 위해서는 또 완전히 다른 실험을 실행하지 않을 수 없네. 같은 것을 두 다른 시간에 완전히 다른 각도로 보는 것이지. 이 두 실험의 결과를 조사해 가지고 뭐가 빠졌는지 어떻게 알 수 있다는 말인가? 이 실험들의 결과는 확실하지 않아서 이해할 수가 없어. 가로 세로 말 넣기 퀴즈가 맞아떨어지는 것처럼 딱 맞는 게 아니야.

후배: 아니요, 맞아떨어집니다! 우리가 지금처럼 어떤 특정한 실험에 대해서만 얘기하면 그것이 마치 '애매한' 것처럼 보이기 때문에 어떤 측면에서 오해가 생길 수 있지요. 실제로 우리 지

식은 광범위하게 여러 가지 다른 실험이라든지 그 실험 결과를 수학적으로 분석하는 데서 나오지요. 예를 들면, 어떤 실험에서는 가능한 최고의 정확도를 가지고 전자의 위치를 측정할 수 있습니다. 그런데 다른 실험에서는 전자의 속도를 정확하게 측정할 수 있지요. 두 다른 실험은 서로 배타적입니다. 즉 한 가지 성질이 정확히 측정되면 다른 성질은 전혀 알 수가 없답니다. 우리가 얘기한 간섭 실험은 이 일반 규칙을 설명해 주는 한 가지 예입니다. 실제로 그것은 서로 배타적인 두 가지 실험이었지요. 한 번은 위치 검출기를 사용했고 다른 한 번은 사용하지 않았어요. 기록 장치가 사용되었을 때는 전자가 어디에 있는지 알았어요. 그렇지만 전자의 속도는 알 수 없었지요. 전자의 속도에 대한 정보는 그 속도에 따라 변하는 간섭무늬로부터 얻어지는데, 실험에서 그 무늬가 생기지 않았어요.

소립자의 다른 측면을 알아내기 위해 다른 종류의 실험을 설계할 수 있고 또 그렇게 하지요. 이 다른 실험의 결과를 합하면 제 의미를 알려 주고 말 넣기 퀴즈도 가로와 세로로 다 맞아떨어지지요. 우리는 언제 최대의 정보를 얻는 것이 가능한지 압니다.

동시에 전에 사용된 논리적이고 과학적인 정의를 얼마든지 사용해도 상관이 없지요. 우리는 언제 그것이 적용되는지 아니면 적용되지 않는지 알기 때문입니다. 아시다시피, 물리학에서 용어는 측정과 관계됩니다. 용어의 뒤에 숨겨진 측정을 잊지 않는다면 모순에 이를 위험이 없지요.

선배: 나는 자네 얘기를 들으며 쭉 왜 소립자라고, 즉 '입자'라고 말하는지 이상하게 생각했네.

후배: 아 그러세요. 그것은 우리가 '입자'나 '파장'이라는 등의 용어가 언제 의미를 지니고 언제 의미를 지니지 않는지 잘 알기 때문에 그런 용어를 사용하지요. 같은 일이 모형에도 적용됩니다. 단 하나의 모형으로 모든 것이 다 설명되지는 못하지요. 그렇지만 우리는 어떤 모형에는 무엇이 부족한지 알기 때문에 모형을 계속 사용할 수 있고 전처럼 그 모형이 우리의 이해를 도와주지요. 서로 '모순'되는 한 가지 모형에서 다른 모형으로 왔다 갔다 하면서 전체를 조금씩 알아차리기 시작합니다.

선배: 그렇지만 다른 문제는 어떻게 되었지? 가능한 최대의 정보를 얻었다고 하더라도 그것이 여전히 정확한 예언을 하는 데 요구되는 정보는 아니지 않은가? '위치'를 측정하려면 한 종류의 실험이 필요하고, '속도'를 측정하려면 다른 종류의 실험이 필요하네. 각각의 실험이 정확하지만 서로 다른 순간에 얻은 정보가 아닌가? 동일한 순간에 그 정보를 알 수 있는 경우에만 그것이 미래에 어디에 있을지 정확한 예언을 만들 수 있지 않은가?

후배: 전자는 그 '무엇'이 아니라고 한 번 더 말씀드리지요. 선배님이 말씀하신 측정은 큰 크기의 물체에 적용되고 여기서는 적용되지 않는다는 것이 전혀 놀랄 일이 아닙니다. 그뿐 아니고 파동이 미래에 어떻게 행동할지 예언하려면 꼭 필요한 비슷한 측정도 여기서는 또한 적용되지 않지요.

선배: 그렇다면 원자 크기에서는 정확한 예언을 할 길이 막힌 셈이로군.

후배: 큰 크기의 현상에 대한 예언과 같은 종류에는 길이 막

혔지요. 그러나 그것이 우리의 예언이 부정확하다는 것을 의미하지는 않습니다. 전자는 집단 법칙을 만족하지요. 이것을 간섭 실험으로부터 알 수 있습니다. 여러 가지 세기로 이루어진 파동 무늬는 개개의 충돌점이 모여서 만들어졌어요. 무늬에서 가장 밝은 부분은 전자가 충돌한 횟수가 가장 많은 곳이며, 무늬가 흐려질수록 충돌 횟수가 줄어들었으며, 어두운 부분은 전혀 충돌하지 않은 곳이지요. 전자에 관한 한 정확히 예언하려면 많은 전자를 집단으로 생각해야만 합니다. 스크린에 충돌하는 전자의 수가 많아질수록 "전자가 가장 잘 발견될 장소는 어딘가?"라는 질문의 답이 점점 더 정확해집니다.

선배: 자네의 예언은 전혀 가치가 없어 보이는군. 자네는 실험을 시작할 때 이미 어떤 결과가 나올지 알고 있지. 즉 자네가 사용한 전자 선속(線束)의 빠르기와 장애물에 뚫은 틈새의 위치와 크기에 의존하는 특정한 종류의 간섭무늬 말일세.

후배: 이미 알고 있는 것을 예언하려고 시간을 보낸다는 뜻은 아니었습니다! 그것은 단순히 원자를 지배하는 운동 법칙인 양자 역학으로부터 어떤 종류의 예언을 할 수 있는지 보여드리기 위한 예였지요. 어떤 특정한 전자 하나가 앞으로 어디에 위치할지 말하는 것은 불가능합니다. 그렇지만 우리는 많은 전자가 어디에서 발견될지 매우 정확하게 미리 말할 수 있지요. 우리의 예언은 항상 통계적이고 그 예언이 얼마나 정확한지는 비슷한 경우가 얼마나 많이 고려되고 있느냐에 의존합니다. 그렇지만 그것은 선거에서 사람들이 누구에게 표를 찍을지 또는 왜 사람들이 어떤 물건을 사는지 알기 위해 집집마다 방문하는 것과는 같지 않습니다. 그리고 원자 영역은 많은 비슷한 경우로

이루어져 있다는 사실도 잊지 마십시오. 잘 아시다시피 수많은 전자가 존재하지 않아요! 그리고 그 전자는 모두 완전히 똑같습니다.

선배: 전자를 정확히 측정할 수도 없는데 전자가 모두 동일한지 어떻게 아는 것인가?

후배: 양자 물리에서 다른 것을 아는 방법이나 마찬가지지요. 수학이 그렇다고 알려 주고 수학이 옳답니다. 수학이 예언한 것이 모두 옳다고 밝혀졌지요.

선배: 자네는 다루는 경우의 수가 많아질수록 양자 역학이 정확한 정도가 더 커진다고 말했네. 그것은 많은 원자를 다루는 큰 크기의 문제에 대해서는 양자 역학과 고전 역학이 동일한 해답을 준다는 의미인 것 같은데.

후배: 같은 해답이라고요, 네. 그러나 다른 형태의 해답이지요. 양자 역학에 의거해 논리적으로 만들어진 방법에 의하면 여러 단계의 확률만 추론되어 나오지요. 큰 크기 문제의 경우에는 거기서 나온 확률이 압도적, 즉 확실하다고 말할 정도가 될 것입니다. 그렇다면 양자 역학은 일반적으로 성립하는 이론인 반면에 고전 역학은 양자 역학 안에서 한 특수한 경우로 포함되지요. 그것이 바로 양자 역학이 출현하기 전에는 보어의 대응 기술이 믿을 만한 지침이 될 수 있었던 까닭입니다. 대응 원리를 이용하면 사실과 일치하는 결과를 얻는 것이 가능했지만, 그러나 변함없고 논리적인 가정의 결과는 아니었지요. 반면에 양자 역학은 정확한 방법입니다. 양자 역학이 나오니까 이제 거의 모든 원자 현상을 계산하는 것이 가능해졌습니다. 오

늘날 원자가 전반적으로 어떻게 행동하는지에 대해서 실제로
매우 잘 이해하고 있지요. 우리는 심지어 물질이 원자의 성질
을 잃어버리는 지극히 높은 에너지에서 나타나는 원자핵의 미
세 구조까지도 이해합니다.

선배: 나는 러더퍼드가 어떻게 원자핵을 발견할 수 있었는지
의문이었네. 그때는 대응 원리도 없었고 양자 역학도 없었거든.
그의 산란 실험을 설명하기 위해서 통계적인 가정 따위를 만들
었지만 그러나 고전적인 운동 법칙을 사용했지 않은가? 그는
심지어 원자핵의 크기까지 계산할 수 있었어.

후배: 러더퍼드에게 행운이 뒤따랐지요. 그가 고려했던 특수
한 경우에 옛날 역학을 이용해 얻은 해답이 새 역학에서 얻은
것과 똑같았어요. 다시 말하면 두 가지 중에서 어떤 방법을 사
용하든지 문제를 해결할 수 있었습니다. 이 행복한 우연의 일
치 때문에 1911년 물리학자는 바른 길을 따라가기 시작했지요.

선배: 러더퍼드와 소디가 제안한 방사능 법칙은 어떻게 된 것
인가? 그 법칙을 이용하면 붕괴 비율을 옳게 구할 수 있네. 그
러므로 자네 말대로 양자 역학이 일반적인 이론이라면, 양자
역학으로부터 그와 같은 방사능 법칙을 유도하는 것도 가능하
겠지?

후배: 네. 그 법칙이 양자 역학으로부터 바로 유도되어 나오
지요. 그리고 이제 우리는 왜 방사능 법칙이 통계적이어야만
했는지도 이해합니다. 전에는 기술을 좀 더 개선한다면 마치
큰 크기의 현상에서 측정한 것처럼 개개의 원자도 정확히 측정
하는 것이 가능하리라고 생각했지요. 그리고 그렇게 된 뒤에는

"방사능 붕괴에서 핵을 쪼개지게 만드는 원인은 뭔가?"라는 질문의 정답을 얻으리라고 예상했지요. 그것을 알면 큰 크기의 물리학에서 알려진 것과 같은 종류의 붕괴에 대한 법칙을 만들어 낼 수 있으리라고 기대했지요. 그런 법칙에서 반감기라든가 통계적 규칙을 제거할 수 있으리라고 보았어요. 이제 우리는 그보다 더 잘 알고 있지요. "무엇이 붕괴하도록 결정하는가?"라든지 또는 "무엇이 붕괴를 시작하게 만드는가?"라는 질문은 큰 크기의 자연 현상에 대한 지식에서 비롯된 것이고, 파동이며 동시에 입자인 원자의 세계에서는 아무런 의미도 지니지 못하는 질문입니다. 우리는 그러한 질문에 대한 대답을 기대하지도 않아요. 그것은 단순히 잘못 물어본 질문에 불과하지요. 소디와 러더퍼드가 제안한 통계적 규칙이 임시변통으로만 사용될 규칙이 아니었어요. 그 규칙은 방사능 붕괴에 대한 우리의 지식을 가능한 한 가장 충실하게 표현해 주지요.

선배: 다시 한 번, 자네가 말한 것에는 철학적 암시가 들어 있네. 그것은 자연의 모든 사건이 원칙적으로 그 사건을 만든 원인으로 거슬러 올라갈 수 있다는 생각에 위배되네. 그러나 이 문제를 더 계속하는 대신에, 원자에 대한 닐스 보어의 모형을 얘기해 보세. 자네가 내게 충분히 많이 설명해 주었으니까, 어쩌면 어떤 문제는 내 스스로 풀 수 있을지도 모르겠다는 생각이 드는군. 보어가 말한 전자는 보통 입자이고 그러므로 원자핵 주위의 궤도를 돌 것이라는 가정은 옳지 않군. 그렇지만 양자 상수를 원자의 경우에 적용한 그의 생각은 틀리지 않았어. 입자의 운동을 제한하기 위해서 숫자 h를 사용함으로써, 보어는 고전 역학이 할 수 있었던 것보다 목표에 더 가까이 접

근할 수 있었고, 그다음에는 그의 추론을 조절하기 위해서 대응 원리를 사용할 수 있었던 게로군. 그렇지만 파동 성질을 지닌 그 무엇의 운동을 설명하려면 전혀 새로운 운동 법칙이 나오지 않을 수 없겠는데.

후배: 네, 그리고 똑같은 이야기가 빛의 경우에도 성립하지요. 양자 역학은 물질의 파동 및 입자 성질을 설명해줍니다. 양자 전기 동력학은 그와 비슷한 빛에 대한 이론이지요.

선배: 보어의 원자 모형으로 돌아가서, 만일 입자인 전자를 파동인 전자로 바꾸어 놓는다면 원자가 행동하는 방법을 그럴듯하게 설명할 수 있을 것 같네. 입자인 전자가 갖고 있다고 믿을 수 없는 성질을 제거할 수 있을 테니까. 자네가 방금 말한 것으로부터, 어떤 모형이 모든 이야기를 전부 설명할 수 있다고 가정하지 않는 한 파동 모형을 자유롭게 사용할 수 있다고 생각되는데.

후배: 계속하시지요.

선배: 그래, 정상 상태에 놓여 있는 수소 원자라는 간단한 경우를 살펴보세. 원자핵의 전하는 입자를 붙잡아 두는 것이나 마찬가지로 파동도 붙잡아 두겠지. 그러나 그런 조건 아래의 입자는 여러 가지 다른 방법, 즉 다른 궤도를 따라 움직일 수 있지만 파동은 한 가지 운동, 즉 한 가지 형태만 가질 수 있지. 그것은 원자핵 장(場)에 의해서 '원자'라고 부르는 영역 내부에 갇혀서 그 영역을 채우겠지. 파동은 딱 알맞는 형태를 취하지 않을 수 없을 거야. 만일 파동이 꼭 그런 형태, 즉 그런 단 한 가지뿐인 운동을 취하지 않는다면, 그 진동들은 서로 간

섭을 일으키고 파동이 서로 상쇄되어 없어질 테니까. 그것은
양쪽 끝이 고정된 줄을 흔들어서 정상파(定常波)를 만들려는 경
우와 똑같은 종류의 상황이지. 줄을 흔들어 주는 비율에 의해
크기가 결정되는 고리 모양의 파형이 줄에 만들어지는 것을
볼 수 있지. 그런데 줄의 양쪽 끝을 고정시킨다는 경계 조건
때문에, 줄에는 고리가 한 개, 두 개, 세 개, 또는 그 이상이라
도 줄의 길이에 딱 맞는 자연수만큼만 만들어질 수 있지. 줄이
한결같이 진동할 때는 고리의 일부분만 만들어질 수 없네. 경
계 조건이 만들어질 수 있는 고리의 모양을 제한하는데, 원자
의 경우에도 마찬가지가 아닐까? 이로부터 당장 원자에 가해
주는 에너지를 증가시키는, 그러니까 줄을 점점 더 빨리 흔드
는 프랑크와 헤르츠 형태의 실험을 논리에 맞게 설명할 수 있
는 방법이 떠오르겠지. 원자는 단지 어떤 정해진 양만큼의 에
너지만을 받아들일 수 있다는 점이 발견되었지. 입자 모형에
따르면 그 결과는 전자가 어떤 수단을 쓰든지 스스로 알맞는
궤도를 찾아가지 않을 수 없음을 의미하네. 그러나 전자가 파
동이라면 정의에 의해서 단지 정해진 어떤 에너지만을 받아들
일 수 있고 다른 에너지를 받아들이면 그 파동은 상쇄되어 없
어져 버리겠군.

그다음에 떠는 진동수가 변하는 문제가 있었네. 입자인 전자
는 원자핵으로 다시 떨어지면서 갈 곳을 미리 '알아야만' 하고
목적지가 어디냐에 따라 떠는 진동수를 바꾸지 않을 수 없지.
파동인 입자라면 그런 문제가 제기되지도 않네. 원자의 경계
안에 딱 맞아떨어지는 파동의 형태와 각 형태에 속한 떨기가
가능한 진동수가 단지 몇 가지에 불과하네. 파동이 다른 형태

로 바뀔 때는 진동수도 새 형태에 맞는 것으로 저절로 바뀌지 않을 수가 없겠지. 전자가 아무것도 미리 '알' 필요가 없어. 보어의 모형으로는 대답할 수 없었던 바로 이런 질문을 파동 모형을 사용하면 다 해결할 수 있는 것처럼 보이는군.

후배: 네. 그렇지만 그런 모형에는 정해진 한계가 존재하고 있음을 상기시켜드리고 싶군요. 태양에서처럼 물질이 예외적으로 높은 에너지에 놓여 있으면, 파동 모형이 더 이상 성립하지 않습니다. 그렇게 매우 높은 에너지라는 조건 아래서는, 원자의 특성을 나타내는 안정성이 모두 사라져 버리지요. 물질의 양자 상태를 나타내는 고유한 파동 형태는 더 이상 존재하지 않습니다. 그러나 우리 행성(지구)에서와 같은 에너지 아래에서는 원자를 제대로 이해하려면 파동 모형이 필요합니다. 파동 모형은 '보통' 조건 아래서 물질의 행동을 지극히 순조롭게 설명해 줍니다.

선배: 그리고 논리적이지! 원자핵의 전하가 정해지면 그때 허용되는 전자 운동이 정해지고 어떤 다른 경우도 허용되지 않지. 만일 한 개의 전자를 지닌 수소 원자에서 두 개의 전자를 지닌 헬륨 원자로 가보면 조건이 달라지고 말아. 헬륨 원자핵의 전하가 더 크고 또한 두 번째 전자는 첫 번째 전자로부터도 영향을 받지. 이것은 정상 상태에 놓인 모든 헬륨 원자는 수소나 그 밖의 어느 다른 원소와도 다른 딱 한 가지의 정해진 형태만을 취할 수 있음을 의미하네. 모든 전자는 다 똑같이 생겼지만, 원자에 전자가 하나 더 더해지면 원자의 성질이 급격히 변함을 의미하지. 수의 변화가 성질의 변화를 가져오네. 왜 그러느냐고 입자인 전자는 우리에게 그 까닭을 말해 주지 않지.

아니 오히려 입자들이 각각의 행동을 모방할 수 없도록 공간을 가로질러서 그들의 서로 다른 운동에 관해서 정보를 교환한다고 가정하지 않을 수 없게 만들어 버리고 마네. 그러나 갇힌 파동은 파동의 성질 때문에 원자의 전 영역에 걸쳐서 퍼져 있지 않을 수 없지. 파동은 모든 곳에 존재하고 모든 곳의 조건에 다 반응해야만 하지. 원자에 전자 하나를 더하면 더할 때마다 정성적인 변화가 자연히 뒤따르고. 이제 양자 물리의 제한이 논리적으로 만든다고 자네가 한 말이 무슨 뜻인지 알기 시작할 것 같군!

후배: 네, 양자 물리는 '왜'로 시작하는 질문에 대답할 수 있도록 만들어 주지요. 고전 역학은 그런 질문에 대답할 수 없었어요. 고전 법칙은 자연에서 실제로 발견할 수 있는 것을 설명할 특정한 몇 가지를 제외하고도 무한히 많은 수의 가능한 해답을 제공했기 때문이지요. 금속 결정체에 들어 있는 원자는 왜 마치 기계로 찍어낸 것처럼 기하적인 규칙성을 가지고 배치되어 있을까요? 흩날리는 눈발은 왜 실제로 그런 모양을 가지고 있을까요? 연관된 문제로, 왜 모든 생물의 형태가 대칭적일까요? 그 해답은 자연의 양자 영역에 존재합니다. 그 영역에서는 플랑크 상수가 의미를 갖는 수이며, 그 영역에서는 해답이 말해 주는 성질의 이상한 결합이 가장 분명히 나타납니다. 만들어질 수 있는 (숫자 팔 또는 십자꼴 등 모두가 정확히 대칭적인) 몇 가지 전자 파동 형태가 뒤에 숨어 있으며 우리가 실제로 보는 물체의 모양에 반영되어 있기도 합니다. 전자가 원자핵 장 안에서 취하는 운동을 대표하는 이 몇 가지 파동 형태가 왜 원자나 분자가 어떤 특별한 방법으로만 결합하고 다른 방법

으로는 결합하지 않는지를 설명해 줍니다. 이와 같이 닐스 보어가 제안한 전자 껍질은 오늘날 전자 파동으로 짜인 형태로 이해됩니다. 원자 안에 존재하는 전자의 수에 의해 결정되는 어떤 형태는 모양 맞추기 놀이에서 빠진 부분이 있는 것처럼 빠진 부분을 갖고 있습니다. 그런 형태를 지닌 원자는 빠진 부분을 채워 줄 수 있는 형태를 지닌 원자와 쉽게 결합해서 꽉 짜인 형태를 만들며, 그것이 분자입니다. 생명체를 이루는 거대한 분자를 보면 구조의 배치가 복잡하고 그런 분자가 수없이 많지요. 그러나 여전히 가능성은 제한되어 있답니다. DNA 분자에는 단지 어떤 특정한 배치만 존재하고 그 배치가 유전적으로 물려받는 특정한 성질을 결정하지요. 갇혀 있는 전자 파동으로부터 이것까지 알자면 먼 길이 되겠지만, 이제 그 문제를 너무 잘 이해하고 있기 때문에 생명의 문제도 이해하기 시작할 수 있을지도 모른답니다.

선배: 양자 역학에 대해 좀 더 듣고 수학에 관해서도 좀 살펴보고 싶군. 그런데 이제 너무 늦은 것 같구먼…….

후배: 가시기 전에, 문제를 풀 때 어떤 수학 과정을 따르는지 말씀드리고 싶습니다. 원자 물리에서 실제로 행해지고 있는 것을 말씀드림으로써 요약할 수 있을 것 같습니다.

양자 역학을 기술하는 데 몇 가지 유형이 존재합니다. 서로 다른 해석이라고 부를 수도 있겠지요. 그중 한 가지는 움직이는 물체에 대한 고전 역학과 닮았습니다. 다른 한 가지는 예전에 진동하는 현상을 기술하는 데 사용된 것과 비슷한 미분 방정식을 사용합니다. 그러나 양자 역학에서 사용되는 기호는 실제 입자나 또는 실제 파동을 지칭하지는 않습니다.

거의 대부분, 물리학자는 파동 형태를 사용합니다. 기본이 되는 것만 얘기하면 간단하지요. 우선 기초가 되는 미분 방정식이 있고, 이 방정식의 해답을 '파동 함수'라고 부릅니다. 예전과 마찬가지로, 실험으로 얻은 정보를 대표하고 '위치'라든지 '진동 수'로 분류된 성질을 알려 주는 숫자를 방정식에 대입합니다. 우리는 양자 영역에서는 그와 같은 분류가 제한된 의미 밖에는 지니지 못함을 알고 있지요. 우리가 얻은 실험 정보에는 측정하려는 것의 정보와 함께 측정의 효과에 대한 정보가 섞여 있는 것 역시 알지요. 방정식은 이 제한된 의미가 자동적으로 표현되도록 만들어져 있어요. 문제를 푸는 다음 단계를 설명해 드리면 제가 의미하는 것을 좀 더 분명히 아실 수 있을 것입니다.

방정식에 숫자를 대입했어요. 이 숫자는 초기 지식을 대표합니다. 그러고 나서는 예언을 만들고 그 예언을 시험해 보기 위해 미래에 일어나리라고 기대되는 것을 알려 주는 표시를 얻어야겠지요. 다시 한 번, 예전과 마찬가지로 물리 법칙을 적용하고 방정식을 풀어서 그 해답인 파동 함수를 얻습니다. 이 파동 함수가 실제 성질을 기술해 주는 것은 아니지만 특정한 실험 조건 아래서 그런 성질을 발견할 가능성을 알려 주지요. 그것은 어떤 것은 다른 것보다 일어날 가능성이 더 많은 서로 다른 각종 사건을 대표하지요. 확률이 정확한 정도는, 고려하고 있는 비슷한 경우의 수가 얼마나 많으냐에 따라서 결정됩니다.

선배: 고맙네, 후배. 이제 '작별 인사'를 할 시간이군. 솔직히 고백하면, 지금까지 서로 상반되는 것 사이의 요술 부림 같은 것이 나를 어지럽게 만들어서 어딘가에 좀 드러눕고 싶은 심정이네.

246

후배: 양자 물리에 대해서는 만일 어지럽게 느끼지 않는다면 전혀 그것을 이해하지 못한 것이라는 말을 자주 하지요. 그런데 선배님은 아직도 똑바른 자세를 취하고 계시니까 양자 역학이 형성된 직후에 일어난 어떤 일에 대해 더 말씀드리지요.간단히 끝낼게요. 전자가 움직이는 경로를 추적할 수 없다는 사실로부터 한 전자를 다른 전자와 구별할 수 없음을 알 수 있어요. 그렇다면 방정식은 이 구별할 수 없는 성질도 표현하고 있어야만 하지요. 즉 방정식의 절댓값에는 영향을 전혀 주지 않고 전자를 서로 바꾸어 놓을 수 있도록 방정식을 만들어야 됩니다. 기술적으로 그런 일은 방정식을 대칭으로 만들면 가능합니다. 그렇지만 방정식이 대칭성을 갖도록 강요하는 것은 그 방정식이 제공할 수 있는 답에 제한을 가함을 의미하지요. 그러면 "새 방정식에서 나오는 답이 우리의 지식과 일치하는가?"라고 물어볼 수 있는데, 이 질문에 대한 답은 틀림없이 "네"입니다. 그것은 대칭 형태의 방정식은 전자가 차지할 수 있는 에너지 상태를 제한하고 따라서 동일한 계의 어떤 두 전자도 같은 운동을 할 수 없다고 말할 수 있기 때문이지요.

선배: 그런데 그것이 바로 파울리의 배타 원리로군!

후배: 그렇답니다. 양자 역학이라는 것이 나오기 전부터 우리는 그 원리가 옳아야만 함을 알았지요. 이제 우리는 물리 세계에 대한 우리의 이해를 대표하는 수학으로부터 그 법칙이 논리적으로 유도되는 것을 알지요.

다음 장에서는 스펙트럼의 암호를 해독함으로써 양자 역학의 기초를 세운 베르너 하이젠베르크와 양자 역학에 기여한 다른 사람 중에서 몇 명을 소개할 것이다. 우리는 주로 좀 더 깊은 의미와 중요성이 이해되기 전에 이룩된 수학적 체계의 발전에 관심을 둘 것이다.

양자론의 발전은 상대론의 발전과 사뭇 대조적이다. 아인슈타인은 물리적 사건에 관계된 일반 원리부터 시작해 그 원리에서 논리적 결과를 끌어냈기 때문에, 그의 이론이 자연에 대해 말해 주는 것이 뭔지 그에게는 시작부터 아주 분명했다. 그렇지만, 양자론의 경우에는 수학적 기호를 많은 구체적 경우에 적용해 봄으로써 기반을 이루는 원리를 찾아내야만 했다. 다음 장의 다음 장에서 우리는 이 문제로 돌아오고, 이 장의 선배처럼 큰 크기 현상으로부터 익숙한 흔히 '상식'이라고 부르는 개념들 때문에 어려움을 당했던 실제 물리학자의 얘기로 돌아갈 것이다.

이제 하이젠베르크와 이 장에서 후배가 설명한 것을 아무도 이해하지 못했던 시대로 돌아오자. 이때는 양자 역학도 출현하지 않았고, 물질의 파동성을 보여 주는 실험도 아직 수행되지 않았으며, 플랑크 상수의 의미도 분명하지 못했을 뿐 아니라 아무도 왜 통계 규칙에 의존하는 것이 필요한지도 깨닫지 못했다.

한 가지가 눈에 띄게 분명했다. 논리적 추론이 실패한 것이다. 모든 다른 자연 현상에는 알맞은 것 같은 생각이 원자와 광자의 세계에는 적용될 수 없었다. 그러나 1924년에는 왜 그래야만 되는지 전혀 분명하지 못했다. 사람들은 "자연이 정말로 규칙을 따르지 않는가? 아니면 규칙을 잘못 적용한 것이 실패의 원인인가?"라는 질문을 항상 물어 보았다. 어떤 물리학자는 자신에게 더욱 심란한 의문을 던졌다. 그들은 "도대체 우리가 자연 중에서 항상 인간의 이해력을 혼란스럽게 만드는 부분까지 도달했다는 것이 가능한 일인가?"라고 경이로워했으며, "그것은 어쩌면 단순히 인간의 두뇌가 도저히 상상해 볼 수도 없는 그 무엇이란 말인가?"라고 알고 싶어 했다. 볼프강 파울리가 그의 친구에게 물리학은 "정말로 내게는 너무 벅차며 내가 영화 속의 광대나 또는 그와 비슷한 사람이고 물리학에 대해서는 아무것도 들은 적이 없었다면 얼마나 좋았을까"라고 말했을 때, 모르긴 하지만 아마 그와 같이 느끼고 있었음에 틀림없다.

이것은 '그 새벽'이 오기 바로 전의 일이었다. 새벽이 밝아오자, 갑자기 물리학은 또다시 쉬워졌고 사람들은 "이런 너무 간단하군, 왜 진작 이것을 생각하지 못했을까"라고 말할 수 있었다.

열 번째 마당

양자 역학의 탄생

> 과학의 역사에서 이처럼 짧은 기간 동안에
> 이처럼 소수의 사람에 의해서
> 많은 것이 분명해진 시대는 일찍이 거의 없었다.
> —Victor F. Weisskopf

"보어의 대응 기술을 '추측이 운 좋게도 맞아떨어진다면' 정확한 방법으로 바꿀 수 있을지도 모른다." 베르너 하이젠베르크는 1924년에 볼프강 파울리에게 보낸 편지에서 그렇게 말했다. 어린 나이에 이미 원자 모형을 의심한 적이 있었던 젊고 운동을 잘하는 독일 청년은 보어의 코펜하겐 연구소에서 일하고 있었다. 그는 역시 보어를 돕고 있는 한스 크레이머스와 함께 일했다. 크레이머스는 연구소에 가장 먼저 온 학생이었다. 하이젠베르크는 대응 기술을 어떻게 사용하는지 크레이머스에게 배웠다. 전에 얘기한 것처럼, 그것은 과학이라기보다는 예술에 더 가까웠다. 그것은 정확한 기호 형태로 표현될 수 없었으며 보어와 그의 동료들이 여러 가지 경우마다 그것을 어떻게 적용하는지 보면서 따라 배우는 수밖에 다른 도리가 없었다. 담대한 용기를 타고 난 하이젠베르크는 이 어려운 상황을 타개할 수 있을 방안을 제안했다. 그는 대응 기술이라는 예술을 일련의 논리적 추론으로 바꾸는 것이 가능하리라고 생각했다. 그 추론은 어느 경우에나 실험에 의해 발견한 사실과 정확히 일치하도록 인도할 것이다. 그런 논리적 방법이라면, 그런 정확한 도구라면, 숨겨진 원자 세계를 기술하지 못하란 법이 없을 터였다.

하이젠베르크는 '추측이 운 좋게 맞아떨어져서' 그런 도구를 발견할 수 있으면 하고 희망했다. 그는 설명하길 원하는 현상을 만들 수 있는 원자 구조를 상상하는 것으로부터 시작해 이 구조가 논리적으로 암시하는 것이 무엇인지 알아내고, 그것이 실제로 처음에 의도한 현상을 설명하기에 이르는지 살펴보는 방법을 택하지 않았다. 하이젠베르크의 원자 물리에 대한 지식은 막시밀리안 김나지움에 다니던 학생 시절보다 굉장히 더 많아졌지만 그러나 그러한 지식이 원자 모형에 대한 그의 믿음을 더 튼튼하게 만들어 주지는 못했다. 그는 보어의 원자 모형이 지닌 약점을 예리하게 인식하고 있었다. 원자에 불연속적인 에너지가 존재한다는 보어의 가설은 실제로 실험에 의해 증명된 것이지만, 그러나 보어의 양자 궤도가 존재한다는 증거는 전혀 없었다. 원자 안에서 전자가 움직이는 모양이 우리가 흔히 보는 큰 물체가 움직이는 것과 똑같은 방법으로 움직인다는 생각에 대한 증거도 없었다. 계측기나 안개상자를 사용하면 전자의 효과를 관찰할 수 있었지만, 이때 관찰된 전자는 원자 내부에 속박된 전자가 아니고 자유롭게 움직이는 전자였다.

하이젠베르크는 정확한 이론 체계를 세우면서 원자의 구조에 대한 어떤 가정도 피할 참이었다. 그는 오직 실험과 밀접하게 연관된 정보, 즉 '확인된' 자료만을 가지고 연구할 것이다. 대략 얘기한다면, 그의 추론은 다음과 같이 진행되었다.* 우리가 원자의 내부에 존재하는 전자에 대해 어떤 것도 확실하게 아는 것이 없지만 전자가 원자 밖에서 어떻게 행동하는지에 대해서는 매우 많은 증거를 갖고 있다. 우리는 가속된 전하(전자)는 항상 전자파 복사를 발생시킴을 알며, 이 복사의 진동수는 동작이 반복되는 '횟수'와 항상 같다(예를 들면, 라디오 안테나에서 전자가 왕복 운동하는 진동수는 안테나에서 발사되는 전자파의 진동수와 같다). 이 확인된 정보를 A안이라고 부르자.

이제 원자 내부에서 움직이는 전자는 가속된 전자이다. A안에 따르면, 그 전자가 전자파를 발생시킬 것이며 이때 전자파의 진동수는 전자가 원자 내부에서 반복 운동하는 진동수와 같을 것이다. 그러나 전자가 궤도를 따라 움직인다는 가정 아래 이 진동수를 계산하면 그때 얻은 결과는 옳지 않다. 즉 궤도 운동하는 진동수가 전자파의 진동수와 같지 않다. 이 사실을 해결하고 또 덩달아 다른 모순도 해결하려고 보어는 전자가 궤도들 사이를 뛰어넘는다는 생각을 고안했다. 그는 뛰어넘을 때 잃는 에너지가 방출된 복사의 진동수를 결정한다고 말했다. 가장 간단한 수소 원자의 경우에는 이것이 잘 들어맞았다. 그렇지만 뛰어넘기 에너지라는 제안은 궤도가 존재한다는 가정 뒤에야 성립한다. 궤도가 존재한다는 증거는 전혀 없지만 A안을 뒷받침해 주는 증거는 충분히 많다.

가설보다는 증거에 입각한 이론을 원한다면, 이 문제를 해결할 방도가 있다. 보어의 이론에 의한 예언이 A안과 유사한 경

* "그의 추론은 다음과 같이 진행되었을지도 모른다"라고 말하는 것이 더 정확한 표현이겠다. 우리는 하이젠베르크가 어떻게 접근했는지에 대한 대체적인 경향이나 그 접근 정신 이상을 설명하는 것처럼 보이지 않기를 바란다.

우가 존재한다. 그것은 전자가 원자핵으로부터 매우 멀리 위치할 때인데, 보어의 이론에 의하면 그 궤도는 대단히 크다. 그런 경우에 보어의 이론이 예언하는 뛰어넘기 에너지는 거의 0에 가까이 접근한다. 그리고 전자가 그렇게 큰 가상의 궤도를 돈다고 보고 진동수를 계산하면, 답이 옳게 나온다. 즉 궤도를 회전하는 진동수가 복사의 진동수와 같다. 이와 같이 보어가 발견한 고전적 생각과 양자적 생각이 일치하는 경계를 이루는 경우에, 즉 여기서는 전자가 원자로부터 거의 구속을 받지 않고 안개상자에서 관찰되도록 노출되었을 때와 매우 비슷하게 운동해야만 될 경우에, 우리는 이론을 세울 탄탄한 기반을 가지고 있다.

그러면 이 경우를 자세히 분석한다고 가정하자. 원자의 경계를 이루는 곳에서 발생하는 종류의 빛을 분류하고, '진동수가 X만으로 이루어진 순수한 빛의 양은 얼마이고 진동수가 Y만으로 이루어진 순수한 빛의 양은 얼마이다'라는 식으로 나열할 수 있다. 원자의 경계에서는 운동의 진동수와 복사의 진동수가 동일하므로 이와 같은 분류가 이 영역에서는 (원자의 먼 가장자리에서는) 전자의 운동을 대표하는 정확한 기호가 될 것이다. 이제 원자 내부에서의 운동은 어떻게 될지 알아내자. 보어가 원자의 외부로부터 내부로 가는 방법을 추론하는 것이 가능함을 대응 원리를 이용해 보여 주었기 때문에 위의 분류로부터 원자 내부의 운동을 대표하는 다른 것을 연역해 낼 수 있는 어떤 논리적 방법이 존재하지 않으면 안 된다. 그래서 이제 남은 것은 단지 적당한 논리적 수단을 찾아내는 일뿐이며, 우리는 이 수단이 옳다면 우리를 어디로 인도할지 이미 그 해답을 알기 때문에 그 일이 그렇게 어렵지는 않을 것이 틀림없다. 전자의 '확인된' 증거인 A안에 따르면, 이 방법이 원자의 실제 스펙트럼으로부터 밝혀진 진동수 분류로 우리를 곧장 인도해야만 한다.

만일 그렇게 할 수만 있다면, 즉 경계를 이루는 경우로부터 실험으로 관찰된 것과 같은 스펙트럼 전체 영역으로 논리적인 추론을 사용해 확장할 수만 있다면 스펙트럼의 암호를 깨는 데 성공할 것이다. 그것은 알려지지 않은 원자의 내부를 정확히 나타내는 이론을 발견한 셈이 될 것이다. 그런데 문제는 어떻게 그것을 해내느냐에 있다. 아마도 큰 크기의 문제에 적용되는 운동 법칙에서 실마리를 찾을 수 있을지도 모른다(여기가 바로 추측이 운 좋게 맞아떨어지기를 바라는 부분이다). 그런 물체의 운동 경로를 묘사하기 위해서는 어떤 한순간에 그 물체의 위치를 가리키는 양을 같은 순간에 그 물체의 운동량(질량×속도)을 대표하는 양과 곱한다. 어쩌면 분류된 진동수 중에서 한 가지를 다른 것으로 곱해 본다면…….

하이젠베르크가 진동수에 관한 각종 기호를 도입하고 이 기호들을 다루려고 만들어 낸 신기한 곱셈 규칙과 연관된 연구를 수행하다가 이 시점에 도착했을 때, 코펜하겐에 머물고 있지는 않았다. 보어와 함께 1년 동안 일한 뒤에 그는 독일의 괴팅겐 대학교에 재직하는 막스 보른(Max Born) 교수의 조교가 되었으며, 운 좋게 맞아떨어지는 추측을 한 장소가 바로 그곳이었다. 그의 생각을 자세히 완성하려면 시간이 많이 필요했다. 그렇게 할 수 있는 기회는 예기치 않게 찾아왔다. 1925년 봄 그는 건초열(乾草熱)에 걸려서 쉬지 않을 수 없었다. 헬리고랜드라고 불리는 북해의 한 섬에서 홀로 지내며, 깊이 생각하고 끊임없이 계산했으며 긴장를 풀려고 헬리고랜드의 높은 붉은 절벽을 오르곤 했다. 유월에 그는 괴팅겐으로 돌아와서 완성된 결과를 막스 보른에게 제출했다. 이것을 발표하려면 윗사람인 그의 허락을 받아야만 했다. 그와 동시에 하이젠베르크는 휴가를 얻어서 닐스 보어와 의논하기 위해 곧 코펜하겐으로 돌아왔다.

하이젠베르크는 아직 새 이론으로부터 원소에서 나오는 선 스펙트럼의 정체를 밝힐 수 없었다. 가장 좋은 조건 아래서도 그것을 알기 위해서는 막대한 양의 계산이 필요했다(컴퓨터가 도와준다고 하더라도 역시 그럴 것이었다). 그가 도입한 진동수의 분류가 이미 매우 복잡한 문제를 엄청나게 더 복잡하게 만들어 놓았다. 그럼에도 불구하고 그의 연구를 지지하는 다른 증거들도 나왔다. 보른은 그 연구의 중요성을 즉시 알아보고 논문을 발표하도록 허락했다.

그러나 보른은 분류된 한 가지 진동수를 다른 진동수로 곱하는 하이젠베르크의 방법 중에서 석연치 않은 점이 있었다. 그 방법이 눈에 매우 익어 보였는데, 어디서 그런 것을 봤을까? 보른은 나중에 그의 조교가 "매우 뛰어났지만, 너무 어렸고 아직 지식이 여러 분야에 걸쳐 해박하지는 못했다"라고 말했다. 그가 옛날에 이미 알려진 것을 다시 끄집어낸 것은 아닐까? 앞으로 알게 되겠지만, 그 대답은 보른의 과거에 있었다.

막스 보른이 하이젠베르크의 연구에 대해 골똘히 생각에 잠겨 있을 때 그는 괴팅겐 대학교에 속한 세 물리학과 가운데 한 곳의 과장으로 재직 중이었다(독일에서는 관습적으로 교수는 한 학과를 가져야만 했는데, 괴팅겐 대학교에는 세 명의 물리학 교수가 있으므로 물리학과도 세 개가 있었다). 그의 이론 연구는 그가 저술한 여러 권의 교과서와 함께 매우 유명했으며, 젊은 물리학자들이 보어 연구소로 모여들 듯이 괴팅겐 대학교로도 모여들었다. 파울리도 한때 그곳에서 잠시 공부했으며, 나중에는 조지 가모나 에드워드 텔러 그리고 로버트 오펜하이머 와 같은 저명한 물리학자도 그곳에서 공부했다. 그뿐 아니라 당시에 괴팅겐 대학교는 학문적으로 말해서 수학의 세계적인 중심지라고 간주되었기 때문에, 이름이 널리 알려진 수많은 수학자들이 모여들었다. 괴팅겐 대학교는 또한 안뜰에서 커피와 생크림을 파는 허물어진 성곽이라든지 숲속에서 교향악단이 연주하고 커다란 나무 밑에 단을 만들어 놓고 학생들이 동네 시골 처녀와 춤추는 등 주위의 전원 풍경으로도 유명했다.

그렇지만 물리학자들은 자주 괴팅겐 대학교를 비판하기도 했다. 어떤 사람들, 특히 닐스 보어와 가까운 사람들은, 물리를 순전히 기술적으로 다루는 것을 너무 강조한다고 말했다. 또한 독일의 학문 세계에서는 격식을 매우 따지기 때문에 제자가 원할 때마다 막스 보른과 물리에 대해서 개인적으로 토의하기란 쉽지 않았다.

보른은 변덕스럽고 충동적인 사람이며, 음악과 문학에도 뛰어난 소질을 지녔고 어떤 다른 것보다 이론 물리에 더 흥미를 느꼈다고 전해 내려온다. 그는 자기 생각을 반박받을 때는 거칠게 말한다고 알려졌지만, 그러나 나중에는 꼭 "…무례했던 것을 용서하세요…. 나는 뭐든지 다른 사람들의 것은 순순히 받아들이지 못하는 성격을 가졌어요. 그래서 처음에는 화를 내지만, 믿어 주세요, 만일 어떤 말이 옳다면 나중에라도 꼭 받아들이지요"라고 말하곤 하는 사람이었다.

왜 그는 1925년 봄에 하이젠베르크가 건네 준 연구 결과를 보고 망설였을까? 그것은 그로부터 이십 년 전 그가 브레슬러우 대학교에 다니던 학생 시절에 물리학과 학생으로서의 학문적 관심사에서 크게 벗어나는 많은 다른 과목에 대한 강의를 듣느라고 화학이나 동물학, 철학, 논리학, 천문학, 수학 강의실을 방문했기 때문이었다. 그중에서 한 강의는 행렬 대수를 다뤘는데, 당시에 보른은 별 관심을 두지 않았지만 여러 해가 지났더라도 그때 들었던 강의의 어렴풋한 잔영이 희미하게 떠올랐으며, 골똘히 집중해 생각해 보니 숫자를 가로와 세로로 같은 횟수만큼 나열한 행렬을 지배하는 몇 가지 정리를 기억해 낼 수 있었다. 그러자 하이젠베르크가 제안한 새로운 곱하기 이론에 대해 무엇이 그를 망설이게 만들었는지 알아냈다. 그 이론을 달리 표현하면 하이젠베르크가 분류한 진동수가 익숙한 사각형꼴, 즉 행렬의 형태로 나타나게 만드는 것이 가능했다. 뛰어나지만 아직 어리고 미숙한 하이젠베르크는, 자기도 모르는 사이에 그가 분류한 원자에 대한 자료를 이해하기 위해 필요한 수학적 도구인 행렬 대수에 관한 몇 가지 규칙을 재발견했다.

오래전에 발명된 수학의 한 형태가 새로 발견된 원자 세계를 기술하는 데 적합하다는 것은 놀라운 사실이었다. 보른은 일단 그것을 깨닫고 나자 즉시 그것을 사용할 수 있도록 만들었다. 우선 그는 행렬 대수를 공부했다. 그러고 나서 그의 가장 우수한 제자 중의 한 사람인 파스쿠알 요르단(Pascual Jordan)을 시켜서 하이젠베르크의 방법을 좀 더 광범위한 이론으로 바꿨다.

나중에 하이젠베르크도 이 연구에 합류했다.

그 형태로만 보면, 그들이 완성한 확장된 학설은 행성이라든지 또는 사람의 크기인 물질로 이루어진 입자와 같은 물체의 운동을 지배하는 법칙인 고전 역학을 닮았다. 그러나 고전 역학에서 나오는 기호를 부르는 용어는 '위치'라든지 '운동량' 그리고 다른 운동을 정의하는 양인 데 반해, 새 역학에서 나오는 기호는 하이젠베르크의 처음 생각에 맞게 원자에 관한 자료의 분류와 연관된다. 이렇게 수를 나열한 표에 행렬 대수의 방법을 적용하면, 고전 역학이 풀 수 있었던 문제는 어떤 것이나 모두 해결할 수 있을 뿐 아니라 고전 역학이 풀 수 없었던 원자에 관한 문제까지도 여러 가지 방법으로 해결할 수 있을 것이다. 아니면 적어도 이 새로운 행렬 역학은 그러한 일을 이룰 수 있도록 설계되었던 것이다. 그러나 실제로 (그리고 틀림없이) 의도한 대로 진행되어 옳은 이론이라고 믿을 수 있을지는 앞으로 밝혀질 것이다.

코펜하겐에서 하이젠베르크는 보른과 요르단이 연구한 초기 결과 중의 일부를 받아 보고 크게 당황했다. 괴팅겐에는 박식한 사람들이 많았으며 모두들 행렬, 행렬하고 떠들어댔는데, 하이젠베르크는 "…그렇지만 나는 심지어 행렬이 뭔지도 몰라요"라고 닐스 보어에게 하소연했다. 그래도 그는 어찌어찌해서 새 이론에 숙달했고, 그로부터 추론한 결과가 에너지 보존과 같은 알려진 물리 법칙과 일치함을 발견했다. 하이젠베르크는 "뉴턴 역학으로부터 얻은 예전 결과의 대부분을 새 이론에서도 역시 유도할 수 있다는 것이 참 이상한 경험이었다"라고 말했다. 그렇지만 새 이론이 예전 역학보다 더 넓게 성립할 것인가? 처음에는 새 이론에 의거해서 수소 원자의 스펙트럼을 계산하려는 시도가 모두 실패로 끝났기 때문에 하이젠베르크는 실망했다. 그런 다음에 놀랍고도 경탄스럽게도 단시일 내에 최근 발표된 복잡한 역학을 통달한 볼프강 파울리가 똑같은 것을 다시 계산했을 때, 자유 상태의 수소 원자에서 관찰된 스펙트럼을 재현할 수 있었을 뿐 아니라 그때까지는 무엇으로도 설명이 불가능했던 전기장과 자기장 아래 놓인 수소 원자가 만드는 스펙트럼까지도 다 해결할 수 있었다. 당연한 순서로 다른 원자들의 스펙트럼도 역시 모두 제대로 계산되었다. 그뿐 아니라, 하이젠베르크 자신은 행렬 역학의 도움으로 당시에 처음으로 '발견된' 수소 원자의 한 형태가 존재함을 예언함으로써 물질의 정체를 이해하게 되었음을 과시했다.

베르너 하이젠베르크는 대응 원리의 예술을 정확한 논리적 이론으로 바꾸는 데 성공했다. 그는 스펙트럼의 암호를 해독했다. 그리고 원자에서 나오는 특별한 종류의 빛이 원자 내부의 행동을 알려주는 암호가 될 수 있는 것과 꼭 마찬가지로 이 암호를 푼 행렬 역학도 원자의 정확한 형태를 말해 주어야만 한다. 보어와 파울리, 하이젠베르크, 보른 그리고 많은 다른 사람들이 그 의미를 배우기 위한 시도로 행렬 역학을 탐구했다.

그들이 행렬 역학을 미처 다 이해하기도 전에 새로운 예기치 않은 일이 일어났다. 1926년 봄 그들은 과학 잡지에 실린 논문 중에서 자기들 것과 다른 새 원자 역학에 관한 논문을 발견하고 깜짝 놀랐다. 하이젠베르크와 그의 동료들이 창조해 낸 것과 마찬가지로, 새 원자 역학도 고전 역학의 결과를 포함할 뿐 아니라 원자의 스펙트럼을 설명하도록 더 확장된 논리적으로 통합된 이론이었다. 그러나 오스트리아 태생의 어윈 슈뢰딩거(Erwin Schrddinger)에 의해서 제안된 이 역학은 행렬 대수를 채용하지 않았다. 슈뢰딩거는 과거에 진동하는 현상, 즉 파동을 기술하기 위해 발전된 완전히 다른 수학 형태를 사용했다. 이제 하나는 파동 역학이고 다른 하나는 입자 역학인 두 가지의* 완전히 다른 학설이 존재했다(또는 그렇게 보였다). 두 가지가 모두 논리적으로 모순이 없었으며 또한 관찰된 사실과 부합하는 결과를 가져왔다. 물리학자들은 당황했다. 어느 것이 진실을 말하는가? 마지막에는 그들이 두 가지 모두 진실이며 두 이론의 언어를 모두 상대 이론의 언어로 옮길 수도 있음을 깨달았다. 그 두 이론은 같은 것을 다르게 표현했을 뿐이었다. 이 문제는 슈뢰딩거가 파동 역학을 세우기까지 일어났던 사건을 간단히 요약한 후에 다시 살펴보자.

이 학설의 발전은 어떤 의미로 행렬 역학의 발전과 평행을 이루며 발전했다. 이 학설에서 하이젠베르크와 닮은 역할을 해낸 왕자이며 물리학자인 루이 빅토어 드 브로이(Louis-Victor de Broglie)로부터 핵심이 되는 아이디어가 먼저 나왔다. 그러자 슈뢰딩거가 드 브로이의 생각을 받아서 마치 요르단과 보른이 하이젠베르크의 생각을 확장한 것처럼, 그것을 넓히고 조정해 훨씬 더 광범위하게 성립하는 이론을 만들었다.

그러나 이 두 가지 형태의 역학이 발달된 과정을 살펴보면 또한 놀랄 만큼 대조적이다. 암호를 해독하기 위한 하이젠베르

---

* 엄격히 말한다면 세 가지다. 이 장의 뒷부분에서 설명되겠지만, 어떤 다른 사람이 하이젠베르크와 동료들이 개발했던 것과 비슷한 입자 형태의 역학을 발전시켰다.

260

크의 접근 방법은 경험적이고 담대했다. 모형을 거부하고 '확인된' 실험 자료와 연관될 수 없는 모든 가정을 거부하고서, 그는 사실만이 인도하는 곳을 찾아서 새로운 분야로 힘차게 나아갔다. 그의 접근 방법은 다음과 같은 엔진 발명가의 말로 극명하게 간추릴 수 있다. "우선 먼저 엔진을 켜 봐. 그리고 나서 왜 가지 않는지 알아보자."

반면에 슈뢰딩거와 드 브로이는 원자에 대한 묘사를 의도적으로 거부하지는 않았다. 막스 플랑크가 그랬던 것처럼 그들도 고전적 생각으로 이루어진 일반 학설 안에서 원자 영역을 설명하는 것이 가능하리라고 믿었다.

드 브로이는 그가 파동 역학에까지 이르게 된 생각을 처음 제안했을 때는 그것이 어떤 결과를 가져올지 충분히 깨닫지 못했다고 말하고, 자신을 묘사하면서 다음과 같이 기술했다.

…새로운 학설의 기초를 이루는 생각을 내놓는 사람은 흔히 처음에는 그것이 가져올 결과를 모두 다 깨닫지는 못한다. 개인적인 직관으로 인도되거나 수학적 유사성에 기인한 숨은 힘에 강요되어 거의 자신도 모르게, 마지막 목적지가 어디인지도 모르는 길을 따라서 실려 간다.

그는 1차 세계 대전에 참가하고 나서 물리를 공부하러 다시 돌아왔을 때 이 길을 택했다.

그의 이름에 딸린 칭호가 말해 주듯이, 루이 빅토어 드 브로이는 매우 전통이 깊은 프랑스 귀족 집안에서 태어났다. 드 브로이는 프랑스에서 출생했으며 그곳에서 교육을 받았고(프랑스에서는 학생이 유럽의 다른 나라 대학교에서 공부하지 않는 것이 관습이었다) 박사 학위를 받은 뒤에는 역시 프랑스에서 가르쳤다. 심지어 군 복무 중에도 프랑스를 벗어나지 않았는데, 실제로

ULLSTEIN

(위) 1962년의 막스 보른. 그에게 노벨상을 안겨 준 양자 이론을 완성하
고 나서 오랜 세월이 흐른 뒤이다. 그러나 노벨상을 받은 지 그렇
게 오래 되지 않았다. 그가 노벨상을 받은 것은 1954년이었다
(아래) 루이 빅토어 드 브로이. 전자의 파동성을 발견한 공로로 1929년
노벨 물리학상을 받았다

대부분의 군대 생활을 전신국이 설치된 에펠탑에서 보냈다.

그가 물리학에 중요한 공헌을 하게 된 박사 학위 논문에 대한 아이디어를 고른 때는 그가 서른한 살이었던 1923년 봄이었다. 그 한 해 동안 드 브로이는 미국인 아더 홀리 콤프턴(Arthur Holley Compton)에 의해 수행된 어떤 실험에 대해 읽었다. 파장이 짧은 빛(X-선)을 조사하면서, 콤프턴은 이론과 측정 사이에 미세하지만 심각한 불일치에 주목했다. 파동 이론에 따르면, 한 줄기의 빛이 장애물에 부딪쳐 산란되면 그 산란된 빛의 파장은 원래 빛의 파장과 같아야 한다. 이것은 울퉁불퉁한 길을 덜컹거리며 달리는 자동차의 경우와 근본적으로 다를 것이 하나도 없는 과정이라고 여겨졌다. 그 경우에, 자동차에 타고 있는 사람은 자동차가 덜컹거리는 것과 같은 율동으로 움직일 것이다. 그렇지만 콤프턴의 측정에 따르면, X-선이 가벼운 물질(그는 파라핀을 사용했음)에 의해 산란되면 어떤 경우에는 산란된 빛의 파장이 더 길어졌다.

이 측정 결과를 고전적인 파동 이론을 따라 이해하는 것은 불가능했지만, 콤프턴은 만일 빛 양자에 대한 아인슈타인의 이론을 적용하고 X-선의 산란을 광자와 원자 사이의 충돌로 취급한다면 그가 측정한 것을 매우 잘 설명할 수 있음을 발견했다(빛의 '콤프턴 효과'라고 부르는 이 발견으로 그는 나중에 노벨상을 받았다).

이 실험이 있기 몇 해 전에, R. A. 밀리컨(R. A. Millikan)이 광전 효과에 대해 조심스럽게 조사한 결과를 발표했는데, 그 모두가 다 아인슈타인의 예언과 정확히 일치했다. 이제 오로지 아인슈타인의 광자를 가정한 뒤에야 설명할 수 있는 또 다른 효과인 새로운 과정을 콤프턴이 발견함으로써 광자에 대한 생각이 덜 무모한 것처럼 보이기 시작했다. 물리학자는 빛이 이미 알려진 파동 같은 측면과 함께 논리적으로 모순되는 성질도 포함하고 있다고 믿기 시작했다. 그리고 드 브로이는 콤프턴이 발견한 것을 되풀이해 깊이 생각해 본 끝에 다음과 같은 옳은 질문을 한 사람이었다. "물질도 또한 이중(二重)의 성질을 갖는 것이 가능하지 않을까?"

만일 그것이 사실이라면, 만일 수소 원자란 원자핵에 의해 제한된 경계 안에 포함된 전자 파동이라면, 그 파동은 제한된 수만큼의 형태만을 지닐 수 있을 것이었다. 그렇다면 원자는 단지 정해진 에너지만을 가질 수 있었다. 이와 같이 드 브로이는 원자의 행동을 파동에 대해 알려진 것에 근거해서, 즉 한 가지 모형에 근거해서 설명할 수 있는 가능성을 바라보았다. 그가 이 계획을 자세히 수행하려고 시도할 때면 늘 어려움에 부딪치곤 했는데, 이 책의 독자라면 지금까지 논의된 모형들이 얼마나 제한되었는지 비추어 볼 때 그것이 그리 크게 놀랄 만한 일은 아닐 것이다. 또한 드 브로이의 파동에 대한 생각을 사용해 어윈 슈뢰딩거는 드 브로이가 실패했던 것을 성공했고, 그 성공은 원자에 대한 묘사를 희생해 이루어졌다는 사실에도 별로 놀라지 않을 것이다.

역사적으로는 알버트 아인슈타인이 슈뢰딩거와 드 브로이의 연구를 서로 연결시켰다. 그 프랑스 사람의 생각이 박사 논문으로 발표됐을 때 이 논문을 우연히 보게 된 몇 명 안 되는 사람 중에 아인슈타인이 끼어 있었다. 이 논문에는 아인슈타인이 빛의 경우에 도입한 파동과 입자의 이중성이 물질에까지 확장되어 있었다. 드 브로이의 생각은 아인슈타인 자신의 생각과 매우 가까웠다. 빛과 기체의 성질을 비교해 조사해 본 아인슈타인은 드 브로이가 발견한 것과 매우 흡사한 생각에까지 도달해 있었다. 조금도 지체하지 않고 아인슈타인은 한 논문을 발표했는데, 그곳에서 그는 드 브로이의 연구 결과에 주목할 것을 요청하고 아주 강력한 방법으로 그 결과를 다시 기술한 다음 그것을 지지하는 논증을 제공했다. "당시의 과학계는 아인슈타인의 말 한마디 한마디에 좌지우지되었다. 그의 논문이 아니었다면 나의 박사 학위 논문은 한참 뒤까지 인정을 받지 못했을 것이다"라고 드 브로이가 말했다.

그때 취리히 대학교에서 강의하던 슈뢰딩거는 아인슈타인의 논문으로부터 드 브로이의 연구에 대해 알게 되고 그 뒤에 파동 방정식의 형태를 발명하면서 슈뢰딩거는 파동 역학이라는 일반적인 이론을 처음으로 만들었다. 1926년에 발표된 그의 첫 번째 논문에서 슈뢰딩거는 수소 원자의 스펙트럼이 그의 파동 역학으로부터 유도될 수 있음을 보였고, 그 논문이 바로 물리학자들을 놀라게 만든 논문이었다. 원자의 행동을 그렇게도 성공적으로 설명한 파동이란 대체 무엇인가? 전자가 어떻게 파동이면서 동시에 입자일 수 있을까? 물질이 파동이라는 생각을 뒷받침해 주는 실험적 증거는 아직 하나도 없었다. 빛이 입자의 성질을 지닐지도 모른다고 가정하는 논문을 아인슈타인이 발표할 때는 인용할 실험이 한 가지라도 있었지만, 물질이 파동성을 지녔다는 개념을 뒷받침하기 위해서는 드 브로이나 슈뢰딩거가 인용할 수 있는 관측은 전혀 없었다. 이 생각이 이론적으로 충분히 발전된 뒤에야 비로소 실험으로 확인되었다.

첫 번째 증거는, 이상스럽게도 그런 증거를 찾고 있지도 않던 한 실험 학자에 의해서 발견되었다. 그는 미국인 클린턴 데이비슨(Clinton Davisson)이었다. 드 브로이의 생각에 대해서는 들어보지도 못한 데이비슨은 그가 수행한 어떤 실험의 결과를 설명할 수 없었다. 뉴욕에서 데이비슨이 이 문제에 대해 연구하고 있었던 같은 시기에, 스코틀랜드의 애버딘에서는 다른 실험학자 한 사람도 같은 문제를 조사하고 있었다. 두 사람 모두 다른 사람이 같은 일을 연구하고 있음을 알지 못했다. 스코틀랜드에서 연구하던 실험학자는 바로 러더퍼드의 친구인 J. J. 톰슨의 아들 조지 톰슨이었는데, 그는 드 브로이의 가설에 대해 듣고 나서 그것을 시험해 볼 실험을 장치했다. 그는 자신이 찾는 것이 무엇인지 정확히 알고 있었다. 드 브로이에 의하면 전자의 파장은 그 질량과 움직이는 속도에 비례했다. 드 브로이가 발견한 방정식은

$$\text{파장} = \frac{\text{플랑크 상수}}{\text{운동량}(\text{질량} \times \text{속도})}$$

였다.

이 가설이 옳은지 시험해 보기 위해서는 (만일 논란이 되고 있는 파동성이 실제로 존재한다면) 전자 선속을 간섭무늬가 만들어질 수 있도록 어떤 틈새를 통과시켜 휘게(회절하게) 할 필요가 있었다. 드 브로이의 방정식에 의하면 전자에 속한 파장은, 비교적 느린 빠르기로 달릴지라도 원자의 크기 정도로 지극히 짧다고 계산되었다. 그러므로 회절 장치가 원자 정도의 크기를 갖지 않으면 안 된다(역자 주: 파동의 특징인 간섭이나 회절이 선명하게 나타나려면, 장애물에 뚫은 틈새 사이의 간격이 그 파동의 파장

266

정도인 경우가 가장 이상적임). 조지 톰슨은 원자들이 결정 구조로 이루어진 금속을 얇은 막 모양으로 잘라 사용했다. 금속 막에는 결정을 형성하는 원자가 평행선을 따라 정렬된 듯이 놓였기 때문에 인공적으로 만들기는 도저히 불가능할 정도로 틈새가 좁은 회절격자(역자 주: 파동이 회절을 일으키도록 만든 장애물)로서의 성능을 발휘할 수 있다. 톰슨이 빠르기를 조절할 수 있는 전자를 결정체인 회절격자를 통과시켜 건너편에 놓인 감광판으로 보냈을 때, 그는 비슷한 조건 아래서 짧은 파장의 빛이 만든 것과 거의 정확하게 동일한 모양인 규칙적인 무늬를 얻었다. 그는 이 무늬로부터 전자의 파장을 알아낼 수 있었다. 그것은 드 브로이가 예언한 파장의 크기와 정확히 같았다.

　조지 톰슨의 아버지는 전자의 질량과 전하를 최초로 측정한 사람이었다. 이제 그의 아들이 전자의 파장을 측정했다. 데이비슨은 비슷한 결과를 서너 달 더 먼저 얻었다. 그는 그때 오늘날 벨 전화 주식회사라고 부르는 곳에 속한 실험실에서 일하면서 천천히 움직이는 전자 선속이 여러 가지 다른 금속의 표면에 부딪치면 어떻게 산란하는지에 대해 실험하고 있었다. 그것은 순수 과학 또는 오늘날 '기초 연구'라고 부르는 분야의 문제였으며, 데이비슨은 이 문제를 스스로 선택했다. 그는 예외적으로 뛰어난 재능을 지닌 실험학자였으며 산업체에서 좀처럼 기초 연구를 지원하지 않던 시절에 회사에서 그에게는 연구하는 데 상당한 자유를 허용했다.

　1925년 행운을 안겨 준 사고가 우연히 발생했을 때 데이비슨의 연구는 이미 여러 해 동안 계속되던 중이었다. 그는 얇은 니켈 종이에 전자 선속을 보내 만든 산란무늬를 조사하고 있었는데 사용하던 니켈 시료의 표면이 어쩌다가 잘못되어 산화되어 버리고 말았다. 그 표면을 원래대로 만들려면 시료를 뜨겁게 달구어야만 했는데, 그 과정에서 너무 뜨거운 바람에 표면의 원자들이 변형되어 몇 개의 큰 결정체를 형성했다. 그러므로 실험을 다시 시작하고 니켈 과녁에 다른 전자 선속을 보냈는데 효과적으로 조잡한 결정체 회절격자를 통과시킨 셈이 되었다. 어떤 면에서, 데이비슨은 그보다 더 나중에 독립적으로 톰슨이 의도적으로 수행한 것과 동일한 실험을 하게 된 것이었다.

매우 훌륭한 조건 아래서 연구하고 있었던 데이비슨은 믿을 수 없을 만큼 환상적인 매우 선명한 실험 결과를 얻었다. 데이비슨은 그 이전에 드 브로이의 가설에 대해 전혀 들어본 적이 없었다. 그가 알고 있기로는, 수많은 입자를 가지고 실험하면서 장애물을 향해 입자를 쏘았더니 보통 기대할 수 있는 것처럼 가능한 모든 방향을 향해 산란되지 않고 눈에 띄는 몇 가지 방향으로만 산란한다는 것뿐이었다. 데이비슨은 예기치 않은 실패가 나오면…그런 일관된 결과는 일생에 한두 번 올까 말까 한 중요한 발견감을 품고 있을지도 모른다는 가능성을 주시하는 데 게을리하지 않았다. 그는 실험 결과를 진지하게 받아들이고, 벌어진 일을 설명하려고 이 이론 저 이론을 모두 사용했다. 유럽의 물리학자에게도 자문을 구한 뒤에 마침내 그는 드 브로이의 가설에 대해 듣게 되었다. 그러고 나서 개선된 기술과 레스터 저머(Lester Germer)의 도움을 받으면서, 그는 같은 종류의 실험을 반복해 드 브로이의 가설과 뛰어나게 일치하는 결과를 얻었다.

최근에 한 물리학자는 심지어 오늘날에도 데이비슨의 실험을 그대로 반복하기는 매우 어렵다고 말했다. 그는 그 실험이 "실험 기술의 개가"라고 치켜세웠다. 여기서 이 말을 한 물리학자는 조지 톰슨이다. 그는 데이비슨의 연구가 출판되자, 데이비슨은 물론이고 1927년 이후에 데이비슨이 이룬 연구 업적에 대해서도 알게 되었다. 데이비슨은 "드물게 매력적이며 기껏해야 한두 명의 다른 사람과 함께 일할 뿐 거의 대부분의 실험을 혼자서 직접 수행하는 독립적인 사람"이라고 톰슨이 말했다. 그리고 그는 "주로 예기치 않은 순간에 사람을 즐겁게 해주는 은근한 재미로 가득 찬 사람이다"라고 덧붙였다.

조지 톰슨과 클린턴 데이비슨의 실험은 전자의 파동성을 분명하게 보여 줬다(그 공로로 그들은 1937년 노벨 물리학상을 공동으로 받았다). 뒤따른 나중 실험에 의해서 양성자나 원자가(어떤 조건 아래서는 심지어 분자까지도) 마치 드 브로이가 '물질파'라고 이름 붙인, 그리고 다른 물리학자들은 '드 브로이 파'라고 부른 것과 동일하게 행동함이 밝혀질 것이었다. 그러나 한 번 더 말하지만 이 모든 실험이 수행된 것은 그 결과를 설명해 줄 이론이 먼저 수학적으로 완전하게 완성되고 심지어 그 수학적 표현이 모두 다 이해된 뒤였다. 그 의미가 어떻게 발견되었는지 설명하기 전에 양자 역학을 위한 수학적 이론 체계가 어떻게 발전되었는지 먼저 마무리 짓자. 그것은 양자 역학의 발전에 주된 공헌을 한 폴 디랙(Paul Dirac)이라는 이름이 이 장에서 아직 나오지 않았기 때문이다.

디랙의 연구는 항상 예외 없이 추상적이었으며, 디랙의 견해로는 마땅히 그래야만 했다. 그는 추상적인 기호를 사실과 연

ULLSTEIN

폴 디랙이 서른한 살 때 찍은 사진. 이것은 한때 아이작 뉴턴에게 주어졌던 케임브리지 대학교 수학과의 루카시안(Lycasian) 교수가 되기 일 년 전이었다

결 지으면 이론 물리학자의 임무는 다 마친 것이라고 생각했다. 그의 생각으로는 이 기호들의 의미가 무엇인지 알아보는 것은 물리학자의 일이 아닌 철학에 관계된 일이라고 봤으며 그런 일은 그의 흥미를 별로 끌지 못했다. 그는 한때 "모형을 만든다든지 상상으로 머릿속에 그려 보는 것은 절대 금물"이라고 어윈 슈뢰딩거에게 경고한 적도 있었다.

디랙은 혼자서 연구했다. 비록 보어 연구소에서 잠시 동안 공부했지만, 끝없이 계속되는 그룹 토의에도 가끔 참석했다. 실제로 그는 별로 발표하지도 않았다. 디랙은 아무도 없는 교실에서 아무것도 하지 않으면서 그저 혼자 앉아 있곤 했다. 한 번은 그곳에서 무엇을 하는지 설명해 달라는 물음을 받고 "그냥 열심히 생각하는 중"이라고 대답했다. 디랙을 훔쳐보고 있는 사람이 끈질기게 기다린다면 마침내 뭔가를 쓰는 디랙을 볼 수도 있다. 그러나 그때면 그의 연구는 이미 다 끝난 뒤다. 그는 그때 단순히 결과를 옮겨 적고 있을 따름이다.

물리학자들은 그의 결과가 거의 항상 처음부터 옳았고 또한 놀랄 만큼 간결하고 창의적이었다고 말했다. 그들이 디랙의 추론 과정을 뜻하는 그의 표현법을 칭찬하면서 한 말이었다.

비록 그의 결과가 고급 수학 용어로 표현되었을지라도, 있는 그대로 물리의 속과 겉을 나타내 보이기 때문에 그 표현법을 힐끔 보고 대강 이해하기 위해서는 그 용어를 다 아는 것이 꼭 필요하지는 않았다. 그것은 디랙이 말한 있는 그대로 자명했다. "마지막 결과가 뭔지 알기까지는 한 줄도 쓰기를 시작해서는 안 된다"라고 그는 말했다. 그가 무엇인가 말하는 무척 드문 경우에도, 그는 최대한 간결하게 자신을 표현하려고 애썼다. 예를 들면, 그가 활자로 발표하기를 원하지 않는 어떤 과학 문제에 대해 '어떤 형태로든 출판이 불가함'이라고 적는 것이 어떻겠느냐고 물었을 때, 디랙은 만족스럽지 못한 표정을 지었다. 그 구절에서 무엇이 잘못되었느냐고 물었을 때, 그는 "어떤 형태로든이라는 부분은 필요하지 않다"고 말했다.

디랙의 관점에서는 심지어 "그렇다"나 또는 "아니다" 등도 너무 수다스러울 수가 있었다. 한번은 차를 대접받게 되었을 때 설탕을 넣겠느냐는 물음을 받았다. 그는 "네"라고 대답한 다음에 "그러면 몇 덩어리 넣으시겠어요?"라는 물음이 뒤따르자 깜짝 놀랐다. 그는 그렇게 물어 보는 것이 필요하지 않다고 생각했다. 설탕은 각설탕이었는데 그 각설탕은 모두 정해진 같은 크기로 만들어져 있었다. 그래서 설탕 한 덩어리가 바로 얼마만큼인지 그 양을 알려 주는 정의였다. 그가 설탕을 넣겠다는 뜻으로 "네"라고 대답했을 때, 그것은 한 덩어리를 넣겠다는 것 말고는 다른 뜻을 의미할 수 없었다.

그 자리에서 디랙과 차를 마시며 능청스런 질문으로 설탕에 대한 그의 견해를 알 수 있었던 물리학자들은 무척 기뻤다. 그들은 그에게서 물리학에 대한 연구로부터 알았던 것과 똑같은 사고 방법을 발견했던 것이다.

슈뢰딩거가 그랬던 것처럼, 그리고 하이젠베르크와 그의 동료들이 그랬던 것처럼 디랙도 또한 다른 사람과는 독립적으로 혼자서 원자를 다루는 새로운 역학을 만들었다. 그는 (자신이 태어난 나라인) 영국에서 이것을 완성했으며, 그때 그의 나이는 불과 스물세 살이었다. 그의 연구는 보른과 요르단의 연구가 그랬던 것과 마찬가지로 하이젠베르크의 아이디어로부터 영향을 받아 비롯되었다. 그러나 보른과 요르단은 상당한 양의 예비 연구를 거친 뒤에야 비로소 핵심이 되는 계기를 찾았지만, 디랙은 실질적으로 즉시 그것을 깨달았다. 하이젠베르크의 이론에서 진동수의 분류는 고전 역학에서 p와 q라는 문자로 대표되는 양인 위치와 운동량 같은 역학적인 양으로 대치된다. 그리고 하이젠베르크의 이론에 의하면 p와 q의 곱은 q와 p의 곱

272

과 같지 않다. 고전 역학이나 보통 셈 계산에서와는 달리 두 양이 곱해지는 순서가 곱한 결과에 영향을 미친다. 디랙은 다음과 같이 추론했다. 하이젠베르크의 규칙이 원자를 지배하는 아직 모르는 법칙과 고전 법칙 사이에 한 가지 근본적인 차이를 알려 준다고 가정하자. 그런 경우에 만일 p×q와 q×p 사이의 차이를 알고 만일 그 차이가 항상 같다면, 고전 역학에 속한 어떤 식이든지 원자에서 성립하는 대응된 식으로 변환시키는 것은 쉬운 일일 것이다.

이것을 염두에 두고 디랙은 이 목적에 알맞게 만들 수 있는 이미 알려진 수학 기술이 없는지 찾아보았다. 그는 곧 원하는 것을 발견했는데, 그것은 푸아송 괄호(Poisson Bracket)라고 부르는 것이었으며, 그 기술을 하이젠베르크의 이론에 적용해 p×q와 q×p 사이의 차이를 정확하게 계산할 수 있었으며, 실제로 이 차이는 항상 동일함을 발견했다. 그는 목표에 도달했다. 푸아송 괄호를 사용하면 어떤 고전 방정식이든지 그에 대응하는 양자 방정식으로 바꿔 쓰는 것이 가능했다. 그렇게 해서 옛날 것과 구조적으로 일관된 새 역학이 디랙에 의해서 단번에 만들어졌다.

위에서 언급된 p×q와 q×p 사이의 차이는 플랑크 상수에 의해 정해진다. 큰 크기의 (또는 수많은 원자의) 문제를 풀기 위해 디랙의 역학이 사용되면, p와 q는 엄청나게 큰 양일 것이다. 그래서 h의 값은 상대적으로 영에 가까워지며 p×q의 값은 고전 역학에서와 마찬가지로 q×p와 같다고 놓을 수 있다. 다른 말로 표현하면, 디랙이 만든 양자 역학에는, 다른 사람들이 만든 것에서와 마찬가지로 뉴턴 역학이 한 가지 특별한 경우로 포함된다.

디랙의 생각이 발표되기 바로 직전에, 보른과 요르단은 (하이젠베르크와 편지를 통해 공동으로 연구하며) 디랙과 같은 생각에 도달했다. 디랙의 논문보다 더 먼저 발표된 그들의 첫 번째 논문은 행렬 대수를 사용하는 방법을 발전시켰으며, 그때 푸아송 괄호가 아니고 또 다른 방법을 사용해 그들 또한 $p \times q$와 $q \times p$ 사이의 차이를 발견했으며, 그 차이를 앎으로써 그들도 통합된 이론인 행렬 역학을 완성할 수 있었다. 이와 같이 보른과 그의 동료들 그리고 디랙은 거의 같은 시기에 같은 생각을 가졌으며, 그 뒤를 이어 얼마 오래 지나지 않아서 세 번째 형태인 슈뢰딩거의 파동 역학이 나왔는데 이것도 다른 두 형태와는 독립적으로 슈뢰딩거가 혼자서 발전시킨 것이다.

이제 서로 다른 세 형태를 창안한 사람들이 파울리를 필두로 한 다른 이론 물리학자와 함께 자신들이 만든 것뿐 아니라 다른 사람들이 만든 것까지 완벽하게 보완하고 실제 문제의 풀이에 적용하며 어떤 한 형태에서 나오는 기호를 나타내는 용어든지 다른 형태에서 나오는 것으로 바꾸어 표현할 수 있음을 보이는 열광적인 기간이 뒤따랐다. 예를 들면, 두 가지 형태의 입자 역학에서 근간이 되는 하이젠베르크의 곱셈 규칙은 슈뢰딩거의 파동 역학에도 또한 내포되어 있음이 밝혀졌다. 세 가지의 서로 다른 그러나 또한 서로 동등한 방식들은 '양자 역학'이라는 일반 명칭으로 알려지게 되었다. 이 세 가지 중에서 물리학자들은 슈뢰딩거의 것이 사용하기에 가장 편리함을 발견했다. 디랙은 슈뢰딩거의 양자 역학에 변화를 도입했다. 특수 상대론의 개념을 사용해, 그는 슈뢰딩거의 파동 방정식을 약간 다른 형태로 나타냈다. 이렇게 만들어진 새 방정식은 전자가 '스핀'*이라고 부르는 것을 지녀야 함을 암시했는데, 디랙이 스핀 때문에 처음부터 그 방정식을 설계한 것은 아니었다. 그리고 전자가 바로 그런 스핀을 지녀야만 된다는 증거가 이미 실험으로 나와 있었다. 그러나 상대론적 파동 방정식은 그것 말고도 다른 것도 또한 암시했다. 즉 전자는 (그리고 그 방정식이 모든 입자를 다 기술했으므로 다른 소립자 역시) 쌍으로 존재하는데, 소립자는 모두 각자 자기와 스핀과 질량은 같지만 전하의 부호가 반대인 쌍둥이 '반입자'를 갖는다. 디랙의 공식이 이런 결과를 암시했기 때문에 (양전하를 띤 전자, 즉 양전자가 발견되기까지는, 그리고 다른 소립자의 반입자도 존재함이 하나씩 하나씩 연달아 확인되기 전까지는) 처음에 사람들이 그 공식이 옳을 것이라고 진지하게 받아들이지 않았다. 물질에 대한 수학적 이론을 더 개선시킨 것은 물론이고, 디랙은 양자 역학과 짝을 이루는 복사에 대한 양자 이론도 내놓았다.

양자 역학의 도구가 어떻게 형성되었는지를 말로 대강 묘사하기를 이제 끝내고, 양자 역학의 의미를 훑어보며 수학을 해석하고 양자 역학이 원자를 어떻게 기술하는지 배우려는 슈뢰딩거와 보어 그리고 하이젠베르크의 각별한 노력이 어떠했는지 살펴보자. 그들이 어떤 이해에 도달했는지는 이미 선배와 후배 사이의 대화로 소개했다. 이제는 실제 물리학자들이 어떻게 그런 이해에 이르게 되었는지 살펴볼 것이다. 그다음 장에서는 끝으로 알버트 아인슈타인에게로 다시 돌아와서, 그가 독일로

---

* '스핀'이란 용어는 전자가 입자라고 여겨질 수 있는 실험 조건 아래서 의미를 지닌다.

가기로 결정한 다음에 무슨 일이 일어났는지 그리고 양자 역학에 대한 새로운 해석을 그가 어떻게 받아들였는지 알아보자.

양자 역학의 해석

우리는 자네가 생각하는 것보다
훨씬 더 많은 점에서 같은 의견을 갖고 있네.
　　　　　　　　　　　　　—Niels Bohr

코펜하겐에서 닐스 보어는 오스트리아 태생의 물리학자인 어윈 슈뢰딩거가 파동 역학을 소개한 첫 번째 논문을 공부하고 나서 어안이 벙벙했다. 파동 현상을 기술하는 데 사용된 것과 비슷한 미분 방정식을 가지고 슈뢰딩거는 원자 스펙트럼을 해독할 수 있었다! 그는 양자 규칙을 끌어들여서 고전 역학을 제한하지도 않고서 (즉 고전 역학과 모순되지도 않는 방법으로) 원자의 불연속된 에너지를 설명할 수 있었다. 도대체 파동 방정식이 의미하는 것이 무엇일까? 슈뢰딩거는 파동 방정식이 실제로 우리가 흔히 접하는 파동 현상과 연관되며 그런 기반 위에서 양자론에 나오는 모든 모순을 해결할 수 있다고 생각하는 듯 보였다. 그는 진정으로 그럴 것이라고 믿을까?

보어는 그가 진정으로 그렇게 믿는다는 것을 곧 알게 되었다. 끈질기고 한 가지에 몰두하는 성격인 오스트리아 태생의 물리학자는 오랫동안 바로 그런 해결책을 모색하고 있었다. 그가 한때 "고전 물리학이라는 교향악에서 엄청난 불협화음"이라고 불렀던 것을 제거하는 일이 그의 원대하고 열정적인 바람이었으며 이 모든 것의 원인은 에너지 양자라는 개념 때문이었다. 플랑크는 고전 역학이 제공하는 풀이의 수가 무한히 많은 것을 제한하고, 검은 물체 복사에서 나오는 특정한 에너지 분포를 설명하기 위해 그 개념을 사용했다. 보어는 고전 물리학이 제공하는 연속된 부분 중에서 특정한 에너지 상태만을 골라내어 원자를 설명하려고 그 개념을 사용했다. 그렇지만 에너지 덩어리라는 개념은 어떤 문제를 해결할 수 있었지만 동시에 항상 새로운 다른 문제도 제기했다. 검은 물체 복사에서 에너지가 튀어나오는 배경은 무엇일까? 무엇이 그것을 튀어나오게 만들었을까? 원자는 왜 어떤 에너지는 가질 수 있는 데 반해 다른 에너지는 가질 수 없을까? 물리에 양자라는 개념이 들어온 경우에는 모두 불연속성이 생기는데 그렇게 된 깊은 원인이 무엇인가 등의 의문이 뒤따랐다. 그런 의문은 이론을 사실과 부합되게 만들려면 지불해야만 하는 대가처럼 보였다.

그러나 지불된 대가가 스스로를 이해하는 것이라고 가정해 보자. 슈뢰딩거는 그렇게 느꼈다. 고전 물리의 법칙은, 적어도 원칙적으로 "그것이 어떻게 생겼을까? 그것이 어떻게 동작할까?"라는 질문에 대답하도록 물리적 세계의 어떤 부분이라도 분석할 수 있게 만든다. 시계의 뚜껑을 열고 동작을 지배하는 미세한 내부 부품을 조사해 볼 수 있는 것과 마찬가지로, 고전 법칙은 물리적 과정을 이해하는 것이 가능하도록 만들어 준다.

심지어 빛이나 전기까지도 물질로 된 운반자인 에테르에 의해서 기술될 수는 없지만, 그럼에도 불구하고 역시 한 개의 전자파가 어떻게 바로 한발 앞선 순간의 전자파로부터 필연적으로 뒤따르게 되는지 이해하기 위해 분석될 수 있다. 고전 물리

는 그런 과정을 나누어서 그 인과관계(因果關係)에 따른 발전 상
황을 볼 수 있도록 만들어 준다.

  사건의 진전과 특정한 사건의 결과를 알기 위해 고전 법칙을
적용하기 전에 어떤 일을 미리 알아야만 함은 사실이다. 예컨
대, 대포에서 발사된 포탄의 궤적을 예언하려면 포탄이 대포를
떠나는 순간의 속력과 대포의 위치를 알아야만 한다. 그렇지만,
일단 이런 '초기 조건'만 알면 고전 물리는 그 과정의 진전 상
황을 원인이 효과가 되고 그 효과가 차례대로 결과인 다음 효
과를 산출해 내는 식으로 착실하게 알 수 있게 해 준다. 그래
서 살아 있지 않은 자연이 하나의 거대한 시계라든지 또는 상
영 속도를 느리게 조절해 어떤 한 점에서의 '작용'이 그보다 더
앞 또는 더 뒤에 놓인 점의 작용으로 추적할 수 있는 활동사진
처럼 상상될 수 있다.

  에너지가 불연속이라는 사실은 이런 고전 물리학의 교향악을
훼방 놓았다. 덩어리씩 건너뛰면서 변하는 과정은 인과관계를
따르는 (또는 좀 더 엄밀하게 말해서 결정론적인) 방법으로 이해되
지 못한다. 에너지 양자는 원인과 그에 뒤따르는 효과라는 연
결 고리를 잇지 못한다. 에너지 양자는 원자의 세계에서 미래
에 대해 정확하게 예언하는 것을 불가능하게 만들며, 그 대신
에 "어느 것이 좀 더 또는 좀 덜 일어남직한가"라는 통계적 예
언으로 바꿔 놓았다.

  슈뢰딩거의 파동 역학은 이미 양자 개념을 가져오지 않을 수
없었던 문제를 풀고 그래서 물리로부터(교향악의 불협화음 같은)
신소리를 제거할 수 있는 다른 방법을 찾으려는 기나긴 탐구의
절정을 이루었다. 비록 양자 규칙을 사용해 이론과 사실이 부

합되게 만들 수는 있었지만, 슈뢰딩거는 그것이 그렇게 할 수 있는 유일한 방법이라는 확신을 가질 수 없었다. 어쩌면 에너지는 처음부터 양자화된 것이 아니고, 적절하지 못한 개념을 통해 바라보았기 때문에 그렇게 보였을 따름인지도 몰랐다. 어쩌면 원자 세계에서 연속성을 다시 찾아서 예전의 시계와 같은, 즉 결정론적인 방법으로 이해할 수 있는 그런 다른 개념에 기반을 두고서도 동일한 사실을 유추하는 것이 가능할지도 몰랐다. 이것이 슈뢰딩거의 목표였다. "원자 이론에서 나는 적어도 사고의 명료성을 되찾기 위해 (일부는 내 자신의, 그리고 일부는 다른 사람의) 많은 시도를 시험해 보고 버렸다. 처음으로 확실한 위안을 가져다 준 것이 드 브로이가 제안한 전자(電子) 파동에 대한 생각이었다…"라고 말했다.

슈뢰딩거가 드 브로이의 생각으로부터 출발해 양자 규칙을 사용하지 않고서도 수소 스펙트럼을 설명할 방법을 발견했을 때 그는 거의 마흔 살이었다. 그의 파동 역학은 (앞서 설명한 다른 형태로 표현된 양자 역학과 마찬가지로) 원자 크기의 세계에서 일어나는 물리적 사건이 추상적인 논리를 기반으로 해서 원칙적으로 모두 이해될 수 있다는 의미에서 닫힌 이론이다. 이 논리를 구체적인 경우에 어떻게 적용할지 아직 확실치 않았다. 물리학자는 그로부터 앞으로 수년 동안 이 문제에 매달릴 것이었다. 또한 수학에서부터 시작해 사실을 예언하는 데 이르기까지의 길이 너무 길고 또한 너무 험했으므로 어떤 문제는 전혀 풀릴 수가 없었으며, 문제를 푸는 데 계산해야 할 양이 불가능하리만치 많기도 했다. 그렇지만 1926년에 명백하다고 믿었던 게 나중에 모두 실제로 성립한다는 것이 증명되었다. 비록 슈뢰딩거의 기초적인 파동 방정식이 디랙에 의해 개선되었지만, 꼭 필요한 성질은 모두 다 그대로 남아 있었으며 파동 방정식이 제공하는 풀이는 이미 알려져 있거나 또는 앞으로 발견될 사실과 모두 일치함이 밝혀졌다.

그렇지만 슈뢰딩거는 그의 연구가 취한 형태 그대로를 적용하는 것만으로는 별 흥미를 느끼지 못했다. 파동 역학의 기본이 되는 도구는 그의 이름을 딴 미분 방정식이었는데, 어떤 문제에 그 방정식을 적용하면 Ψ(x, y, z)라는 기호로 표시되는 풀이를 얻는다. 그리스 문자인 Ψ(프사이로 읽음)는 공간의 세 차원을 나타내는 x, y, z로 정의된 장소에서 나타난 파동 모양의 교란이라고 해석될 수 있다. 이런 종류의 방정식은 고전 물리학에서 쓰이는 도구 중 하나이다. 그런 도구를 사용하면 연달은 파동과 같은 연속된 현상을 분석하거나, 알고 있는 어떤 순간의 파동이 좀 더 전의 순간에 일어난 상태로부터 어떻게 결정될 수 있는지를 이해하는 것이 가능하다.

그래서 슈뢰딩거는 그의 목표를 성취한 것처럼 보였다. 양자 규칙을 사용하지 않고서도, 에너지를 불연속으로 만들지도 않고서도, 그는 원칙적으로 원자 현상의 모든 영역을 설명할 수 있었다. 인과 관계에 의한 분석을 못하도록 만들었던 뛰어넘기는 제거되었다. 그렇다면 슈뢰딩거가 처음 해석했던 것처럼, 물질은 근본적으로 파동 현상이고 입자인 양 나타나는 것은 단순히 공간에서 여러 파동이 모여 서로 보강된 미세한 영역에 불과하다고 여길 수도 있었다.

이것이 바로 닐스 보어의 어안을 벙벙하게 만든 원인이었다. 무엇보다도 먼저, 오직 뭔가 불연속이라는 기반 위에서만 설명할 수 있는 실험 사실이 존재했다. 파동의 간섭이 어떻게 계측기로 하여금 딸깍거리는 소리를 내게 만들며 스크린에 빛이 번쩍이게 만들 수 있는지 이해하기가 어려웠다. 실험 결과는 그렇다 치더라도, 파동 역학의 기호와 연관되는 파동이 실제로 진동하는 파동과는 거리가 멀다는 것을 강력하게 시사했다. 슈뢰딩거의 역학에서 전자 한 개는 3차원 공간에서 파동 형태를 띤 하나의 교란으로 표시할 수 있지만, 단지 한 개만을 그렇게 표현할 수 있을 따름이었다. 전자 두 개를 표시하기 위해서는 오로지 6차원이라는 가상된 수학적 공간에서만 가능했고 전자 세 개는 다시 9차원 공간이 요구되는 등으로 계속되었다.

이와 같은 이유 때문에 보어는 코펜하겐에 있는 친구들에게 "나는 파동 역학을 이해할 수가 없어"라고 말했으며, 파동 역학을 만든 사람이 직접 설명해 주면 이해할 수 있지 않겠느냐는 희망에서 그는 슈뢰딩거를 코펜하겐으로 초대했다. 그곳에서 오스트리아 태생의 물리학자는 보어 연구소에서 일하는 사람들을 위해 개최한 세미나에서 발표했으며, 그다음에는 그 연구소의 소장을 위해서 파동 역학에 대한 그의 설명을 계속했는데, 그 토의는 밤늦게까지 쉬지 않고 계속했다.

보어가 이해할 때까지 가르쳐주는 데는 길고도 힘든 과정을 거치기가 일쑤였다. 처음 시작할 때는, 큰 머리와 무겁게 축 처진 듯이 보이는 덴마크 물리학자가 수줍음을 타면서 조용한 어조로 물리학을 전혀 모르는 사람처럼 거의 어린아이 같은 질문을 던지곤 했다. 몸놀림이 빠른 것만큼이나 선각도 빨랐던 슈뢰딩거는 명료할 뿐 아니라 매우 유창하게 보어의 질문에 즉시 대답하곤 했다. 그런데 보어와는 대조적으로 그는 수학 기호를 될 수 있는 대로 많이 사용하기를 좋아했으므로 생각을 말로 바꾸기가 수월했다(그는 심지어 시도 지을 줄 알았다).

슈뢰딩거가 매우 긴 시간에 걸쳐 보어의 질문에 대한 대답을 마치면, 비슷하게 순진한 다른 질문이 또 기다리고 있곤 했다. 그것은 언제나와 마찬가지로 보어가 크게 소리 내어 말하면서 생각하기 때문인데, 그것은 시행착오를 통한 과정 또는 한 물리학자가 말했듯이 "가능한 실수를 거의 모두 망라해 거침으로서, 그 실수를 가능한 한 가장 빨리 만들어서 그로부터 무엇인가를 배우는 것만이 유일한 장점인 과정"이었다.

이렇게 생각하는 방법이 슈뢰딩거에게 꼭 낯설다고 보기는 어렵겠지만, 그는 보어처럼 남을 옆에 두고서 생각하는 습관을 갖지는 않았다. 그는 다른 물리학자와 별로 많이 교제하지도 않았고 함께 연구하지도 않았다. 그렇지만 그도 보어와 마찬가지로 스포츠를 즐기는 건강한 사람이었으므로 두 사람은 모두 지적인 소모가 많은 대화를 긴 시간에 걸쳐서 계속할 수 있었다. 보어의 서재는 그가 끊임없이 불을 붙이려고 애쓰는 파이프에서 나오는 담배 연기 때문에 점차로 자욱해졌다. 말하면서 동시에 파이프에 다시 불을 붙이기는 거의 불가능했다. 항상 파이프에 불을 당기자마자 곧 토의를 다시 시작했기 때문에 불은 금세 꺼져 버리기 일쑤였다. 거의 대부분 그는 불을 켠 성냥을 그냥 들고 있었는데, 성냥은 시간이 지나면서 그의 손가락 가까이 타 들어갔지만 그는 성냥개비를 아슬아슬한 순간까지 그대로 들고 있다가 결정적인 순간에 떨어뜨리곤 했다. 그의 의자 둘레에는 불에 타고 남은 성냥 찌꺼기가 한 움큼씩 쌓였다. 마침내는 보어가 네발로 기듯이 엎드려서 자기가 뿌린

284

코펜하겐을 방문했을 때와 비슷한 시기의 슈뢰딩거

쓰레기를 치우곤 했다.

　슈뢰딩거의 도움으로 보어가 파동 역학에 대해 이해하기 시작하면서, 그의 질문은 대답하기가 더 어렵게 변했다. 그는 오스트리아 사람의 마음에 가장 가깝게 파고드는 근본적인 문제를 가지고 슈뢰딩거와 맞섰다. 당신의 파동 이론이 정말로 물리학에 연속성을 되찾아 주었는가? 양자라는 개념은 정말로 더 이상 필요 없는가? 이런 질문을 구체적인 경우와 연관 지어 물어 보았다. 예를 들면, 양자를 처음 이용한 경우는 어떻게 설명되는가? 관찰과 일치하는 공식을 쓰기 위해, 플랑크는 빛을 내는 고체에서 복사가 간간이 폭발하듯이 또는 덩어리져서 나온다고 가정하지 않을 수가 없었다.

　이제 보어는 슈뢰딩거에게 뛰어넘기라는 개념을 끌어들이지 않고서도 검은 물체 복사를 설명할 수 있는지 질문했다. 슈뢰

딩거는 그 질문에 대답하려고 시도했다. 파동 역학의 수학적
도구를 사용해, 그는 플랑크의 공식과 똑같은 관찰과 일치하는
검은 물체 복사에 관한 공식을 쓸 수 있었다. 그렇지만 이것이
문제를 다 해결하지는 못했다. 파동의 언어를 사용했으면서도
뛰어넘기는 여전히 남아 있었다. 보어가 고른 특별한 경우에는,
이 사실이 너무나도 눈에 띄게 명백했다. 슈뢰딩거가 원자를
파동으로 해석했을 때는 그것이 나타나지 않았지만, 면밀한 분
석에 따르면 거기에서도 또한 동일한 점이 사실로 드러났다.
원자가 한 에너지 준위에서 다른 에너지 준위로 바뀌는 것은
더 이상 자세히 분석할 수 없는 사건이었다. 전자를 회전하는
입자라고 보든지, 또는 진동하는 파동이라고 보든지 상관없이
불연속성은 그대로 남아 있었다. 슈뢰딩거의 이론은 신소리를
제거시킨 것이 아니고 위장했을 뿐이었던 것이다.

이쯤에 이르자 슈뢰딩거는 기진맥진했다. "이 빌어먹을 양자
뛰어넘기가 없어지지 않으리라고 미리 알았다면, 이런 일은 결
코 시작하지도 않았을 텐데"라고 그는 빠르게 중얼거렸다.

보어는 그 말에 "자네는 기분이 별로 안 좋을지도 모르지만,
자네의 연구로부터 잔뜩 배운 우리는 자네가 그것을 한 것이
무척 다행스럽다고 생각하네"라고 대꾸했다.

보어는 파동 역학에 대한 슈뢰딩거의 해석이 옳지 않았다는
증거를 발견했다. 막스 보른이 슈뢰딩거가 제안한 것과 같은
방법으로, 즉 파동의 간섭에 의해서 기본 입자가 만들어 질 수
없음을 보이는 데 성공함으로써 이 문제는 확실하게 해결되었
다. 가상된 공간에 존재하는 프사이라는 파동은 실제로 진동하

는 파동을 묘사하는 것으로 해석할 수가 없었다. 그것은 데이비슨과 저머의 실험에 의해서 처음으로 밝혀진 물질파(또는 드브로이 파)와 동일한 것이 아니었다.

비록 슈뢰딩거는 그의 목표를 실현하는 데 실패했지만 그 목표를 완전히 단념하지는 않았다. 어느 날엔가는 물리학에서 양자라는 개념이 제거되고 결정론이 회복될 것이라는 그의 확신에는 변함이 없었다. 그는 보어와 보른 그리고 다른 사람이 의문을 제기할 때면 언제나 "지금 당장 그것을 대답할 수 없음을 인정해요. 그렇지만 그것을 대답할 수 있는 방법이 궁극적으로는 나오리라고 믿어요"라든가 같은 의미지만 "우리의 실험 장치가 입자를 관찰한 것처럼 보이는 것이 사실이지요. 그렇지만 그것은 파동과 장치 사이의 아직 이해되지 않은 어떤 상호 작용 때문일 거예요"라고 대답할 수 있었다.

또 다른 한 사람의 위대한 물리학자인 막스 플랑크가 슈뢰딩거와 같은 의견을 갖고 있었는데, 이 나이가 더 많은 사람이 베를린 대학교에서 은퇴할 때 자기의 자리를 이을 사람으로 슈뢰딩거를 추천했다. 코펜하겐을 방문한 뒤 얼마 지나지 않아서 슈뢰딩거는 베를린으로 옮겼으며, 그때 플랑크는 슈뢰딩거가 자기의 양자론으로 초래된 위기를 끝내고 물리학에 결정론을 다시 세운 사람이라고 치켜세우면서 슈뢰딩거를 맞이했다.

그동안에 코펜하겐에서는 슈뢰딩거의 생각을 좀 더 위태롭게 만들 수도 있는 생각이 모양을 잡아가고 있었다. 오스트리아 사람을 지치고 침울하게 만들었던 그 긴 논쟁이 닐스 보어에게는 전혀 반대의 효과를 가져왔다. 그는 다른 사람(즉 슈뢰딩거)을 그들이 '완전한 탈진'이라고 묘사한 상태로 코펜하겐을 떠나 보낸 긴 논쟁 이후 더 원기가 왕성해졌다. 마침내 보어는 수학의 추상적 논리와 실제로 일어나는 사건 사이의 관계를 이해하기 시작했다고 느꼈다.

보어는 원자나 그 구성체가 새로운 파동 역학에서 말하는 파동이 아닌 것과 마찬가지로 예전의 역학에서 그러리라고 믿었던 입자도 아니라고 생각하기 시작했다. p와 q라는 기호는 물론 Ψ(x, y, z)라는 기호도 글자 그대로 대상을 묘사하는 표시라고 이해하면 안 되고, 그들을 의미 없는 추상적인 존재라고 버려서도 안 된다. 새로운 양자 역학에 나오는 기호와 그들 사이의 논리적 관계는 실제 상황과 어떤 방법을 통해서든지 연관되어야만 했다. 보어는 추상화가 무엇을 말하는지 배우는 방법을 알 것 같다고 생각했다. 디랙이나 그리고 하이젠베르크와 그의 동료들이 만든 역학은 뉴턴 역학을 본떠서 짜였으며 그 역학의 배경에는 입자설이 자리 잡고 있었다. 그것은 비록 제한적일망정 실제로도 정당한 면을 지녀야만 했다. 똑같은 논리가 슈뢰딩거의 수학적 형태 뒤에 자리 잡고 있는 파동설에 대해서도 적용될 수 있었다. 적어도 파동설이 원자 내부에 존재하는 전자의 행동에 대해 이해하게 만들어 준 것은 확실했다.

보어는 두 가설을 비교함으로써 완전한 이해에 도달하리라고 생각했다. 오래전에 그는 원자핵에서 제기된 모순에서 큰 흥미를 느꼈으며(역자 주: 여섯 번째 마당에서 설명한 전자가 원자핵으로 떨어지지 않는다는 모순을 해결하려고 원자 모형에 대해 연구하게 됨), 그의 연구에서 그런 모순을 의도적으로 강조했다. 이제 그는 서로 모순되는 것처럼 보이지만 논리적으로 틀리지 않는 양자 역학의 두 가지 형태, 즉 입자 형태와 파동 형태를 비교하

S.AGOUDSMIT

긴 산책을 하는 동안 물리학에 대한 토론에 푹 빠진 닐스 보어. 이 사진에서는 닐스 보어가 1931년 로마 교외의 아피안 산책로를 걷고 있다. 여기서 함께 걷는 사람은 역시 산책을 좋아하는 이탈리아 태생의 젊은 엔리코 페르미다

면서 전과 똑같은 작업을 되풀이할 것이다. 그는 일이 잘 풀릴 것이라고 믿었다. 슈뢰딩거와 그의 견해가 아주 동떨어진 것처럼 보일지 모르지만, 그것은 단순히 진리의 일부가 아직 드러나지 않았기 때문이었다. 그는 슈뢰딩거가 내세운 논리의 허점을 공박하면서 동시에 그에게 "우리는 자네가 생각하는 것보다 훨씬 더 많은 점에서 같은 의견을 갖고 있네"라고 말했다. 그렇지만 슈뢰딩거에게는 이 말이 그렇게 큰 위안이 되지 못했을 것이다. 그리고 오스트리아 사람을 떠나보낸 뒤, 보어는 기호들 속에 숨어 있다고 느껴지는, 분명히 보이지 않고 무엇인지 나타낼 수 없는 그 어떤 의미를 캐내기 위한 노력에 완전히 열중했다.

베르너 하이젠베르크도 휴가를 받아 괴팅겐을 떠나 같은 장소에서 같은 시간에 같은 문제에 대해 보어와 함께 몰두하고 있었다. 그는 보어와 슈뢰딩거 사이의 토의에 적극적으로 참여했다. 그는 파동 역학이 정확한 예언을 불가능하게 만든 불연속성을 제거하지는 못했다고 역설한 보어 편에 섰지만, 보어처럼 원자의 파동설에도 진리가 담겨 있다고 느끼지는 않았다. 보어의 느낌을 입증할 수 있는 물질파가 존재함을 똑똑히 보여주는 증거가 실험으로부터 나오지는 않았다. 하이젠베르크는 단호하게 파동 역학이란 실제로 일어나고 있는 현상과는 아무런 관계도 없는 수학적 허구에 불과할 것이라고 느꼈다. 보어와 마찬가지로 하이젠베르크도 전자와 같은 기본 입자는 인간의 일상 경험에 근거한 분류로는 도저히 설명될 수 없는 추상적 존재라고 믿었다. 이 추상적 존재가 무엇인지 알려면 실험으로 증명되지 않는 가정을 피하고 측정할 수 있는 현상에만 집중해야 된다. 그래서 믿을 만한 실험 자료로부터 구축되었고, 따라서 어떤 방법으로든 원자를 설명할 것이 분명한 기호 체계(즉 하이젠베르크의 역학)를 공부해야만 한다.

그는 보어에게 이 점을 확신시키려고 애썼지만, 덴마크 사람은 자신이 풀어 가려는 계획이 결국 올바른 이론까지 데려다 줄 것이라고 하이젠베르크만큼이나 확신에 차 있었으며, 자기 계획의 장점을 하이젠베르크에게 자세히 설명했고 그러는 동안에 자기 생각을 다듬어 나갔다(보어는 자신에게는 유익했지만 무엇인가 얘기할 거리를 갖고 있는 다른 사람들에게는 난처했던 쉬지 않고 얘기하는 습관 때문에 동료들로부터 자주 놀림을 당했다. 조지 가모 역시 매우 말이 많아 입에 재갈을 물고 의자에 묶여 있는 다른 물리학자 옆에 서 있는 보어의 모습을 만화로 그렸다. 보어는 재갈을

물고 있는 물리학자에게 "제발 한마디만 더하게 허락해 주세요"라고
말하고 있었다). 그렇지만 보어의 성미를 알고 있는 다른 모든
사람들과 마찬가지로, 하이젠베르크는 필요하다면 얼마든지 큰
소리로 자기보다 나이가 더 많은 보어의 말을 가로채는 데 주
저하지 않았으며, 확신에 흔들림 없이 그의 생각을 주장하는
것도 멈추지 않았다. 그들의 논쟁은 뜨겁게 달아올랐으며, 비록
두 사람의 견해가 서로 다르다고 할지라도 (예를 들면 보어와 슈
뢰딩거의 견해가 달랐던 것만큼) 그렇게 많이 차이 나지는 않았
다. 그것은 한 가족에 속한 사람들 사이의 논쟁이었으며, 그래
서 어쩌면 바로 그 이유 때문에 논쟁이 더 격렬해졌는지도 모
른다.

  어느 누구도 상대방의 마음을 돌려놓는 데 성공하지 못했지
만, 그들은 동시에 서로 함께 연구할 줄도 알았다. 그들의 주된
목표는 수학을 이용해 원자를 이해하자는 동일한 것이었다. 이
것을 이루려면, 수없이 많은 다른 실험 결과를 검증하면서 기
호로 나타낸 이론을 해석하는 방법을 하나씩 차례로 시험해 보
는 것이 필요했다. 예를 들면, 그들은 안개상자를 지나가는 전
자를 어떻게 새 형태의 역학으로 묘사할 수 있는지 배워야 했
다. 그런 문제를 하나씩 풀어가면서, 그들이 수학적으로 어떤
형태를 취했는지 유의하면서, 그들은 여러 가지 종류의 해석을
시험해 보았다. 그들은 제각기 각자의 (방법은 물론 그 개념도 서
로 다른) 접근 방법을 발전시키는 데 이 공동 연구의 결과를 사
용할 수 있었다. 보어는 비록 느렸지만 같은 사실도 여러 번
반복해 확인하고 하나도 빠뜨린 것이 없으며 여러 가지 서로
다른 측면에서 이해했음을 계속 확인하면서 한 치의 오차도 허

(왼) 왼편에 나온 사람은 노벨상을 받기 일 년 전인 1931년 바바리안. 알프스에서 스키 여행 중이던 베르너 하이젠베르크이다. 그와 함께 서 있는 사람은 역시 보어 연구소의 일원이며 또한 노벨상 수상자인 F. 블로흐 (F. Bloch)이다

(오른) 알프스에서 하이젠베르크를 찍은 또 다른 스냅 사진. 바위에 앉아서 스키 안경을 끼고 책을 읽는 사람은 닐스 보어이다

용하지 않고 진행해 나갔다. 그와는 대조적으로 하이젠베르크는 껑충껑충 뛰어서 급속히 진행해 나갔으며, 그래서 자주 (그렇다고 늘 그런 것은 아니었지만) 목표에 더 빨리 다가갔다.

　1926년 가을 동안에는 거의 매일 두 물리학자가 함께 만나서 실험에 대해 토의했으며 그 토의는 끝없이 이어졌다. 끼니 때가 된다고 해서 토의를 멈추지는 않았다. 그들은 식사 시간에도 계속 물리에 대해 얘기했다. 그리고 연구소 식당에서 그들의 식탁에 다른 물리학자가 동석하게 되면 그도 또한 그때의 주제에 대해 한몫을 거들었다. 칠판이 필요했기 때문에 그들은 대부분 실내에서 연구했지만 오랫동안 움직이지 않고 가만히 있는 것도 좋아하지 않았다. 그들의 연구는 연구소 뒷동산을 오르내리는 동안이나 또는 심지어 함께 승마를 즐기는 동안에도 계속되었다. 겨울이 되어 티볼리 놀이공원이 문을 열지 않을 때까지 그들은 자주 그곳으로 놀러 갔는데, 거기서는 특별히 공 던지기에서 누가 더 많은 점수를 얻는지 경쟁했다.

9월에 시작한 둘 사이의 공동 연구는 다음 해 2월까지 계속되었다. 진척이 매우 느렸다. 가상된 해석을 한 가지씩 계속 제거해 나갔다. 말하자면 자연에 대해 어떤 질문을 제기했을 때, 그 질문이 잘못된 언어를 사용해 물어 보았기 때문에 그들이 받은 대답은 말이 되지 않았다. 그렇지만 그들은 다른 언어를 알지 못했다. 물리학자로서 그들은 자연에서 일어나는 과정을 묘사할 전문적 용어를 풍부하게 알고 있었지만, 그들의 말은 빙빙 돌아 마지막에는 결국 근원적인 차이로 귀착되었다. 어떤 물리 과정이든지 움직이는 입자나 아니면 파동이 전파되는 것으로 분석될 수 있었다. 언어는 그중 한 경우가 아니면 다른 한 경우를 가리켰다. 게다가 언어는 그 두 경우를 구별하는 것이 언제나 가능한 것처럼 보였다. 언어의 배후에는 다음의

이것은 입자다.

이것은 입자가 아니다.

라는 두 명제가 주어졌다면, 그중에서 한 명제는 꼭 옳아야만 한다는 가정이 놓여 있었다. 그것은 마치

이것은 책상이다.

이것은 책상이 아니다.

라는 두 명제 중에서 하나는 꼭 옳아야만 함과 다를 것이 없었
다. 처지가 이렇게 되고 보니, 전자가 비록 파동과 입자의 특성
을 모두 보여 준다고 하더라도 '실제'로는 그중에 하나지 결코
다른 하나가 아니라고 가정하는 것은 당연했다. 하이젠베르크
와 보어는 말들뿐 아니라 '상식'이라는 직관까지도 의심하지 않
으면 안 되었다. 하이젠베르크는 그때 그의 느낌을 다음과 같
이 묘사했다.

나는 밤늦게까지 계속된, 거의 절망으로 끝났던 보어와의 토론을 기억한
다. 그 토론을 마치고 나는 혼자서 주위의 공원을 거닐러 나가 혼잣말로
다음과 같은 질문을 수없이 반복했다. 자연 현상이 원자 실험에서 보이는
것처럼 모순에 가득 차 있다는 사실이 정말 가능할까?

물리학이란 '과학자가 대답을 얻으려는 희망에서 자연에 질
문을 퍼붓는 게임'이라고 한다. 그러나 그 게임에서 물리학자의
상대편인 자연은 좀처럼 말하려 들지 않았고 무한한 끈기를 지
녔다. 수없이 반복된 노력이 모두 실패할 때, 아무리 교묘하게
물어 보아도 상대방은 침묵만 지킬 때, 묻는 사람은 이 게임을
언젠가는 이길 수 있으리라는 희망을 잃기 시작한다. 그러면
더 이상 계속하기가 어려워진다. ("그래요, 물론 저는 불행해요.
이해할 수가 없거든요…"라고 파울리가 말했다) 그런 때 러더퍼드나
보어의 타고난 낙천적인 성격은 분명히 자산이었다.

그렇지만 1927년의 겨울에는 보어도 즐겁지 못했다. 여러
달 동안 그는 낮에는 같은 문제에 대해 걱정하고 밤에도 같은
문제에 대해 꿈을 꿨다. 그는 지쳤다. 더 이상 집중하기조차 어
려웠다. 생각을 제대로 이어나갈 수가 없자, 전에는 그런 것에

별 신경을 쓰지 않는 것이 원칙이었지만, 그것이 괴롭게 여겨
지기 시작했다. 그는 또한 하이젠베르크와의 공동 연구가 그때
까지는 유익했지만 충분히 오래 계속되었다고 느꼈다. 그는 젊
은 사람과 견해의 차이에 대해 논쟁하는 데 지쳤으며 평화를
원했다.

2월에 그는 휴가를 얻어 노르웨이로 스키 여행을 떠나기로
결정했다. 그렇지만 코펜하겐에서처럼 노르웨이의 첩첩산중에서
도 그의 생각은 한 가지 같은 문제에 집중되어 있었다. 하이젠
베르크와 함께 연구해서 얻은 정보를 사용해 그는 원자에 대한
파동설과 입자설을 대조시키는 정신 활동을 계속했다. 몇 주가
지난 뒤에 그는 살갗이 그을리고 기분이 훨씬 상쾌해졌으며 (하
이젠베르크와 함께) 그렇게 오랫동안 찾아 헤맸던 해답에 훨씬
더 접근하고 돌아왔다.

보어가 자리를 비운 동안, 하이젠베르크는 그의 생각을 모으
고 자신이 원래 세웠던 계획을 추구하며 보어와 함께 연구한
결과를 활용할 수 있었으며, 그래서 그도 또한 앞을 향해 큰
걸음을 내디뎠다. 그는 보어가 돌아오기 전에 비판적인 안목의
파울리로부터 그의 생각을 미리 검토받도록 세심하게 배려했
다. 그때 파울리가 내놓은 의견은 "양자론의 새날이 밝아 온다"
는 것이었다.

하이젠베르크는 양자 역학의 기초가 되는 원리를 발견했으
며, 그것은 나머지가 모두 논리적으로 따라오는 기반이 되는
것이었다. 이 원리는 (또는 '법칙'이라고도 부르는데) 물리학에서
사용되는 어떤 특별한 정의들 사이의 수학적 형태를 취한다.
그것은 '정해지지 않음에 대한 원리' 또는 '불확정성 원리'라고

부른다. 보어가 기여한 것은 그것과는 사뭇 달랐다. 그는 무엇보다도 의미를 중요하게 생각했으며 그래서 언어와 논리의 사용에 대해 치중했다. 그가 코펜하겐으로 돌아와 하이젠베르크의 법칙에 대해 알게 된 이후에 나온 마지막 형태로의 그의 연구는 언어와 논리에 대한 사용과 양자 역학의 수학적 표현 전반에 관한 것이었다.

하이젠베르크의 원리가 보어의 해석이 나오게 된 근원이므로 그것을 먼저 알아보자. 하이젠베르크가 탐색을 계속하던 중 마침내 올바른 질문을 하려고 할 때 전환점이 찾아왔다. 그때까지 그의 생각은 "갖가지 실험 상황이 행렬 기호를 사용해 어떻게 표현될 수 있을까?"라는 문제에 집중해 있었다. 갑자기 그 질문을 뒤집어서 "단지 기호로 주어지는 이론이 예언하는 것 중에서 논리에 맞는 경우만 실험적으로 일어날 수 있다고 생각하면 어떨까?"라는 생각이 떠올랐다. 그가 얻은 곱셈 규칙은 p와 q가 곱해지는 순서에 따라서 곱의 값이 결정된다고 말했다. 두 가지 기호가 각각 위치와 운동량을 나타내는 경우에 "그것을 곱하는 순서란 실험 상황에서 그것이 정의된 순서, 즉 그것이 측정되는 순서"라고 가정해 보자. 그렇다면 주어진 실험에서 위치가 정확히 정의되었을 때, 다른 짝인 운동량은 정확히 정의될 수 없음을 암시하는 것처럼 보였다.

이것을 가정으로 삼고 하이젠베르크는 p와 q가 측정된 실험을 새롭게 조사해 보았다. 그는 더 많은 경우를 조사해 볼수록, 더 많은 실험을 분석해 볼수록 그의 생각이 옳았음이 점점 더 입증됨을 발견했다. 그리고 그는 이 실험들로부터 항상 동일한 어떤 최소 양, 즉 한 가지 상수를 계산해 낼 수 있었다. 이 양은 p와 q를 정의하는 측정에서 도저히 피할 수 없는 불확실한 정도를 대표했는데, 문제의 양은 막스 플랑크가 처음 발견한 바로 그 양이었다. 이제 앞으로 보게 되겠지만 그것이 새로운 의미를 지녔다.

여러 가지 서로 다른 실험을 분석한 결과로부터 하이젠베르크는 위치와 운동량을 측정한 어떤 경우에서든지 그리고 정해진 시간에 에너지를 측정한 어떤 경우에서든지 모두 최소한 플랑크 상수와 같은 크기의 불확정성을 지닌다고 천명한, 즉 식으로 표현하면

$$\Delta q \times \Delta p \geq 6.6 \times 10^{-27}$$

라는 법칙을 추출해 냈다.

이 정확히 정해질 수 없다는 법칙에 의하면, q와 p는 서로 독립적이지 못하다. 만일 한 가지가 절반 정도 정해진다면 다른 한 가지도 그 정도밖에는 정해지지 못한다. 만일 한 가지가 전혀 알려지지 않았으면 다른 한 가지는 정확히 정의된다. 그것은 마치 "날씨집(역자 주: Weather House, 인형이 들어갔다 나왔다 하면서 습도의 변화를 보여 주는 장난감 집) 속의 남자와 여자 같다. 하나가 나가면 다른 하나는 들어간다"라고 하이젠베르크가 말했다.

하이젠베르크가 발견한 이 상관관계 안에는 고전 물리와 양자 물리 사이의 본질적 차이가 존재한다. 고전 법칙은 (앞에서 본 포탄의 궤도를 다룬 보기에서와 같이) 초기 상태에 대한 정보를 얻을 수 있으면 그 후에 움직이는 물체가 어디에서 발견될 수 있을지 예언할 수 있도록 만들어 준다. 파동의 경우에 우리가

꼭 필요로 하는 그런 정보는 특정한 순간의 (그 진동수에 의존하는) 파동의 에너지이다. 이 양이 정확히 알려진 경우에 한해서 파동의 진동이 전개해 나가는 인과 관계를 정확히 분석할 수 있다. 하이젠베르크의 법칙에서는 p와 q를 h라는 양보다 더 적게 분리해 낼 수 없으며, 분리할 수 없는 정도의 크기가 h보다 약간 더 클 수는 있어도 결코 더 작아지지는 않는다. 그러므로 분리될 수 없는 관계에 융통성을 부여할 수 없다고 천명함으로써 그런 초기 정보를 얻을 수 있음을 부정한다.

그렇다면 고전 물리학은 q와 p가 가리키는 양이 h에 비해 매우 커서 그 연결점 h가 무시될 수 있을 경우에만 성립한다. 그렇지만 원자의 세계에서는 플랑크의 상수가 중요한 수이며 그것이 수반하는 불연속성 때문에 고전적 의미에서의 정확한 예언이 불가능하게 된다. 미래에 대해 예언할 수 있을지라도 여전히 예전의 방법대로는 아니다. 수많은 유사한 경우를 고려한 통계적 추론이 도입되어야만 한다.

이것이 앞에서 본 것처럼, 원자를 설명하기 위해 물리학이 취하지 않을 수 없도록 강요된 길이었다. 이제 하이젠베르크는 왜 그렇게 되었는지 그 까닭을 발견했다. 폴 디랙과 막스 보른 및 그의 동료들은 하이젠베르크의 p와 q를 곱하는 법칙이 그의 행렬 이론의 가장 중요한 핵심임을 알아보았으며 그러한 인식으로부터 그들은 양자 역학이라는 일반 학설을 세울 수 있었다. 만일 불확정성 원리만 일찍 나왔더라면 그들이 기초적으로 이룩한 것은 훨씬 더 전에 이루어질 수도 있었다.

그러나 그 의미는 무엇인가? 왜 p와 q는 동시에 정의되기를 피하는 것일까? 막스 플랑크에 의해 처음으로 확인된 양자 상수의 의미는 무엇일까? 그리고 그 법칙은 과학에 대한 지식이 제한받음을 의미할까? 자연을 될수록 자세히 이해하려는 과학자의 시도는 마침내 장벽에 도달한 것일까? 그 법칙은 인과 관계를 이용한 분석의 한계로 그렇게 해석될 수도 있었으며 양자 영역에 대한 실험 연구를 방해함을 의미할 수도 있었다. 과학자가 실험으로부터 믿을 만한 정보를 얻을 수 없다면 통계적 규칙은 아무런 쓸모도 없을 터였다. 스크린의 번쩍거림이나 계수기에서 나는 딸깍 소리도 그것을 일으키는 분명한 행위자와 연결되지 않으면 안 된다. 그렇지만 하이젠베르크의 법칙에 의하면 이런 분석을 위해 꼭 필요한 양은 여전히 언제나 정의되기를 피해 달아날 것이다. 이제 닐스 보어가 어떻게 이 난관을 돌파할 방법을 발견했고 어떻게 원자 물리학을 오늘날의 그것에 이르게 했는지 살펴보자.

보어는 실험할 때 실제로 하고 있는 것은 질문을 물어보는 것이라고 말했다. 우리가 발명한 장치나 도구, 우리 목적에 알맞도록 우리가 발명한 전문적 정의 뒤에도 질문이 놓여 있다. 그래서 우리가 물리학에서 사용한 정의는 우리가 물어본 질문을 반영한다. 즉 p와 q를 얘기할 때 거론한 '위치'나 '속도' 그리고 '진동수' 등과 같은 양은, 관찰된 사건이 어떻게 나왔는지 또는 무엇이 그렇게 진행하도록 만들었는지 등을 알아내기 위해 꼭 측정되어야 할 양이다.

그와 같은 질문을 물어볼 때는 조사하는 대상이나 과정을 측정하기 위한 실험 기간 동안 가해지는 것들과 분리할 수 있다고 가정한다. 이것이 그동안 물리학에서 취해 왔던 매우 성공적인 방법이었다. 단지 그런 이유 때문에 그 방법에 수반되는 전문적 정의가 물리 세계의 모든 부분에 적용되고 '위치'는 관찰되건 말건 간에 관계없이 항상 점유하고 있다고 생각하는 습관에 빠지기 쉽다. 또한 우리의 정의가 절대로 옳으며 물리 세계를 정확히 반영하는 대상이나 과정 자체의 사진과 같다고 여기게 되기도 한다.

그러나 이제 자연에 대한 우리의 탐구는 아주 세밀한 데까지 이르렀으며, 측정하는 기술도 더 개량되었고 양자 영역이라는 한계에 다다르게 되었다. 어떤 실험에서나 측정하는 도구가 어떤 방법으로든 주제가 되는 대상 물질과 서로 영향을 미치게 되며, 이것을 피할 수는 없다. 그 도구가 물질의 형태인지 또는 빛 에너지의 형태인지에 관계없이 정보를 우리에게 전달해 주기 위해서는 어떤 종류로든 접촉하지 않을 수 없다. 그런 일이 벌어지지 않으면 우리는 아무것도 알지 못한다. 그리고 양자 영역에서는 가장 작은 상호 작용이 크고 강력한 것을 연구하는 주제와 연관되어 있다. 우리는 사진을 찍기 위 해 쬐어 줘야만 하는 빛이 찍히는 그림에 지대한 영향을 미침을 깨닫게 되었다. 우리는 우리가 상상했던 것처럼 물체나 과정 자체를 정확히 기록하지 않았다. 엄밀히 말하면, 결코 그렇게 해 보지도 못했다. 양자 상수가 너무 작기 때문에 실험에 의해 야기되는 교란을 항상 잘 감독할 수 있어서 대상 물질과 도구의 효과를 분리해 낼 수 있다는 생각을 갖게 된 것이 가능했다. 이제 우리는 이 생각이 측정에 대한 결정적인 시험에 합격하지 못함을 깨달았다. 우리는 실험에 의해서 만들어지는 효과도 우리가 관찰하는 대상에서 분리해 낼 수 없는 부분을 형성함을 깨달았다. 앞에서 말한 p나 q에 해당하는 여러 가지 물리학의 정의는 관찰에서 야기되는 효과로부터 동떨어져 존재하는 대상을 기술하는 것이 아니다.

우리는 모든 것 중에서 가장 기초가 되는 문제에 도달했다. 양자 영역에 대해 지식을 더 얻으려면 어떻게 진행시켜 나가야 하며 그 너머에는 무엇이 놓여 있을까? 우리의 질문을 어떻게 대답할 것인가? 정보를 얻기 위해서는 실험에 의존하지 않을 수 없는데, 그것은 관찰된 효과를 꼭 어떤 원인과 연결시킬 수 있어야 함을 의미한다. 우리가 측정한 것이 우리가 아는 것이며, 우리는 그로부터 과학을 세운다. 우리는 하이젠베르크의 법칙이 부정하는 바로 그 인과 관계에 의한 연결에 의존한다.

그런데 정확히 정해지지 않는다고 천명하는 바로 그 동일한 법칙이 우리에게 다른 무엇도 말해 주며 어떻게 진행해 나갈 수 있을지도 보여준다. 그것은 인과 관계로 연결 지어야만 되는 양, 즉 q와 p에 대한 불충분한 정의가 서로 상대방을 배제하는 관계로 존재함을 말해 준다. 한 가지가 뚜렷하게 정의될 수 있을 때, 그 한 쌍의 다른 쪽은 측정에서 전혀 나타나지도 않을 것이다. 그래서 만일 부분적으로 불충분한 정의를 그대로 놓아두고 사용한다면 그야말로 중요한 핵심이 되는 인과 관계의 연결을 성립시킬 수 있을지도 모른다. 한 종류의 실험 상태에서는 '위치'라고 부르는 것을 정확히 구분 지을 수도 있다. 그리고 다른 측정 상황에서는 '운동량'이라고 부르는 것을 같은 의미로 정확히 정의할 수도 있다. 이와 같이 실제적으로는 예전의 정의를 그대로 사용할 것이지만 그것을 달리 이해하게 될 것이다. '위치'는 이제 더 이상 우리가 보고 있지 않더라도 그대로 유지되는 성질이라고 얽매여 있지 않을 것이다. '진동수'

라든지 입자나 파동에 속하는 과거에 만들어 낸 다른 정의에도 같은 일이 성립한다. 이제 그것은 "우리가 부여하는 특정한 실험 조건들 아래서만 나타나는 측면"을 예고한다.

그래서 우리의 질문을 더 깊이 이해한 후에야 실험에 의해 계속 그 질문을 물어 볼 수 있게 되었다. 어떤 한도까지는 양자 영역에서 물어 보는 질문이 그 대답의 성질을 결정하기도 할 것이다. 우리는 문의 이쪽이나 저쪽에 서 있어야 하며, 어느 쪽에 서 있느냐에 따라서 우리의 시야에 들어오는 모습이 결정된다. 실험 방법과 우리가 관찰하는 양자 영역의 측면 사이에 존재하는 관계를 우리가 이해한다는 것은, 전과 마찬가지로 물리학의 p나 q를 가시적으로 대표하는 모형을 사용해도 좋음을 의미한다. 겉으로는 이런 모형이 대상 자체의 사진이라고 생각하지만, 이제 그것은 실험적 관점이 어떻느냐에 따라 이렇게도 또는 저렇게도 이해된다. 한 가지 학설이 어떤 한 실험을 해석하는 데는 유용하지만 다른 학설은 전혀 사용할 수 없다. 이것은 원자의 세계에서 양이 질로 바뀌는 방법을 그리고 물질이 어떤 특별한 형태로만 존재하고 그 형태가 특별한 방법으로만 결합하는 까닭을 논리적이고도 아름답게 설명한 파동 모형에서도 성립했다. 그것은 어떤 한 번의 실험에서 세밀하게 분석되기를 거부하는 바로 그 양자 상태가 우리가 직접 관찰하는 것의 안정성과 형태를 설명하기 때문이다. 이제 우리는 그 까닭을 아는 질문을 시작할 수 있다.

다른 실험 조건 아래서는 전자가 물질로 이루어진 입자라고 묘사하는 모형을 채택할 수 있다. 이 두 모형은 한 모형이 다른 모형으로는 설명할 수 없는 바로 그 부분을 메우기 때문에,

첫눈에 보이는 것처럼 서로 모순되는 것은 아니다. 그들은 서로를 보강하며 함께 전체를 표현한다.

이런 방법으로 닐스 보어는 원자의 크기로 이루어진 세계에서는 자연과 정확히 부합되지는 않지만 여전히 사용하지 않을 수 없는 정의와 연관된 측정에서 야기되는 어쩔 수 없는 부정확성을 수치적인 방법으로 확인하는 것이 바로 플랑크 상수라고 생각했다. 양자적인 불연속은 어떤 단 한 가지의 실험 상황에서 물리학자가 그의 주제에 대한 지식이 부족한 부분이다. 그러나 그것이 어떤 이해가 결핍되었음을 의미하지는 않는다. 그 이유는 하이젠베르크의 법칙에 의해 주어지는 정의 사이의 보완 관계 때문이다. 보어의 이런 해석은 가능한 최대의 이해에 도달하기 위해 서로 배제되는 개념을 사용한다는 생각을 표현한 '상보성(相補性)'이라고 부른다.

원자 물리학을 다루는 정밀한 도구인 양자 역학의 수학적 구조 속에서 보어는 물리학자가 예전 물리학을 확장해 보통 경험하는 현상은 물론 양자 영역까지도 설명할 수 있는 방법이 기록되었음을 읽었다. 예전 역학에서 나오는 p나 q는 다른 곱셈 규칙과 같은 다른 수학적 방법에 의해 다루어졌다. 예전의 파동 방정식은 개선되어서 3차원보다 더 많은 차원의 수학적 공간을 통해 움직였다. 그런 기술적 방법에 의해서 물리적 세계에 대한 예전의 이해를 하나하나 검증했으며 예전에는 모순된 것이 모두 포함될 수 있도록 논리 체계가 넓혀졌다.

예전 역학에서는 관찰의 대상과 그것을 관찰하는 데 사용된 도구는 분명히 구별된다는 생각이 은연중에 내포되어 있었다. 예전 것을 다 포함하고도 더 확장된 새 역학에는 그 대상과 그것을 조사하는 방법 사이의 관계에 대한 인식이 표현되어 있다. 그래서 양자 역학으로부터 나오는 풀이는 처음부터 여러 측면을 포함하고 있다. 여러 가지 다른 가능성이 모두 고려되며 실험에서 어떤 각도의 견해로 바로 보느냐에 따라 한 가지가 다른 것보다 더 일어날 확률이 높다. 예를 들면, 슈뢰딩거의 파동 방정식은 전자와 같은 소립자가 단 한 개 있는 경우의 행동을 기술하는 것이 아니고 같은 조건 아래 놓인 수많은 전자의 행동을 기술한다. 이 방정식을 가지고 우리는 어떤 특정한 실험에서 '위치' 또는 '파장'을 측정할 수 있는 확률을 계산한다.*

통계적인 방법은 양자 역학의 모든 형태 안에서 그 기호법에 직접 심어져 있다. 양자 역학은 맨 먼저 평균이라든지 확률로부터 시작하며, 큰 크기의 사건이 '확실히' 일어나는 배경에는 그런 개념이 깔려 있다. 자연을 이해한 예전의 방법 뒤에 숨겨졌던 더 깊은 진실이 통계적 형태의 묘사로부터 드러나게 되었다.

예전 것이 새것에 포함되면서도 예전의 모순은 모두 해결된 폭넓은 조화야말로 보어가 해석한 양자 역학의 정수(精髓)이다. 그것은 그가 그렇게 오랫동안 이루려고 꿈꿔 온 해답이었다. 그것은 마치 아인슈타인이 오랫동안 우주 안에서 거룩한 양식(樣式)을 찾으려고 꿈꿨고 과학을 기반으로 해서 그 양식을, 아니면 적어도 그 양식의 일부를 찾은 것처럼 보인 것과 같았다. (다음 장에서 우리는 '바깥 저쪽에서' 양식보다 더한 것까지도 '찾았음'을 알게 될 것이다) 그렇지만 보어는 양자 문제에 대한 그의 해결이, 아니 오히려 다른 사람의 해결을 그가 해석한 것이라

---

* 슈뢰딩거의 기호법을 '확률의 파동'이라고 해석하는 데는 막스 보른이 실질적으로 큰 기여를 했다.

고 말해야 더 정확하겠지만, 사람과 동떨어져서 존재하는 논리적인 양식을 반영한다고 생각하지는 않았다. 보어의 생각으로는 수학을 포함한 과학은 사람이 진실을 보는 방법, 즉 사람이 만든 것에 불과했다. 우리는 곧 아인슈타인과 보어 사이의 논쟁에서 그들의 견해에 존재하는 이러한 차이를 보게 될 것이다.

닐스 보어가 코펜하겐에 머물고 있는 하이젠베르크와 다시 연구하기 위해 노르웨이로 갔던 스키 여행에서 돌아온 후에, 두 사람이 오랜 기간에 걸쳐서 어느 때보다도 더 격렬하게 토론하면서 다시 한 번 더 서로 다른 실험 결과의 분석을 통해 그들 연구에 포함된 모순을 바로잡고 (자주 파울리의 도움을 얻으며) 그것을 마지막 형태로 손질했다. 이것을 '양자 역학의 코펜하겐 해석'이라고 부르게 되었다. 그것이 앞 장에서 선배가 후배에게 설명해 준 이론이며, 그것이 보어가 아인슈타인과의 논쟁에서 방어한 이론이기도 하다.

보어와 아인슈타인은 1927년 브뤼셀에서 열린 솔베이 토론회에서 만났다. 이곳에서 물리학자는 3년마다 그동안 과학의 발전 상황을 토의하고 말할 필요도 없이 그 발전 상황이 옳은지를 살펴보기 위해 모였는데, 보어는 그곳에서 그의 새로운 코펜하겐 해석을 발표하도록 초대받았다.

여러 주일에 걸쳐 보어는 토론회에서 발표할 논문을 손질했다. 그는 같은 생각을 가능한 모든 측면에서 돌아보려고 시도하며 계속 공식으로 만들기를 반복하면서 그의 해석을 완성했다. 그는 자기가 도달한 결론이 그렇게 도달하기까지의 방법과 분리해서 생각할 수가 없다고 느꼈다. 이제 논문에서 그는, 그가 1913년에 겪었고 그의 생각을 글로 표현하려고 시도하면 언제나 겪었던, 자신이 '표현의 결핍'이라고 부른 것을 해결하려는 난관과 싸우며 여러 가지 측면의 접근 방법을 표현하려고 시도했다. 한 문장을 완성하면 바로 즉시 그는 그 문장에서 빠뜨린 것을 발견하고 그 한 문장에 다른 관점과 그들 사이의 연결 및 연관 관계를 모두 포함시키려고 애쓰며 고치기 시작하곤 했다. 그는 완벽하게 명료한 것보다는 융통성 있고 깊은 이해를 추구했다. 생각을 분명하게 보이도록 만들 수도 있었지만, 그는 그러면 결과적으로 다른 사람이 이해하는 정도가 얕아질 것이라고 느꼈다.

보어가 한 문장을 가지고 씨름하면서 흔히 몇 주일씩, 몇 달씩 또는 심지어 몇 년씩 흘러가기도 했다. 그는 "이 문장을 어떻게 더 좋게 만들 수 있을까?"라고 친구나 집안 식구에게 묻곤 했다. 논문의 초고(草稿)는 점차로 삽입한 것이나 지운 자국 등으로 도저히 읽을 수 없을 정도로 더럽혀지곤 했다. 그러고 나서는 흔히 밤을 꼬박 새운 다음이거나 또는 한바탕의 자기 비판 다음에 그 생각을 표현할 다른 방법이 떠오르면 앞의 것을 몽땅 포기해 버리곤 했다.

이 덴마크 사람은 미카엘 패러데이(Michael Faraday)의 말을 빌려서 "연구하고, 끝내고, 발표하라!"라고 자신을 격려하곤 했다. 마침내 논문이 완성되어 타자를 치도록 비서에게 보내지면 보어의 동료들은 안도의 숨을 내쉬곤 했다. 그렇지만 그다음에도 그는 비서의 책상에서 타자된 원고를 찾아다가 그 위에 또 고치곤 했다. 새로 고친 것이 다시 타자되어 발표될 출판사로 보내진다. 그러면 출판사에서 조판한 원고가 교정을 위해 다시 코펜하겐으로 돌아온다. 보어는 그것을 부여잡고 또 고치기 시작하고 어떤 때는 몽땅 다시 쓰기도 한다. 그리고는 파울리에게 귀중한 비평을 위해서 코펜하겐으로 와달라고 끈질기게 졸라대고 마침내 파울리는 "마지막 원고가 완성되면 방문하리다"라는 답장을 보어에게 보낸다. 그와 비슷한 시기에, 디랙에게도 비슷한 조언을 구했을 때, 그는 문장이 어떻게 끝날 줄도 모르면서 문장을 쓰기 시작하는 것은 자기 습관이 아니라고 설명했다.

가끔, 노력을 계속해도 여전히 아무런 만족할 만한 결과를 얻을 수 없을 때면 보어는 노르웨이에서처럼 방해 없이 쉬지 않고 일할 수 있는 장소로 떠나기로 결정하곤 했다. 도움을 받을 수 있는 사람 (구술하는 것을 받아 적을 수 있고 또한 그와 토의할 수 있는 물리학자) 한 명과 함께 그는 철이 지난 휴양지라든가 조용할 것이라고 예상되는 다른 장소로 떠나곤 했다. 그를 도와준 사람 중의 한 명인 레온 로젠펠드는 평화를 위한 그러한 원정에 대한 경험을 다음과 같이 묘사했다. "외딴 장소에 위치한 쓸쓸한 영국 호텔에서 응접실의 좋은 소파를 먼저 차지하려고 화를 잘 내는 어떤 선생과 본격적인 신경전을 벌이던 때도 있었고, 이탈리아에서는 강아지를 데리고 긴 산책을 나갔는데 강아지가 부근에 있던 가축들을 보고 짖으며 대드는 바람에 그곳 농부의 화를 돋우던 때도 있었다." 그리고 도저히 잊지 못할 일이 벨기에에서 일어났다. 그들은 우연히 도박 휴양지에 짐을 풀게 되었는데, 그들과 같은 종류의 일에 종사하는 것처럼 보이는 어떤 사람을 보았다. 그는 여러 줄의 숫자를 조

사하고 명백히 어떤 '규칙'을 찾으려고 애쓰면서 계산한 결과를
열광적으로 휘갈겨 쓰고 있었다. 로젠펠드가 말한 바에 따르면,
그들은 처음으로 '진짜 도박꾼'을 보고 있었으며, 그들은 자기
들을 맞이하는 호텔 관리인이 왜 잔뜩 의심스러운 어조로 '방
값은 선불'이라고 말했는지 이해하기 시작했다.

   다시 코펜하겐 이야기로 돌아오자. 이와 같은 모험에 대해서
전해 내려오는 이야기는 연구소의 젊은 친구들에게 입에서 입
으로 전달되며 전통의 일부가 된다. 그리고 보어의 오십 살 기
념과 같은 중요한 생일을 축하할 때면, 현재 또는 지난날 연구
소에 소속되었던 학생들과 조교들은 논문이나 시 등을 모은 특
별한 생일 선물을 보어에게 증정하곤 했다. 그런 선물 중에서
『익살 물리학 논문집』은, 이 논문집의 서문에서도 밝히고 있듯
이 보어가 그 논문집을 모두 읽는 것이 그의 의무라고 느끼든
지 아니면 심지어 논문집에서 '무엇인가 배우려고 시도'할지도
모르기 때문에 심각한 연구 결과를 다루지 않았다. 그 논문집
에 논문을 실은 저자들은 보어에게 '그렇게 어려운 과제'를 면
제해 주는 것이 더 좋아 보였다고 말했다. 그래서 그 논문집에
서는 물리학과 물리학자, 특별히 보어 자신을 놀려대는 데 열
중했다. 그 논문집에서 보어는 그의 문체에 대해서 지독하게
풍자한 글을 읽을 수 있었고, 자신을 강아지로 풍자해 그린 그
림을 볼 수 있었으며, 논문을 완성하는 데 로젠펠드와 질질 끌
며 괴로워했던 과정을 회상할 수 있었다.

   이 모든 것이 실제로 닐스 보어에게 바로 그 자신의 스타일
로 써서 경의를 바치는 것이었다. 그는 자신이 매우 진지하게
받아들이는 물질에서까지도 익살스러움을 찾아볼 줄 알았다.

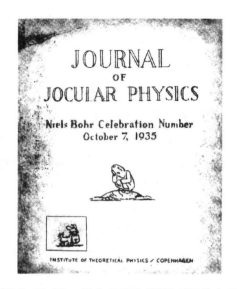

보어의 50회 생일을 기념해 그에게 증정된 「익살 물리학 논문집」의 표지. 아래쪽 네모 안에 삽입된 '보어 강아지'는 이 논문집 본문에 발표된 프리츠 칼커가 지은 「신비한 원자 워크숍」이라는 제목의 이야기를 나타낸 그림이다. 이 논문집에는 이 밖에도 「우주선(宇宙線)이 란다우-계수(물리학자 레브 란다우를 의미함)에 미친 영향에 대한 소고」 등의 글이 실려 있다. 표지에서 볼 수 있는 두 그림은 모두 피에트 하인의 솜씨이다

　　보어와 가장 가까이 지냈던 사람들이 그로부터 가장 많은 혜택을 입었다. 그것은 보어가 논문이나 강의보다 개인적인 대화에서 자신을 더 충분히 표현할 수 있었기 때문이었다. 그는 이 책에서 그를 묘사한 것처럼 새로운 생각을 추구하느라 항상 뜨겁게 달아올라 있었던 것은 아니었다. 그는 또한 학생을 지도하는 선생이기도 했는데 공식적인 강의를 통해서보다는 개인적인 대화를 통해서 가르치기를 좋아했다. 보어의 서재로 불려간 학생들은 그들이 연구하는 것에 관해 예리한 질문을 받았으

며 자신도 모르는 사이에 활기찬 토론으로 끌려 들어갔다. 그렇지만 잘잘못을 가리지는 않았다. 선생과 제자는 서로 같이 배우기 위해 만났으며, 그러한 배움의 결과로 학생들은 자기 자신이 한 일을 판단할 수 있었다.

학생들은 보어와 이렇게 서로의 일에 대해 토의를 해 나가면서 그를 상당히 친밀하게 알게 된다. 과학을 '진지'하게 토의하기 위한 '말문을 트려고' 농담을 던지는 대신에 그날그날의 느낌에 따라서 마음속에 새로 생각해 낸 것이나 또는 과거에는 틀림없이 옳았던 생각에 대해 제기한 침울한 의문을 화제로 삼거나 또는 새로운 방향으로 발전하는 이론을 설명하는 젊은 정열을 뿜으며 경쾌하게 대화를 이어나가는 보어를 보면, 그의 기분은 아주 명백히 드러났다. 로젠펠드는 보어 연구소에 매력을 느끼고 찾아오는 젊은 물리학자에 대해서 설명하면서 "그들은 단순히 과학자를 찾아왔지만, 그들이 만난 사람은 사람이라는 단어가 의미하는 것을 모두 포함하고 있는 진정한 사람이었다"라고 말했다.

보어는 1927년 봄에 양자 역학의 코펜하겐 해석에 대한 논문을 마지막으로 손질해 솔베이 토론회에 참석하고자 브뤼셀로 떠났다. 아인슈타인도 그 토론회에 참석할 예정이었으므로 보어는 한 측면으로는 아인슈타인 자신의 특수 상대론과 닮은 그의 새 이론에 대해 아인슈타인이 할 이야기가 몹시 궁금했다. 두 이론이 모두 원리를 극한 상황까지 끌고 가서 만들어졌다. 보통 크기로 빠르기가 느린 사람이 평소에 경험하는 세상에서 얻는 경험으로부터 추출된 어떤 개념은 빠르기가 광속에 접근하거나 물리량의 크기가 플랑크 상수에 접근하는 영역까지 확장해서 사용될 수 없다. 고전 물리학이 이러한 물리 세계의 양쪽 끝에서 한쪽에서는 상대론에 다른 쪽에서는 양자론에 그 지위를 양보했다.

보어의 눈에는 아인슈타인이 첫 번째 영역에서와 마찬가지로 두 번째 영역에서도 위대한 선구자로 비쳤다. 자기가 기여한 것은 그와 비교하면 아주 보잘것없게 느껴졌다. 광전 효과를 설명하면서 플랑크의 아이디어가 광범위하게 적용될 수 있음을 보인 사람이 바로 아인슈타인이었으며, 원자를 묘사하는 데 통계적인 추론을 어떻게 사용할지 알아내 이 비정상적인 방법을 물리학에서 가장 중요한 관심사의 하나로 만든 사람도 역시 아인슈타인이었다. 이제 아인슈타인이 시작한 일의 열매가 바로 눈앞으로 다가왔다. 보어는 '큰 기대를 품고' 아인슈타인에게 이야기하기 위해 솔베이 토론회를 향해 떠났다.

그 회의에서 두 사람 사이에 진행된 논쟁에 대해서 묘사하기 전에, 아인슈타인이 독일로 돌아온 1913년 이후에 그가 어떻게 지냈는지에 대한 편린을 먼저 살펴보자. 그곳에서 아인슈타인은 그의 첫 번째 상대론을 확장하기 시작해 완성했으며, 그곳에서 그는 자기 이론이 옳다고 밝혀진 후에 신분상으로 갑자기 큰 변화가 생기는 것을 경험했고 정치적 견해를 밝히기 시작함으로 그러한 변화에 대응했을 뿐 아니라, 그곳에서 그의 생활이 그가 말했던 것처럼 "약간 이상해지기" 시작했다.

열두 번째 마당

알버트 아인슈타인: 일반 상대론

> 만지는 것마다 모두
> 금으로 변하는 동화의 주인공처럼
> 내가 만지는 것은 무엇이든지 신문 기사거리가 되었다.
> ―Max Born에게 보낸 Albert Einstein의 편지에서(1920)

아인슈타인이 1927년에 솔베이 토론회에서 보어를 만났을 때 그는 마흔여덟 살이었다. 머리에는 흰 머리카락이 나타나고 얼굴에는 주름살이 잡히기 시작했다. 그가 독일로 돌아오겠다고 결정한 뒤 14년이 흘렀으며 이 기간 동안에 그는 허만 폰 헬름홀츠와 막스 플랑크의 대학교였던 베를린 대학교에서 대부분의 세월을 보냈다.

베를린에 머물기 시작한 처음부터 그는 편안하지 못했다. 그는 자주 무엇인가 자기를 억압하고 있는 것처럼 느꼈으며 마지막이 좋지 않을 것 같은 (옳다고 밝혀진) 예감이 들었다고 말했다. 그가 가장 원했던 것, 즉 그의 연구에 집중할 수 있는 기회를 베를린이 제공해 준 것은 사실이었다. 그렇지만 그는 연구를 진행하면서 겪어야 하는 인간관계 등과 같은 주위 환경으로부터 자신을 완전히 분리할 수는 없었다. 열여섯 살 때 그는 독일 학교의 규제, 즉 그가 보기에 독일의 지적 생활을 특정 짓는 권위에 대한 무의식적인 순종으로부터 도피했다. 이제 그

는 자기가 소년이었을 때 피해 나왔던 바로 그 권위자들에게
속하는 지위를 수락했던 것이다. 시작부터 그는 자기가 속하지
않은 그리고 속하기를 원하지도 않은 베를린 대학교의 안에 있
지 못하고 바깥에 서 있었다. 그렇지만 그는 그곳에서 20년 동
안 머물렀다. 비록 닐스 보어와는 대조적으로 그는 홀로 연구
하기를 선호했고 홀로 등대지기로 사는 사람이 더 부럽다고 말
했지만, 마음만 그러했지 결코 자신을 인간 사회로부터 격리시
키지 못했다.

　아인슈타인의 전기(傳記)를 쓴 작가 중 한 사람인 필립 프랑
크(Philipp Frank)는 이 신임 교수가 베를린 대학교의 학자 사
회에 속한 몇 사람에게 준 인상을 묘사했는데, 아인슈타인이
어떤 날 오후에 베를린 대학교의 유명한 심리학자인 스텀프 교
수를 방문한 특별한 예를 들면 다음과 같다. 당시에는 신임 교
수가 자신을 소개하기 위해 동료 교수를 그렇게 방문하는 것이
관습이었다. 스텀프 교수 부부는 그러한 경우에 의례적으로 물
어 보는 "베를린이 좋으십니까?"라든지 "가족은 모두 안녕하십
니까?"* 따위의 정중한 질문을 물어 보려고 준비하고 있었다.

　그런 질문을 물어볼 만한 틈이 도저히 나지 않았다. 아인슈
타인은 단순히 스텀프 교수가 공간에 대한 개념에 흥미를 가졌
다는 얘기를 듣고 혹시 그것이 상대론과 무슨 연관이 있을지
논의하기 위해 방문했을 따름이었다. 스텀프 교수 집의 응접실
에 들어서자마자 그는 곧 공간에 대한 문제와 연관된 그의 이

---

* 아인슈타인은 1901년에 취리히 공과대학의 동급생이었던 밀레바 마릭
(Mileva Maric)과 결혼했다. 그들은 두 아들을 낳았다. 아인슈타인이 베를
린으로 돌아온 뒤에 그들은 이혼하고 아인슈타인은 사촌인 엘자 아인슈타
인과 재혼했고 그녀가 죽은 1936년까지 함께 지냈다.

론을 설명하는 포문을 열기 시작했고, 스텀프 교수는 수학 용어에 별로 익숙하지 못했기 때문에 아인슈타인이 설명하고 있는 것을 거의 이해할 수 없어서 무척 당황해 했다. 근 반 시간 동안 알아들을 수 없는 설명이 계속되었고 (그런 방문은 대개 잠시 머무는 것이 예의였으므로 갑자기 자신이 너무 오래 머 물렀음을 깨닫고는) 신임 교수는 안녕히 계시라는 인사말을 중얼거리고 황급히 그 집을 나왔다.

아인슈타인은 중요한 과학 문제에 대해서 얘기하는 것은 좋아했지만 단순히 잡담을 나누는 것은 좋아하지 않았다. 프리바도젠트에서 정 교수까지 이르는 학자 사회의 사다리를 오르는 것이 목표인 다른 사람들에게는 굉장히 중요한 문제가 그의 흥미를 전혀 끌지 못했다. 어떤 동료가 아인슈타인에게 "A라는 사람이 프러시아 왕립학술원 회원으로 선출되었다는 소식을 들었소?"라든지, "B라는 사람이 최근 논문에서 C의 연구를 인용하지 않았다는데, 그 소식을 들었소?"라고 물어 보면, 그는 대개 아인슈타인의 껄껄 웃는 웃음소리를 들을 뿐이었다. 학자 사회의 소문이 아인슈타인에게는 흥미거리가 되지 못할 뿐 아니라 어리석게만 들렸다.

권위 있는 프러시아 왕립학술원 회의도 아인슈타인에게는 역시 마찬가지였다. 프러시아 왕립학술원은 기준이 아주 높아서 심지어 베를린 대학교 교수조차도 회원이 되지 못하는 사람이 많았다. 그는 회원들이 거의 대부분 조금이라도 관련 있는 연구는 모두 다 인용해 마치 매우 중요해 보이도록 만들었지만 학문적으로는 별 가치가 없음이 분명한 긴 논문을 전부 읽는다든지, 심지어 그때까지 모인 논문을 한 권으로 발행할 것인지 두 권으로 발행할 것인지와 같은 문제까지도 모두 엄숙하고 때로는 흥분하여 그리고 항상 한 치의 빈틈도 없이 철저하게 토론하는 학술원 회의에 참석하는 것이 지긋지긋했다.

이러한 학술회의에서 아인슈타인을 짜증스럽게 만든 것은 과학적으로 우쭐거리는 내용이 지루했기 때문은 아니다. 그는 '쉽게' 발견을 해서 평판을 얻고 그래서 돈도 버는 매일 일어나는 과학의 상업주의를 참을 수 없었다. 그는 과학자란 진정한 그리고 기본적인 문제에 관심을 가져야 된다고 생각했다. 그의 자세는 극단적으로 이상적이었다. 그는 과학은 '사원(寺院)'이라고 말했다. 사람은 그곳으로 돈을 벌거나 어떤 특정한 소질을 살리려고 들어와서는 안 되며, 순수하게 섬기기 위해 오로지 '과학 자체'를 위해 들어와야만 한다.

앞에서 본 것처럼, 아인슈타인 자신은 이해하려는 욕구, 그가 '정열'이라고 부른 욕구에 의해 인도되었다. 그는 개인이라는 존재야말로 편협하고 비좁으며 파멸될 운명임을 알았다. 그는 거리나 도시, 국가, 그리고 심지어 행성 등에서 일어나는 인간적인 것에서 벗어나 우주적인 진리로 생각 속에서 자신을 해방시킬 수 있었다. 끝없이 변화하고 다양하게 보이는 것 속에서 그는 '미리 확립된 조화'를 발견할 수 있었다. 사람의 마음이 우주 안에 존재하는 기본 질서와 기본 형태를 알아 볼 수 있다는 것이 아인슈타인에게는 끝없이 놀랍고 기뻤다. 정열이 그의 생활을 지배했으며, 그의 모든 창조적 능력은 단 한 가지 방면으로 향했다. 아인슈타인에게 "삶과 죽음의 차이는…오직 물리를 할 수 있느냐 아니면 할 수 없느냐의 차이로만 존재했다"라고 한 친구가 말했다.

대조적으로, 그 밖에 다른 것은 거의 대부분 하찮거나 아니면 웃음이 나올 따름이었다. 예를 들면, 아인슈타인은 장례식이 진행되고 있는 동안에 동네 사람에게 말을 걸면서, 그런 의식 자체에 어떤 의미도 찾아볼 수 없다고 털어놓았다. 그는 사람이 장례식에 가는 것은 "단순히 다른 사람으로부터 더러운 구두를 신고 있다는 말을 듣지 않으려고 매일 구두를 닦는 것"과 마찬가지로 오로지 다른 사람 때문이라고 말했다. 계속 반복해 다른 사람은 심각하게 생각하는 문제를 말하는데, 이것을 듣고는 조금도 참으려는 기색이 없이 큰 소리로 웃고 말 따름이었으므로 방금 그에게 들려준 자기 이야기가 조금도 우스운 내용이 아니었음을 알고 있던 사람들은 당황하고 난처하게 되기가 일쑤였다.

그런 일이 자주 일어남에 따라서, 어떤 사람이 "아인슈타인은 철없다"고 말하는 것도 무리는 아니었다. 베를린에서 그는 자기만 편안하지 않았을 뿐 아니고, 그곳에 있는 동료들 중에서 많은 사람이 불편하게 느끼도록 만들었다. 심지어 그의 옷차림까지도 그가 관습에 얼마나 관심을 두지 않는지를 증명했다. 날이 지나감에 따라 그의 옷장에서는 넥타이라든가 허리띠, 잠옷 그리고 양말 따위를 발견할 수 없게 되었다. 그것들은 그에게 개인적인 존재를 알려 주는 다른 하나의 싫증 나는 측면인 '필요 없는 밸러스트(역자 주: 화물이 적을 때 배를 안정시키기 위해 싣는 필요 없는 물건)'였으며, 하나씩 차례로 밖으로 버려졌다. 그러나 좀 더 자유롭게 지내려고 의복을 간소하게 한 것이 나중에는 자유를 속박하게 될지도 모른다. '아인슈타인'이라는 이름이 몇 명 안 되는 물리학자로 이루어진 사회 바깥까지 알려지게 되었을 때, 전통에 얽매이지 않은 자유로운 사고에 대한 그의 평판에 (우수가 어리고 빛을 발하는 두 눈이 특별히 눈에 띄는 잊혀지지 않는 얼굴뿐 아니라 낡은 가죽 자켓이나 헐렁한 바지 그리고 덥수룩하게 휘날리는 머리 등) 그의 외모까지 가세해 그를 더욱 더 두드러지고 이상하게 보이도록 만들었다. 사람들은 단순히 펭귄 사이에 끼여 있는 열대조(熱帶鳥)인 아인슈타인을 구경하기 위해 베를린 대학교를 방문했다.

그가 대단히 유명해지게 된 것은 그의 두 번째 상대론(또는 일반 상대론)이 극적으로 확인된 후에 갑작스럽게 찾아왔다. 여기서 우리는 주로 나중에 그가 닐스 보어와 벌였던 논쟁과 연관된 과학 문제에 대한 아인슈타인의 개인적인 접근 방법이 어떠했는지를 보여 줄 수 있을 정도로만 그 이론을 아주 간략히 설명할 예정이다. 그러나 시작하기 전에 우선 양자론과 상대론 사이에 본질적 차이가 무엇인지 지적하고 넘어가자. 두 가지가 모두 공간과 시간의 틀 안에서 운동을 추적하는 문제를 취급하지만, 큰 크기의 물리학에 속하는 일반 상대론은 플랑크 상수가 작기 때문에 정확하게 묘사할 수 있는 운동을 다룬다. 아인슈타인이 첫 번째 상대론을 풀 때, 그의 동기는 완전한 물리 법칙을 찾겠다는 욕망으로부터 유발되었다. 그가 말하는 이론에는 세 개의 조건이 있다. 이론이란 '자체 안에서 완전함'을 보여 주어야만 하고, 사실과 맞아떨어져야 하고, 또한 실험으로 밝혀진 토대를 지닌 전제에 기반을 두어야 한다. 이론의 전제는 논리적으로 간단하고 억지로 만든 것이 아니어야만 된다. 그러한 기초에서 시작해 그는 물체의 운동을 판단하는 데 정지한 공간 또는 절대 공간이라는 한 가지 특별한 기준계에만 의

지해 만든 뉴턴의 운동 법칙에 결함이 있음을 찾아냈다. 그는 특별한 단서 조항 따위는 필요하지 않아야 한다고 느꼈다. 그런 것은 인위적이고 측정 사실과도 연관이 없지만, 그보다도 그런 것은 필요 없이 복잡하게 만들도록 억지로 집어넣은 이론의 오점(汚點)이라는 사실이 더 중요했다. 그는 그러한 오점을 제거하는 것이 가능해야 한다고 믿었다. 관찰자가 어떤 관점에서 보든지, 즉 어떤 기준계에서 관찰하든지 운동을 판단할 수 있는 법칙이 발견될 수 있을 것임에 틀림없다. 다시 말하면 "지구가 하루에 한 번씩 자전한다"라고 말하거나 또는 "하늘이 지구 주위를 하루에 한 바퀴씩 돈다"고 말해도 두 가지가 모두 옳다고 말해 주는 법칙, 즉 누구에게나 사용되는 법칙이 발견될 수 있을 것임이 틀림없다.

그의 첫 번째 상대론은 이러한 목표를 달성하도록 진척되었으며, 그는 균일한 운동(역자 주: 일정한 빠르기로 직선 위를 진행하는 운동)의 경우에는 절대 공간이라는 기준계를 상정할 필요가 없음을 보일 수 있었다. 그의 새 운동 법칙은 절대 기준계와 관계없었고 또한 특별히 선호할 만한 다른 기준계도 갖지 않았다. 그러나 그의 연구는 균일하지 않은 운동, 즉 직선 위를 일정한 빠르기로 움직이는 운동에서 벗어나는 회전이라든가 가속 또는 감속 등과 같은 운동을 지배하는 법칙을 발견할 때까지 끝나지 않았다. 그가 그의 첫 번째 이론을 발표하려고 송고(送稿)한 직후부터 그는 균일하지 않은 운동에 대한 문제와 (뉴턴에 의하면 그러한 운동을 일으키는 원인인) 관성이나 중력과 같은 힘에 대한 문제에 대해 곰곰이 생각하기 시작했다.

이 문제를 푸는 데 그는 10년이라는 세월을 보냈으며, 첫 번째 이론에서처럼 그의 풀이는 (힘과 질량뿐 아니라) 공간과 시간에 대해서도 보통 느끼는 경험을 기반으로 형성되는 것과는 근본적으로 다른 개념을 바탕으로 이루어졌다. 이로 말미암아 그의 생각은 그가 살던 시대의 다른 사람이 지닌 생각과 상충되었다. 그러나 아인슈타인의 두 번째 이론은 첫 번째 이론과 마찬가지로 이미 인정받고 있는 생각을 무너뜨리려는 바람에 의해서가 아니고 물리 법칙을 단순하게 만들고 일반화함으로써 완전하게 만들겠다는 거역할 수 없는 욕망에 의해 추진되었다. 그것이 바로 균일하지 않은 운동에 대해서 법칙의 옛 구조에 어떤 잘못이 있음을 지적하는 실험이 한 가지도 아직 나오지 않았는데도 불구하고 (10년이라는 긴 세월 동안) 그가 그러한 문제에 몰두한 까닭이다. 거의 대부분의 다른 물리학자에게는 문제 될 것이 전혀 없었다. 뉴턴의 법칙은 행성의 운동을 아주 완벽하게 잘 설명했다. 마이컬슨과 몰리가 에테르의 흐름을 탐지하는 데 실패한 것처럼 균일하지 않은 운동에 대해 의심을 일으킬 만한 어떤 실험도 아직 행해지지 않았다.

기존의 이론이 지니고 있을지도 모를 결함을 지적해 주는 실험이 없는데 새로운 이론을 발견하는 것이 어떻게 가능할까? 어디서부터 시작할 것인가? 다시 한 번 아인슈타인을 인도한 것은 자연의 법칙이라면 당연히 어떤 형태를 취해야만 되리라는 그의 느낌이었다. 그것이 그로 하여금, 그의 견해로는 너무나도 편리한, 무엇이든지 옳은 답만 나오도록 되어 있는 뉴턴 법칙에서의 어떤 우연의 일치에 대해 의문을 품게 만들었다. 그 우연의 일치란 뉴턴의 만유인력 법칙에서 중력의 근원이라고 여겨지는 물체의 질량과 뉴턴의 운동 법칙에서 관성의 정도

ULLSTEIN

일반 상대론에 대한 검증이 성공으로 끝나고 그의 이름이 신문에 나타나기 시작한 해인 1919년의 알버트 아인슈타인

를 알려 주는 척도인 물체의 질량이 완벽하게 일치한다는 점이었다.

　뉴턴의 운동 법칙에 의하면, 물체의 운동을 변경시키기 위해 필요한 힘의 크기는 그 물체의 질량에 의존한다. 무거운 물체가 가벼운 물체보다 더 큰 관성을 지니고 있기 때문에 움직이게 만들거나 멈추게 만들기가 더 어렵다. 그런데 지상에서 자유롭게 낙하하는 물체의 경우를 언뜻 생각하면 이 법칙이 성립하지 않는 예외처럼 생각된다. 무거운 물체가 더 천천히 떨어지는 대신에 가벼운 물체와 똑같이 가속된다.

　뉴턴은 이 예외를 그가 발견한 만유인력의 법칙으로 다음과 같이 설명한다. 한 물체가 다른 물체를 잡아당기는 인력은 그

320

힘을 받는 물체의 질량에 비례한다. 그래서 아주 편리하게도 중력에 의한 힘은 항상 물체의 관성을 극복하는 데 아주 딱 알맞도록 충분해서 모든 물체가 같은 속력으로 떨어진다.

두 가지 다른 역할로 나타나는 이 동일한 질량 상수가 완벽하게 조화된다는 점이 아인슈타인에게는 어느 정도 의심스럽고 어느 정도 강제로 그렇게 만든 것 같았다. 우주를 설명하기에 이런 식으로 우연의 일치를 도입할 필요는 없었다. 신은 일부러 그렇게 심술 사납도록 복잡하게 만들지는 않을 게 틀림없었다. 그는 관성력과 중력 사이의 구별이 인위적이지만은 않을지도 모른다고 의문을 갖기 시작했다. 뉴턴이 '중력'이라고 부른 것에 의해 일어나는 운동이 '관성'이라고 부른 것에 의해 일어나는 운동과 실제로는 서로 다르지 않을까? 아인슈타인은 그 질문을 대답하려면 수행할 수 있을 법한 실험을 상정해 분석해 보고 그 두 가지가 서로 다를 수가 없음을 발견했다. 그와 같은 가설은 실험으로 증명될 수 없을 것이므로, "실험과 연관지을 수 없는 것은 알지 못하는 것"이라는 규칙에 의해서, 그런 구별은 물리 이론에 들어올 수 없었다.

우연의 일치에도 의존하지 않을 뿐 아니라 어떤 선호된 기준계에도 의존하지 않는 이론, 중력과 관성을 중력장이라는 하나의 개념으로 설명할 수 있는 이론, 바로 그것이 새 이론을 세우기 위해 아인슈타인이 요구한 확고한 조건이었다. 맥스웰은 전기와 자기 현상의 효과를 전자기장(電磁氣場)*이라는 개념으로 설명했는데, 이 전자기장이 빈 공간의 성질을 변경시켜서 이전에는 멀리 떨어진 물체에까지 영향을 주는 힘이라고 여겨

---

* 복사를 이루는 파동은 전자기장으로 구성되어 있다.

졌던 자기 현상을 이제 끌림을 당하는 물체 주위의 공간에 대한 성질로 이해할 수 있게 되었다. 그것과 비슷한 모양으로 아인슈타인은 관성과 중력의 효과는 영향을 받은 물체 주위의 공간이 변했기 때문에 생긴다고 설명했다. 그의 이론에서 중력은 멀리 떨어진 물체에 신비한 방법에 의해서 순간적으로 도달해서 작용하는 힘이 아니다. 중력은 오히려 우주 전체에 분포되어 있는 질량에 의해 창조된 공간의 성질이다. 행성이나 별이 어느 곳에 놓여 있든지, 그곳에는 공간의 성질을 변경시키는 중력장이 생긴다.

아인슈타인의 이론에서, 자연에서 일어나는 운동의 원인은 장이 일그러져서(또는 굽어서) 생기는 공간의 성질 때문이다. 물체가 운동할 때 취하는 경로는 그것이 통과하는 공간이 생긴 모습, 즉 지나가는 길을 따라 만나는 '계곡'이나 '언덕'에 의해 좌우된다. 그래서 아인슈타인에 의하면 두 점 사이에 가장 가까운 길, 즉 가장 쉬운 경로는 직선이 아니고 언덕처럼 일그러진 공간에서 굽은 선이다. 이와 같은 생각에 근거해 운동 법칙을 세우기 위해 그는 먼저 그렇게 새로운 공간의 모습을 기술할 기하(裝何), 즉 직선으로 이루어졌다는 생각에 기반을 두지 않은 비유클리드 기하를 찾아야만 했다. 오랜 기간에 걸쳐서 (이 기간 동안에 그는 취리히에서 대학에 다닐 때 수학을 좀 더 많이 공부하지 않은 것을 후회했다) 그런 기하학을 찾으려고 애쓴 후에 바로 딱 알맞는 도구인 리만 기하를 발견했다. 다른 비유클리드 기하학과는 달리 리만 기하학은 공간의 좁은 영역에서는 사람이 보통 경험하는 것과 같은 유클리드 기하학과 같아졌다.

일반 상대론을 얘기하면서, 우리는 '공간'이라는 단어를 사용했는데, 3차원을 갖는 공간과 1차원인 시간으로 이루어진 '시공간(時空間)'이라는 단어를 사용하는 것이 더 적당했을 것이다. 운동을 완전히 기술하려면, '어디'를 나타내는 3차원뿐 아니라 '언제'를 나타내는 1차원인 시간도 사용되어야만 한다. 아인슈타인의 첫 번째 상대론이 출현하기 전에는, 우리가 지구에서 일상적으로 경험할 수 있는 것처럼 시간 차원은 다른 세 개의 공간 차원과 항상 구분 지을 수 있다고 가정했다. 첫 번째 이론(특수 상대론)은 일상적이지 않은 현상에서 그와 같은 가정이 성립하지 않음을 분명하게 보여 주었다. 그리고 두 번째 이론에서도 공간과 시간을 결합한 4차원이 또한 근본적인 역할을 맡는다. 우주의 서로 다른 장소에 위치하면서 동일한 사건을 보는 관찰자는 그 사건을 서로 다르게 감지한다. 아인슈타인은 이것을 분명하게 옳다고 증명했다. 그렇다면 그것이 같은 사건이었음을 어떻게 알 수 있을까? 주관적인 관찰 중에서 모두에게 공통인 객관적인 것을 어떻게 구별해 낼 수 있을까? 아인슈타인의 두 이론은 이러한 질문을 '4차원 연속체'라고 부르는 시공간의 틀을 이용해 대답한다. 우주의 서로 다른 위치에서 취해진 관찰은 서로 다를 수밖에 없지만, 이것을 수학적인 시공간 틀과 연관 지음으로써 객관적인 정보를 얻는 일이 가능해진다. 다시 말하면 상대론의 법칙은 어떤 기준계에서든지, 즉 어떤 관점에서든지 모두 성립한다. 그 법칙은 보편적이다.

그래서 상대론에 의하면, 공간과 시간은 분리될 수 없으며 우주에서 물질이 존재하는 영역에는 시공간으로 기술되는 단일체가 굽기를 갖는다. 이로부터 우주 전체도 얼마 안 되지만 약간의 굽기를 가져야만 하는 것을 알 수 있으며 따라서 우주는 한계, 즉 크기를 갖지 않을 수 없다[역자 주: 1차원에서는 원둘레, 2차원에서는 구면(球面) 등이 굽어 있기 때문에 무한히 퍼지지 않고 유한함을 쉽게 볼 수 있는 예이다]. 이런 방법으로 일반 상대론은 사상 처음으로 과학적인 기반 위에서 우주 전체를 다루는 것이 가능하게 만들었다. 이것이 일반 상대론의 가장 중요한 결과라고 할 수 있을 것이다. 그러나 일반 상대론이 오늘 날 우주론이란 과학 분야에서 중요한 역할을 담당하고 있지만, 그 이론을 증명하기란 대단히 어려움이 잘 알려져 있기 때문에* 아인슈타인의 첫 번째 상대론처럼 그렇게 확고부동하게 완성되지는 못했다. 대응 원리(역자 주: 여섯 번째 마당에서 설명된 보어의 대응 원리를 지칭함)와도 부합되게 뉴턴 역학이 성립하는 영역에서는 일반 상대론의 공식이 뉴턴 역학의 공식과 딱 들어맞았다. 그런데 앞에서도 말했듯이 뉴턴의 법칙은 행성 운동을 아주 완벽하게 잘 설명해 준다. 그렇지만 아인슈타인은 그의 이론을 완성하고 그 이론이 맞는지 틀리는지 조사해 볼 방법이 없을까 궁리하다가 뉴턴 역학이 설명하는 행성의 운동 에 한 가지 예외가 존재함을 발견했다. 그의 이론이 예언하는 것이 물체가 강한 중력장 안에서 움직일 때만 뉴턴 역학이 예언하는 것과 달라지게 되므로, 행성 중에서도 특별히(공전 궤도 위의 한 점에서는) 태양과 무척 가까워지는 수성(水星)에 대한 관찰 기록을 검토했다. 이 경우에 뉴턴 역학은 관찰된 궤도를 그대로 예언하지 못했지만, 아인슈타인은 이 문제에서 그의 이론과 관찰

---

* 지금까지 세 가지 실험에 의해 이 이론이 옳다고 밝혀졌는데, 최근 그 중에 두 가지 실험에 대해서는 의문점이 제기되고 있다(역자 주: 이 책이 씌어진 30년 전인 1965년 이후 지금까지 일반 상대론은 수많은 실험에 의해 검증되었으며 오늘날에는 원칙적으로 옳다고 믿어지고 있다).

이 실제로 매우 완벽하게 일치함을 발견했다. 그러나 여전히 이것은 단지 한 번의 증명에 불과했다. 많은 물리학자가 이 이론을 진지하게 받아들이지 않으면 안 되게 만든 것은 바로 1차세계 대전이 끝날 무렵에 행해진 그 이론에 대한 두 번째 조사였다. 이 증명으로 말미암아 아인슈타인은 세계적인 명성을 얻게 되었다.

이 조사는 개기 일식 덕분에 태양 바로 옆에 보이는 별의 사진을 찍을 수 있게 된 영국 과학자들에 의해 이루어졌다. 아인슈타인의 이론에 의하면 행성의 경로와 마찬가지로 빛이 진행하는 경로도 시공간의 구조에 의해 결정될 것이기 때문에, 그들의 목적은 그 별로부터 오는 빛이 태양의 중력장에 의해서 구부러질 것인지를 확인해 보는 것이었다. 이 경우에 그 이론이 예언하는 구부러진 정도는 매우 미미할 것이다(비유로 말하면 2마일이 떨어진 거리에서 동전 한 개를 보는 것보다 더 크지 않을 것이다). 그럼에도 불구하고 영국의 과학자 그룹은 그것을 탐지하는 데 성공했다.

그들이 발견한 것은 런던에서 열린 왕립학술원 회의에서 처음으로 발표되었으며, 당시에 학술원 원장이었던 J. J. 톰슨은 아인슈타인의 이론을 "인간의 마음과 연관된 역사에서 가장 위대한 업적 중에 하나"라고 불렀다. 그때가 바로 1919년이었기 때문에 이 모든 일들이 매우 자세하게 신문에 보도되었다. 독일과 영국 사이의 전쟁이 막 끝났으며, 영국의 과학자에 의해서 독일 과학자가 고안한 이론이 증명되었다는 사실은 큰 기사거리가 될 수 있는 것처럼 보였다. 어떤 영국 신문은 아인슈타인을 "스위스 유태인"이라고 불렀으며(법적으로 그는 스위스 시민이었다), 그것을 알고 영국인은 무척 즐거워했다. 독일에서는 사람들이 이제 긍지를 가지고 그를 "독일 과학자"라고 불렀지만, 영국 사람은 그를 "스위스 유태인"이라고 생각하고 싶어 하는 것처럼 보였다. 만일 그의 인기가 조금이라도 떨어진다면, 그를 부르는 방법이 영국과 독일 사이에서 뒤바뀔 것이라고 아인슈타인이 말했다. 즉 영국 사람은 갑자기 그를 "독일인"이라고 부를 것이고 독일 사람에게는 그가 "스위스 유태인"이 될 것이 뻔했다.

그의 농담이 적어도 독일에서는 정말로 나타났다. 1919년이 미처 끝나기도 전에 독일의 곳곳에서는 전쟁에서 패한 이유가 약했기 때문이 아니고 반역 때문이었다는 소문이 돌았다. 독일은 평화론자와 유태인에 의해서 "뒤통수를 맞았다"고들 수군거렸다. 해가 지남에 따라 이러한 수군거림이 점점 더 커졌다. 1933년에 아돌프 히틀러가 출현하기 훨씬 전부터, 신념에 의해 평화주의자였고 혈통에 의해 유태인이었던 알버트 아인슈타인은 공개회의나 특정한 신문으로부터 공격당하곤 했다.

동시에, 아인슈타인은 수많은 다른 독일 사람들에게 영웅이었다. 전쟁 전에는 독일이 군사 대국이었다는 점과 또한 독일의 과학이 우수하다는 점이 자랑거리였다. 첫 번째 자랑거리는 가치 없는 것이었음이 증명되었지만 두 번째는 그렇지 않았다. 전쟁에서 적국이었던 나라의 사람들이 영국인인 아이작 뉴턴의 업적을 수정한 아인슈타인의 연구가 옳음을 입증했고 만방에 드높게 알렸다.

왜 그렇게 수많은 독일 사람이 세계의 다른 나라 사람과 함께 상대론에 흥미를 느꼈는지에 대한 여러 가지 그럴듯한 이유

가 제공되었다. 추측건대, 아인슈타인 자신과 마찬가지로 그들
은 전쟁에 의해 어두워지고 엉클어진 생활과 직접 관련 없고
동떨어진, 우주의 형태나 동작 그리고 절대적이며 결코 변경할
수 없다고 생각된 시간의 종말과 같은 지구상에서의 파괴와는
상관없는 그 무엇에 대해 생각하기를 원했을 것 같다. 아인슈
타인의 생각은 언론가가 해석하기에는 아주 좋은 '뉴스' 거리였다.

그와 동시에 일반 대중도 물리학자와 마찬가지로 새 이론이
무엇을 의미하는지 이해하기를 시도하고 있었다. 한 사람의 예
외도 없이 누구에게나 처음에 그 이론은 도저히 이해할 수 없
는 불가사의에 가까웠다. 심지어 그 이론을 따라가 이해하는
데 필요한 특별한 수학 지식을 갖고 있는 몇 안 되는 사람조차
도 이해하기가 힘들었다. 그것은 그 이론이 독특한 용어에 의
해서만 이해할 수 있었는데 그 용어가 아주 새로운 것이었기
때문이다. 그 이론을 이해하고자 원하는 과학자는 지금까지와
는 다른 방법으로 생각하는 법을 배워야만 했다. 막스 보른은
그가 아인슈타인의 이론을 처음으로 공부하기 시작했을 때, 그
이론이 "매혹적이지만 어렵고 거의 두렵기조차 했다"고 고백했
다. 그는 오랜 기간 동안 공부했을 뿐 아니라 아인슈타인 자신
과 토의한 뒤에야 비로소 그 이론을 이해하는 법을 배웠다. 그
러고 나서 그는, 다른 많은 과학자처럼 그것을 "아름답다"고 불
렀다. 여러 해에 걸쳐서 점차로 생소한 생각을 자꾸 사용함에
따라 친숙해졌지만, 1920년대 초기에 이런 생각을 일반 대중
에게 전문적이지 않은 보통말로 설명해 줄 수 있는 물리학자는
거의 없었다.

이와 같은 일이 이미 호기심에 가득 차 있던 상황에 불을 지

폈다. 역사 이래 여태껏 이렇게 많은 사람이 물리학의 이론에
흥미를 나타냈던 적은 결코 없었다고 말하더라도 조금도 과장
이 아니다. 물리학자는 양자론도 상대론만큼이나 중요하고 깜
짝 놀랄 만하다고 생각함에도 불구하고 결코 그만한 흥미를 자
아내지는 못했다. 신문에는 아인슈타인의 연구가 뜻하는 의미
에 대한 사설이 게재되었다. 철학자나 종교 지도자 사이에서는
상대성과 철학적 상대주의(윤리관도 절대적이라기보다는 인간의 발
달과 함께 변한다는 생각) 사이의 관계에 대한 논쟁이 벌어졌다.
그 이론은 또한 '반유물론적'이라고도 불렀다. 러시아에 서는
바로 그런 이유에서 그 이론이 공격당했다. 다른 나라에서는
그 이론이 '공산주의적'이라고 공격당했는데, 그 이론이 전통적
인 과학 개념에 대해 급격하게 도전한 것이 마치 최근 러시아
정치 체제의 급격한 변화와 동일시된 때문이었다.

과학자 중에서 일부도, 특별히 이론 물리학자가 아니며 '건전
한 상식'을 믿는 과학자가 그러했다고 전해 오지만, 그러한 공
격에 가담했다. 그런 사람 중에는 나치당의 초기 회원이 되었
던 독일의 물리학자이고 노벨상 수상자인 필립 레나르트도 포
함되었는데, 그의 실험이 아인슈타인으로 하여금 빛의 광자 이
론을 생각하도록 만들어 준 바로 그 사람이었다. 레나르트와
소수의 다른 과학자 및 철학자들은 1920년대에 걸쳐서 알버트
아인슈타인의 공적을 깎아내리려는 선전에 광분(狂奔)했다.

이때 독일은 연방 공화국 체제 아래 있었으며, 황제와 그의
프러시아 군대는 전쟁 끝에 권좌로부터 쫓겨났다. 그리고 실업
자와 물가 상승 등 골치 아픈 문제가 산적해 있었고, 예를 들
면, 하이젠베르크가 젊었을 때 뮌헨을 지배한 공산당 잔여 세

328

력이랄지 또한 군주제와 프러시아 군대를 재건하려는 사람 등 서로 이념을 달리하는 극단적인 여러 정치 세력이 끊임없이 공화정을 뒤엎으려 시도하고 있었다. 전쟁에서 독일이 패망한 것은 군대의 잘못 때문이 아니고 유태인과 평화론자의 반역 때문이라는 소문을 퍼뜨린 것은 바로 군주제를 다시 일으켜 세우려는 무리들이었다. 이 무리에 속한 사람들이(그 사람 중에는 꼭 정치적이랄 수 없는 일부 과학자와 철학자도 섞여 있었다) 아인슈타인을 깎아내리는 선전을 일삼았는데, 이 선전에서 그들은 그의 이론을 반박하는 과학적인 것처럼 들리는 논쟁을 새로 수립된 독일 공화정을 무너뜨릴 무기로 사용했던 것이다.

　여기서 아인슈타인은 침묵을 지키며 희생당하고 있지는 않았다. 그와는 정반대로 그는 극단주의자들이 제기하고 논쟁거리로 삼은 바로 그 문제에 대해서 강력한 입장을 취함으로써 그들을 반격하는 편을 도왔다. 그리고 어떤 주제에 대해서든지 아인슈타인이 말한 것은 언제나 신속하게 보도되었고 아인슈타인과 그의 생각에 대해 호기심을 갖는 많은 사람에 의해서 바로 읽혔다. 그는 국제주의자나 평화론자가 되면 단지 정치적 극단주의자에 의해서뿐 아니라 일반적으로도 반역에 매우 가까운 사람으로 매도당하던 시기와 장소에서 강력한 세계 정부와 전쟁의 종말을 주창했다. 그는 시온주의 운동(역자 주: Zionism, 유태인의 나라를 건설하려는 운동)을 특별히 아인슈타인 자신처럼 전문직종에 종사하는 사람을 포함한 많은 독일계 유태인조차 반대하던 시기에, 여러 나라에 흩어져 살고 있는 유태인이 모여 살 수 있는 땅으로 팔레스타인을 획득하려고 시도하는 그러한 운동을 지지하기 시작했다.

1920년대에는 독일의 유태인에게 유태인 집단 거주 지역보다 더 나쁜 무엇인가가 예비되어 있다는 사실을 알 도리가 없었으며, 많은 사람들은 유태인이 독일 사회에 완전히 동화되는 것은 단지 시간문제일 뿐이라고 느꼈다. 그들은 시온주의가 유태인의 종교적 그리고 문화적 차이를 강조하며 그래서 바람직한 동화를 막는 데 도움을 줄 뿐이라고 느꼈기 때문에 시온주의를 반대했다. 그러나 어떤 종류의 종교나 강력한 국가주의도 신봉하지 않는 아인슈타인은, 그럼에도 불구하고 새로운 유태 국가를 건설하려는 운동을 지지했다. 그는 독일로 돌아왔을 때 "나는 훌륭한 유태인이 비열하다고 풍자되는 것을 보았으며 그 광경 때문에 내 가슴에 피눈물이 흘렀다. 나는 학교와 신문의 풍자란과 다수를 차지하는 이방인으로 이루어진 수없이 많은 세력이 나와 같은 유태인 중에서 심지어 가장 훌륭한 사람의 자신감까지도 어떻게 짓밟아 버리는지 보았다…"라고 말했다. 그는 자신과 같은 민족을 미묘하게 싫어하는 것은 유태인 집단 거주 지역에 분리해 살게 하는 것보다 더 나쁘다고 느꼈다. 이런 이유 때문에 아인슈타인은 "세계에 흩어져 살고 있는 유태인은 한 사람도 빠짐없이, 모든 다른 세계 사람들이 그들에게 퍼붓는 증오와 모욕을 견뎌낼 수 있도록 만들어 주고 개인으로서 속해 있다는 기쁨을 누릴 수 있는, 현존하는 사회에 소속될 권리가 있다"고 믿었다.

그의 두 번째 상대론이 성공적으로 검증된 후에, 아인슈타인은 의도적으로 독일의 정치판에 뛰어들었다. 그는 그의 사회적 그리고 정치적 믿음을 주장하는 데 그의 과학적 이론을 사용하지는 않았고, 오히려 그가 발언한 것은 모두 많은 사람이 중요하다고 생각하는 꼭 더 널리 유포되어야만 한다고 느낀 것들이었다. 이러한 발언으로 말미암아 어떤 집단으로부터는 미움을 받을 것이라는 사실은 그에게 아무런 의미도 없었다. 문제가 되는 것은 물리학뿐이었다.

앞에서 본 것처럼, 그는 물리학이 신성하다고 여겼다. 그리고 물리학을 하는 대가로 급료를 받는다는 사실을 탐탁하게 생각하지 않았을 뿐 아니라 그가 물리학에서 이룬 것으로 명예를 얻었다는 점이 더욱 싫었다. 그가 한번은 일반 상대론은 어느 정도 자랑스럽다고 말한 적이 있었다. 그는 시기가 무르익었기 때문에 자기가 아니더라도 누군가가 결국은 특수 상대론을 알아내고 말 것이 틀림없다고 생각했다. 그렇지만 일반 상대론의 경우는 달랐다. 물리학자가 그런 문제에는 별 관심을 기울이지 않았다. 그러나 이 일이나 또는 어떤 다른 과학적 업적을 가지고 칭송을 받는 일이 그를 무척 당황하게 만들었다. 그가 이룬 것은 오로지 과학 자체를 위해서 한 일이었다.

그는 "몇 사람을 골라서… 끝없이 칭찬하고 그들의 마음이나 성격에 초인간적인 능력을 부여하는 것은 공정하지 못할 뿐 아니고 아주 나쁜 취향"이라고 말했다. 그는 사람들이 그에 대해 가지고 있는 생각이 "한마디로 터무니없을 따름"이라고 평했다. 그러한 대우를 참아내는 것은 참으로 견딜 수 없었다.

그의 연구가 인정받고 유명해진 뒤에도 아인슈타인은 여전히 등대지기의 쓸쓸한 존재에 대해 생각해 볼 다른 이유를 가지고 있었다. 그러나 그에게 고통을 안겨 준 바로 그 동일한 명예와 두려움이 또한 무거운 의무감도 느끼게 만들어 주었다. 그는 자기를 경이로움과 찬사로 바라보는 사람들에게 등을 돌리고 자신의 기쁨만을 추구한다는 것은, 즉 물리학만을 추구한다는 것은 옳지 않다고 느꼈다. 아인슈타인은 인간이란 상호 의존 관계에 의해서 동료 인간과 결코 빠져 나올 수 없도록 묶여 있다고 믿었으며, 그것이 바로 "짐승과 비교해 인간이 지닌 더 유리한 점 중에서 가장 중요한 것"이라고 말했다. 이러한 이점과 그 결과로 모든 사람이 동료 인간에게 지고 있는 의무감을 아인슈타인은 예리하게, 또는 그 자신의 말을 빌리면 "숨 막힐 듯이" 인식하고 있었다. "매일같이 백 번도 더 넘게, 나는 자신에게 '나의 내적 삶과 외적 삶이 모두 다른 사람의 노동에 의해 영위된다…'라고 상기시킨다"라고 그는 말했다. 그의 명성이 높아감에 따라 사람들에게 그의 믿음을 널리 퍼뜨릴 수 있는 기회도 생겼는데, 그런 기회를 놓치지 않고 그는 다른 사람이 들어야만 하리라고 믿고 또한 다른 사람으로부터 공격당하리라는 점도 충분히 알고 있는 그런 믿음을 널리 알림으로써, 아인슈타인은 그가 항상 지니고 다니는 무거운 의무감이라는 짐을 조금씩 덜었다. 그는 자신의 평판을 걸었으며, 그것을 잃을지도 모른다는 사실을 전혀 염두에 두지 않았다. 아인슈타인을 반대하는 압력 단체가 주최한 첫 번째 대규모 회의에 참석한 청중 속에는 열렬히 박수를 치는 아인슈타인의 모습을 찾아볼 수 있었다. 칭찬이 그를 창피하게 만들 수는 있었지만, 모욕은 결코 그렇게 할 수 없는 것이 분명했다.

영국 사람이 일반 상대론을 증명하면서 피워 올린 불길은 1927년까지 꾸준히 밝게 타올랐다. 아인슈타인의 과학적 생각이나 그 생각이 신문에 보도된 특별한 시기(時期)와 과학에서 벗어난 당시 논쟁의 대상이 되던 주제에 대한 그의 믿음을 의도적으로 공표한 것뿐 아니라 심지어 자신을 표현하는 날카로운 방법이나 또는 다른 사람은 심각하게 여기는 문제에 대한 무관심을 여실히 나타내는 그의 옷차림새나 외모에 이르기까지 모든 것이 그를 신문에 나오는 명사(名士)로서 미다스 왕(역자 주: 미다스 왕은 그리스 신화에서 디오니소스 신으로부터 손에 닿는 것은 모두 황금으로 바꾸는 능력을 받은 프리기아의 왕이 다)으로 만드는 데 한몫을 거들었던 것처럼 보였다. 브뤼셀에서 열린 솔베이 토론회에서 닐스 보어를 맞이한 그 사람은 나중에 미국에서 촬영한 저명인사 사진첩에 나오는 사람처럼 보이기 시작했으며, 과학적 사고와 과학 밖의 사고 영역에서 과격한 사상가라는 평판을 이미 얻고 있었다.

열세 번째 마당

닐스 보어가 알버트 아인슈타인과 벌인 논쟁

금세기에 직업적인 철학자들은
살인을 저지른 물리학자들이 법망을 피하도록 내버려두었다.
어떤 다른 과학자 그룹도 결코 속임수로 상보성 원리와 같은
괴상한 원리를 주장해 그것이 허용된다든지
또는 불확정성 따위를 보편된 법칙까지
끌어올리는 데 성공하지는 못했을 것이다.
—Scientific American이라는 잡지에 실린 James R. Newman의 글

저 유명한 불확정성 원리는 겉으로 보이듯이 그렇게 부정적인 것은 아니다.
그것은 물질과 파동의 이중성과 같은 새로운 현상을
원자 세계에서 일어나는 사건에 적용할 수 있는 여지를 남기기 위해
고전 개념을 적용하는 데 제한을 둘 뿐인 것이다.
불확정성 원리는 우리의 이해력을 부족하게 만든 것이 아니라
오히려 더 풍요롭게 만들었다. 그것은 원자 세계의 현실을
고전 개념의 틀 속에 포함시킬 수 있는 방법을 가능하게 만들었다.
햄릿에서 한 구절을 인용하자. "호라티오여, 천상과 지상에는
당신이 꿈꿀 수 있는 것보다 더 많은 일들이 벌어진다오."
—Scientific American에 실린 James Newman의
글을 반박한 Victor F. Weisskopf의 글

알버트 아인슈타인의 상대론은 고전 물리학의 근저(根低)에
자리 잡고 있는 개념에 새로운 의미를 제공했다. 그러나 한 가
지 중요한 의미에서 상대론은 전통적인 과학적 사고로부터 그

렇게 급격히 멀어진 것은 아니었다. 그것은 어윈 슈뢰딩거가
"불타는 질문"이라고 부른 결정론에 도전하지 않았다. 상대론에
서 비록 공간과 시간이 근본적으로 다시 정의되었지만, 물리학
자가 새로운 시공간 구조로부터도 정확한 정보를 얻기가 가능
했으며, 그 결과로 정확하게 예언하는 것도 가능했다. 굽은 시
공간의 성질은 점차로 그리고 연속적으로 변한다. 이러한 틀을
통한 운동은 인과 관계의 순서에 따라 그릴 수 있으며, 그래서
상대론은 고전 물리학처럼 사건이 어떻게 전개될지 알 수 있는
방법을 제공한다.

그러나 양자론에서는 우리가 본 것처럼 공간과 시간이 어떻
게 정의되었느냐에 관계없이 한 사건이 어떤 한계 이상으로 분
석될 수 없다. 관찰의 효과가 관찰된 사건과 분리될 수 없다.
인과 관계에 의한 발전 단계의 정확한 모습은 물론 결과가 어
떻게 될지 정확하게 예언하는 것도 가능하지 않다.

양자 역학에 대한 코펜하겐 해석이 형성된 1927년이 되어서
야 이론을 이렇게 비교하는 것이 이루어질 수 있었다. 보어가
그의 해석을 설명하고, 그곳에 모인 물리학자들에게는 (예상외
로) 놀랍게도 아인슈타인이 그 해석을 도저히 받아들일 수 없음
이 밝혀지게 된 일이 그때 솔베이 토론회에서 일어났다.

아인슈타인은, 다른 학자들은 옳다고 생각했던 통계적 방식
이 근본적인 이해를 가져올 수 없다는 믿음으로 여러 해에 걸
쳐서 원자 구조에 대한 양자론이 발전하는 데 아무런 기여도
하지 않았다. 이러한 점에 대한 아인슈타인의 느낌은 전혀 비
밀이 아니었다. 그러나 이제 하이젠베르크와 보어가 통계적 규
칙은 임시방편으로 사용되는 것이라기보다는 실제 상황의 표현

임을 보여 준 바 있었다. 하이젠베르크와 보어가 분석한 실험에서 나타난 여러 가지 증거로 미루어 보건대, 이러한 것을 아인슈타인이 거부했다는 점이 놀라울 뿐이었다. 그 분석으로부터, 소립자를 정의하는 데 인과 관계에 의해 자연 현상을 기술할 수 있는 고전 물리학은 도저히 적합하지 않음을 확실히 알 수 있었다.

양자(量子)란 과학자가 필요에 따라 서로 다른 실험을 통해 알고자 원하는 대상을 여러 다른 각도로 조사할 때 그 대상에 대한 지식에서 도저히 피할 수 없는 틈으로서 출현했다. 그때까지 나타난 증거로 미루어 보건대, 단순히 어떤 일이 일어날 확률이 아니고 그 일 자체를 설명할 이론을 요구한다는 것은 의미가 없었는데, 아인슈타인은 아직도 바로 그러한 의미 없는 일을 요구하고 있었다. 그의 자세와 어윈 슈뢰딩거의 자세는 좀 달랐지만, 그러나 두 사람 모두 양자(量子)가 언젠가 어떻게 해서든지 제거될 것이고 그래서 연속성과 결정론이 회복되리라는 신념을 공유했다.

닐스 보어도 다른 사람과 마찬가지로 놀랐다. 그는 회의가 시작하기 전에 아인슈타인과 대화를 나누었기 때문에 양자론에 대한 그의 자세를 눈치채고 있었다. 그렇지만 그는 물리 이론이 측정 가능한 양과 연결 지을 수 있는 개념을 통해서만 세워질 수 있다는 규칙에 의해서 아인슈타인이 인도될 것으로 생각했다. 바로 그 규칙을 적용해서 아인슈타인은 에테르, 절대적인 시간 간격 그리고 중력과 관성 사이의 차이와 같은 개념을 추방해 버리지 않았던가? 상대론에 비판적인 사람은 위와 같은 개념이 측정과 연관 지을 수 없다고 하더라도 물리학에서 제거하면 안 된다고 주장하기도 했다. 그럴 때마다 아인슈타인은 항상 그들에게 반대했다. 그렇다면 아인슈타인이 동일한 규칙을 양자론에 대한 코펜하겐 해석에도 적용해야 되지 않겠는가? 일단 그가 그런 해석을 가져온 배경이 되는 실험을 어떻게 조사했는지 이해했다면, 그 해석에 대한 부연 설명 따위는 더 이상 물어볼 필요도 없을 터였다. 그러한 부연 설명에 사용되는 개념이란 커다란 세계의 과학적 경험을 근거로 형성되었을 것이므로 지금 적용하려는 데는 별 의미가 없음을 그가 깨닫지 못할 턱이 없었다.

그러나 그의 태도는 달랐다. 그렇게 하는 대신에 아인슈타인은 코펜하겐 해석이 근거하고 있는 불확정성의 법칙이 성립하지 않는 경우를 찾아내 그 법칙에 예외가 존재하므로 옳지 않다고 증명하기 위해 온통 그의 위대한 능력을 집중했다. 그는 (원칙적으로는 수행할 수 있겠지만 기술적인 제한 때문에 실제로 수행하기는 불가능한 실험인) 사고(思考) 실험을 사용했으며, 이 사고 실험에 근거해 하이젠베르크의 법칙과는 반대로 q와 p가 동시에 정확히 측정될 수 있음을 보여 주려고 시도했다. 매일 아인슈타인은 새로운 사고 실험을 생각해내 보어에게 제시했고, 그러면 보어는 하루 종일 골똘히 생각한 후에 그 실험에 어떤 오류가 있음을 발견해 그의 주장을 반박할 수 있었다. 그런데 그다음 날 아침이면 어김없이 또 다른 교묘한 실험에 대한 얘기를 들어야만 했는데, 그것은 아인슈타인이 상대론을 수립할 때 바로 이 사고 실험을 사용한 뒤여서 그 방법에는 통달했기 때문이었다. 마침내 두 사람 모두와 절친한 친구 사이인 폴 에렌페스트가 반 농담으로 "아인슈타인이여, 좀 창피한 줄 알게! 자네는 바로 자네가 상대론을 발표할 당시 자네 이론을 비평하던 사람과 똑같아 보이기 시작하는군 그래. 계속해서 자네 주장은 틀렸음이 밝혀졌네. 그런데 물리학은 선입견에 의한 개념이 아니라 측정이 가능한 관계로부터 수립되어야 한다는 자네 자신의 규칙을 적용하는 대신에, 자네는 바로 자네가 반박한 것과 똑같은 선입견에 근거한 주장을 계속해서 만들어 내는군 그래"라고 말했다.

이러한 야유에 조금도 굴하지 않고 아인슈타인은 계속했다. 실제로 3년 뒤 물리학자들이 브뤼셀에서 회의 차 다시 모였을 때, 그는 새로운 사고 실험을 갖고 보어를 맞았으며, 이번 것은 "정말로 어려운 도전"이었다고 보어가 말할 정도였다.

하이젠베르크의 법칙에 의하면, 원자 내부라는 광자(光子) 정도 크기의 세계에서 일어나는 사건의 에너지 변화량과 그 사건이 일어나는 시간은 플랑크 상수보다 더 정확히 결정될 수 없다. 아인슈타인은 이 규칙이 성립하지 않는 한 가지 경우를 찾아냈다고 믿었다. 그의 생각은 만일 질량을 안다면 에너지를 결정할 수 있다는 자기가 발견한 방정식 ($E=mc^2$)에 근거했다. 그래서 한 광자의 에너지를 알아내기 위해 그 질량을 측정해 볼 수 있다. 내부 벽에 거울을 장치한 상자 속에 빛을 가두어 그 빛이 상자로부터 영원히 빠져 나올 수 없게 만들었다고 가정하자. 이 상자의 질량을 측정할 수 있다. 그리고 나서, 상자 안에 특정한 순간에 동작되도록 미리 설정해 놓은 시계를 장치하고 이 시계에 의해 작동되는 셔터가 열리면 그 광자가 상자 밖으로 나갈 수 있다. 그리고 나서 상자의 질량을 다시 측정할 수 있다. 그러면 질량이 얼마나 변했는지 알게 될 것이므로, 아인슈타인의 방정식을 사용해서 흘러나간 에너지의 양을 계산할 수 있다. 이와 같이 이 경우에 에너지의 변화량과 이 사건이 일어난 (광자가 상자 밖으로 나간) 시간을 모두 정확히 알게 될 것이다.

아인슈타인의 잇따른 추론 고리 과정에서 보어는 잘못을 발견할 수 있었을까? 이 실험에서는 불확정성의 법칙에 위배되도록 정말로, p와 q를(역자 주: 이 경우에는 p와 q가 각각 에너지와 시간을 의미함) 동시에 정확히 측정할 수 있을까? 이번에는 하루가 거의 다 저물도록 아인슈타인이 아직 대답을 듣지 못했다. 밤이 오고 잠을 잘 수 없었던 보어는 그 문제를 가지고 계속 씨름했다. 새벽이 밝아 왔다. 아침이 되자 보어는 마침내 아인슈타인은 생각 못하고 지나쳤지만 필수적인 사실을 찾아냈다. 그것은 질량을 측정하는 실험이 시계에 미치는 영향이었다.

보어의 추론은 질량을 측정하는 어떤 종류의 방법에나 모두 적용될 수 있지만, 그 추론을 가장 선명하게 보여 주기 위해 그는 빛을 담은 아인슈타인의 상자가 용수철 저울에 매달려 있다고 상상하기로 선택했다. 그러면 광자가 상자 밖으로 나갈 때 그 상자는 반동(反動) 때문에 움직일 것이다. 그래서 지구의 지면에 대한 상자의 높이와 그러므로 지구의 중력장에 대한 상자의 위치도 변할 것이다. 일반 상대론에 의하면, 이러한 위치의 변화는 (미리 시간이 설정되어서 상자에 고정된) 시계의 시간이 흘러가는 비율도 변화시킴을 의미한다. 그 변화량은 지극히 작겠지만 그러나 이 경우에는 절대적이다. 그것은 우선 도 망가는 광자의 방향에 대한 불확정성에서 시작해 그것 때문에 생기는 상자의 반동에 대한 불확정성, 그러므로 지구의 중력장 안

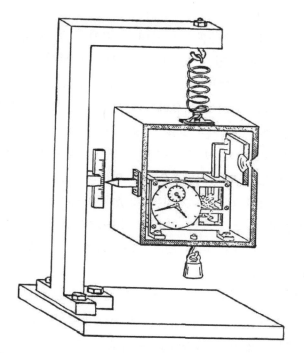

아인슈타인이 가상한 빛을 담은 상자가 용수철 저울로 어떻게
그 질량을 측정할 것인지 보여 주도록 닐스 보어가 그린 그
림. 세세한 부분까지도 모두 그린 것을 주의해 보자. 보어는
측정 과정을 조심스럽게 분석하는 것이 중요하다고 믿었다

에서 상자의 위치에 대한 불확정성 등 연쇄적으로 누적된 피할
수 없는 불확정성으로 말미암아 광자가 상자로부터 벗어나는
정확한 시간이 결정될 수 없기 때문이다. 그것은 실제로 코펜
하겐 해석의 시금석(試金石)인 하이젠베르크의 법칙으로 예상되
는 딱 그만큼 불확실했다. 이것이 자기 자신의 일반 상대론조
차도 적용하기를 잊어버린 아인슈타인의 중대한 도전을 보어가

답변해 준 방법이었다.

닐스 보어가 코펜하겐으로 돌아온 뒤에 그는 항상 상대론을 별로 잘 이해하고 있지 못하다고 느꼈기 때문에, 그의 성공이 매우 놀라웠다고 말했다. 그는 또한 깊이 실망했다. 아인슈타인이 비록 엄밀한 과학적 이유만 가지고는 코펜하겐 해석을 도저히 반박할 수는 없다는 점을 인정했지만, 그러나 여전히 그것을 완전한 이론으로 받아들이지는 않았던 것이다. 그는 그 이론이 "많은 일을 해냈지만, 우리를 영원하신 그분의 비밀에 조금도 더 가까이 데리고 가지는 못했다"라고 말했다. 아인슈타인은 여전히 대상 자체를 기술할 가능성이 존재한다고 믿었다. 그는 그렇지 않다고 믿는 것은 그의 과학적 본능인 "가슴속의 목소리"에 반대되는 것이라고 말했다.

그 목소리가 상대론을 수립할 때 그를 인도했다. 우리가 앞에서 본 것처럼, 그는 뉴턴 이론의 전제(前提)가 우연의 일치에 근거해 필요 없이 복잡하다고 비판했다. 아인슈타인은 우주의 밑바닥에 자리 잡고 있는 그가 '신(神)'이라고 부른 양식(樣式)을 깨달을 수 있도록 만들어 준 것은, 미묘한 논리적 결함을 감지할 수 있고 이론이 자체로서 완전하다든가 또는 부족함을 '느끼는' 그의 바로 이 능력이라고 믿었다. 아인슈타인은 그가 발견한 상대론의 새 전제가 그 양식을 정확히 대표한다는 사실이 이제 더 이상 확실하지 않다고 여겼다. 그가 뉴턴의 전제가 옳지 않다고 증명한 것과 마찬가지로, 앞으로 다른 사람이 아인슈타인의 전제도 적절하지 못하다고 증명할지도 모른다. 그러나 아인슈타인의 관점에 의하면, 이것은 다른 사람이 아직 찾지 못한 '저쪽에' 숨겨진 그 양식에 더 가까이 접근할 수 있음을 의미할 것이다. 과학에 대한 그의 연구는 그에게 자신 바깥에 존재하는 자신과는 무척 동떨어진 그 무엇을 탐구하는 것, 즉 자신이 '단순히 개인적인' 존재에서 벗어난 상태에서 탐구하는 것처럼 보였으며, 그 자신의 말을 빌리면 그는 그러한 존재가 '좁으면서… 치명적'임을 발견했다. 인간은 이해할 수 있기 때문에 그러한 탐구의 마지막이 존재할 수 있으며 해방도 가능했다. 그는 논리적 완벽성에 대한 본능과 공식적이고도 수학적인 아름다움에 대한 감각을 지녔기 때문에 영원하신 분의 비밀에 더 가까이 다가갈 수 있었을지도 모른다.

알버트 아인슈타인의 가슴속에서 울려 나오는 목소리가 이런 식으로 말했다. 그러나 닐스 보어도 역시 가슴속의 목소리를 가지고 있었다. 아인슈타인의 경우처럼, 보어의 경우에도 그 목소리로부터 그의 과학적 연구가 나아갈 길을 찾는 데 도움을 받았다. 그런데 보어의 목소리는 달리 말했다. 그 목소리는 인간이 자신의 바깥에 존재하는 현실에 대한 이해를 추구할 때 이 현실에 대해 그가 발견하는 설명은 순전히 인간이 만든 인간의 언어로 말해진다고 말했다. 그 목소리는 다음과 같이 말을 이었다. 단어로 이루어진 언어를 인간이 만들었으므로 기호로 이루어진 언어, 즉 수학도 역시 인간이 만들었다. 수학은 좀 더 세련되었고 다른 언어보다는 좀 덜 어색하지만 그러나 그것도 역시 다른 언어와 마찬가지로 인간의 바깥에 존재하는 양식이 아니라 인간이 사고하는 방법을 반영한다.

닐스 보어의 관점에 의하면 인간이 중심이다. 인간은 살아가면서 인간의 행동을 포함한 자연을 관찰하지만, 또한 자연의 한 부분인 연기자이다. 이러한 매우 다른 역할에 대응해 다른 이해와 다른 접근 방법이 존재한다. 보어는 관찰자로서 인간은 이성적인 근거 위에서 인간이 행동하는 원인을 이해하려고 시도한다고 말했다. 인간은 또한 공평하려는 시도로서 인간의 행동을 용서하거나 질책하면서 그 행동을 판단하려고 한다. 그러나 연기자로서 인간은 순수한 이성이나 순수한 공정성에 의해 인도되지 않는다. 주변 상황에서 벗어나서야 비로소 인간은 이러한 서로 다른 접근 방법 사이의 모순을 본다고 그는 말했다. 추상적으로 판단한다면, 엄정한 정의(正義)와 완벽한 연민과는 서로 모순이 되지 않을까? 그러나 그의 가슴에서 울려 나오는 목소리는 다음과 같이 응답할 것이다. 인간이 '추상적'이라고 부르는 것의 창조자이므로, 여기에 진정한 모순이란 존재하지 않는다. 관찰자로서 인간은 '모순'이 명백하게 드러나는 이론 체계를 세운다.

닐스 보어는 인간의 바깥에 존재하는 양식을 보는 대신에 과학을 포함해 광범위하게 여러 가지 서로 다른 접근 방법을 총동원하면서, 인간의 경험이 얼마나 넓고 풍부한지를 깨달았다. 실제 세계를 설명하는 수학적 논리는 인간이 표현하고 창조한 데 비해서 덜 경이스러웠다. 그와 동일한 논리 안에서 알버트 아인슈타인은 인간과 동떨어진 곳에 존재하는 경이로움까지 도달하는 길을 보았다.

두 물리학자는 1930년에 열린 솔베이 토론회에서 두 사람의 서로 다른 견해 또는 철학에 대해서 의견을 나누었다. 아인슈타인의 상자 실험에 대해 보어가 승리를 거둔 후에, 그들은 함께 산책을 나갔다. 그리고 이 산책길에서 아인슈타인은 그에게는 그렇게 명백한 것을 보어가 볼 수 없다니 대단히 답답하다고 말했다.

아인슈타인이 말한 것은 대체로 다음과 같은 내용이었다. "물리학에서 무엇을 설명하는데, 그 설명이 자체로서 완전한지 아닌지를 판단할 수 있는 근거가 없다면 그러한 설명은 아무런 가치도 지니지 못한다." 그렇게 판단할 근거를 갖추지 못하고 연구한다는 것은 "물리학에 대한 배반"이라고 말했다.

보어는 다음과 같이 대답했다. 물리적인 설명은 모든 관찰된 사실과 일치하는 측정된 양과 연결되어야만 하며, 그 논리가 자체적으로 모순되어서는 안 된다. 그는 이 원칙 말고는 그 밖에 이론의 내면적 아름다움에 관계되는 어떤 원리나 지침도 찾아낼 수 없었다. 자연에서 새로운 영역을 이해하려고 추구하는 마당에서 그러한 지침은 믿을 만하지 못하다고 보어는 말했다. 이미 익숙하게 알려진 원리가 새로운 영역에서도 또한 계속 성립할 것이라고 가정하고 연구하는 태도가 오히려 '물리학에 대한 배반'일 것이라고 보어는 강조했다.

이렇게 해서 새 양자론은, 아인슈타인은 인정했지만 보어는 인정하지 못했던 한 가지 주장을 제외한 모든 검증을 통과했다. 아인슈타인의 주장이 검증될 수 있는 형태이면 모두 다 응답되었으며, 아인슈타인은 그러한 근거에서는 이 이론에 반론을 제기할 여지가 없음을 인정했다. 그렇지만, 그의 주장이 철학적인 경우에는 검증될 수 없었고 따라서 누가 옳은지 결판이 날 수도 없었다. 그렇다고 그 주장이 철회될 수도 없었다. 아인슈타인은 그의 가슴속에서 울려 나오는 목소리에 귀를 막을 도리가 없었다. 그는 계속해서 그 이론이 완전하지 못하다고 주장했다. 불연속성은 언젠가 제거될 것이 틀림없었다. 그는 끊임

없이 코펜하겐 해석의 결점을 지적했으며, 보어는 아인슈타인
의 비판에 계속 응답했다. 점점 더 그들 사이의 토론은 두 과
학자 사이라기보다는 두 철학자 사이의 토론으로 변해 갔다.
그들은 그 이론이 일반 지식에 얼마나 기여하느냐에 대해 논쟁
을 계속했다. 보어는 아인슈타인에게 응답하면서 1930년 이후
에 여러 해 동안 더 관심을 기울이게 된 문제인 코펜하겐 해석
을 가다듬었다. 그의 생각 속에서 그는 항상 아인슈타인과 논
쟁을 나누고 있었다고 말했다.

그러는 동안에, 물리학에서는 양자 역학과 그 코펜하겐 해석
이 원자와 원자의 모임의 행동을 근본적으로 설명하는 유일한
이론으로 남았다. 그것은 오늘날 원자 물리학을 다루는 주된
도구이며, 과학자는 거의 대부분 '단순히 어떤 일이 일어날 확
률이 아니라 대상 자체'를 기술해 줄 이론이 나와서 양자 역학
을 대신하리라고 믿지 않게 되었다.

그렇지만 몇 가지의 예외도 존재한다. 알버트 아인슈타인과
닐스 보어 사이의 논쟁은, 비록 그 두 사람이 이미 타계했지만
이 장의 맨 앞에서 인용한 구절처럼 아직 계속되고 있다. 최근
에는 물리학자들이 물질의 구조에 대한 새로운 이론이 출현할
것으로 기대하고 있으므로 이 논쟁에 흥미를 더해 주고 있다.

양자 역학이 적용되는 영역이 매우 넓으므로, 물리학자는 점
점 더 높은 에너지와 관련된 현상에 대해 실험하면서 양자 역
학이 적용될 수 있는 한계를 발견한 것처럼 보인다. 여섯 번째
마당의 처음에 실린 시(詩)가 말한 것과 같이, 양자론은 원자의
'속에서는 물론 그 껍질'에서도 성립한다. 그러나 대단히 높은
에너지를 갖는 조건 아래서는 원자를 특징짓는 성질이 사라진

다. 오늘날 사용되고 있는 거대한 가속기를 사용해 원자핵이 수백만 또는 수억 전자볼트의 에너지를 지닌 (원자를 구성하는 작은) 입자에 의해 충돌되면, 새로운 힘과 새로운 입자가 등장한다. 이것들은 양자 역학을 기반으로 삼고서도 대답할 수 없는 문제도 제기한다. 새로운 이론이 필요하다(역자 주: 그러한 새로운 이론이 이미 등장했다. 원자핵을 구성하는 양성자와 중성자 같은 핵자를 구성하는 쿼크 사이에는 글루온을 교환하는 강력이 작용하며, 현재 이 강력은 원칙적으로 양자 색소 동역학이라고 부르는 새로운 이론 체계에 의해서 기술된다고 믿고 있다). 과거의 경험에 비추어 보아서, 물리학자는 그러한 새 이론이 그들의 사고(思考)에 큰 변화를 대표할 것이라고 믿고 있다. 앞으로 도입될 새로운 개념은 결국 양자(量子)를 제거하고 대상 그 자체를 설명하는 것을 가능하게 만들까? 아니면, 새로운 이론은 불확정성 원리와 코펜하겐 해석을 실질적으로 변경시키지 않고 그대로 놓아둘 것인가? 아직 아무도 모른다. 새로운 개념에 근거해서 무엇이 이루어질 수 있고 무엇이 이루어질 수 없을지 미리 말한다는 것은 불가능하다(역자 주: 이제 많은 것이 밝혀졌다. 불확정성 원리와 코펜하겐 해석은 조금도 영향을 받지 않았다. 양자 역학은 원자 세계를, 그리고 양자 색소 동역학은 핵자(核子)의 세계를 기술하는 이론 체계이다. 양자 역학이 출현할 당시에는 양자 역학이 고전 역학을 대치했다고 생각했으나 역자는 그보다 고전 역학, 양자 역학, 양자 색소 역학이 각각 서로 다른 영역을 기술하는 올바른 이론 체계라고 말하는 편이 더 마땅하리라고 생각된다).

결론을 맺을 이 책의 다음 마지막 장에서는 보어가 아인슈타인의 심각한 도전을 응답한 해인 1930년 이후에, 이 책에 등장한 주인공들에게 일어난 일 중에서 몇 가지를 추려 놓았다.

열네 번째 마당

그 이후

…더 넓은 범위에 이르기까지 전달한다…
　　　　　　　　　　　　　—Niels Bohr

　러더퍼드와 플랑크에서 시작해 폴 디랙에 이르기까지 이 책에 나온 모든 주인공들은 보어가 양자론에 대한 아인슈타인의 반대 의견에 응답한 1930년이 지난 후에도 오래오래 살았다(그리고 모두 다 양자론에 대한 공헌으로 앞서거니 뒤서거니 하며 서로 다른 해에 노벨상을 받았다).

　막스 보른은 이제 괴팅겐을 떠난 후, 여러 해 동안 강의했던 스코틀랜드의 에든버러 대학교에서 은퇴했다. 그는 서독에 살고 있다. 전에 소르본 대학교 교수였던 루이스 드 브로이는 그가 항상 살았던 프랑스에 살고 있다. 베르너 하이젠베르크와 폴 디랙은 핵물리학 연구를 계속하고 있는데, 하이젠베르크는 예전에 빌헬름 황제 물리학 연구소에 있었고 지금은 뮌헨으로 옮겨서 막스 플랑크 연구소라고 부르는 곳에서 연구하며, 디랙은 케임브리지 대학교에 재직하고 있다. 그들은 물질에 대한 새로운 이론을 탐구하는 대부분 젊은 물리학자들 틈에 끼여 연구한다. 젊은 물리학자들은 양자론이 화학에 관한 자료를 설명했던 것과 같은 방법으로 원자핵에 대해 알려진 실험 사실을 설명해 줄 수 있는 이론을 찾고 있는데, 그 새 이론에서는 불

確정성 원리가 필요 없다고 판명될지 아니면 그대로 성립할지 는 아직 모른다.

원자핵을 발견한 어니스트 러더퍼드는 원자핵에서 양성자를 떼내 최초로 인위적인 방법으로 한 원소를 다른 원소로 바꿨 다. 핵물리학이 발전할 길을 인도한 그의 실험들은 1차 세계대 전이 끝날 무렵에 수행되었으며, 실험실에서 거들어 준 한 명 의 조수를 제외하고는 러더퍼드 혼자서 연구했다. 그가 이러한 실험에서 사용한 장치는 전에 원자핵을 발견할 당시에 사용했 던 것과 비슷하게, 탄환으로 쓰인 방사성 원소에서 나오는 알 파 입자와 표적 그리고 반짝임 스크린이 전부였다. 전체 장비 가 손으로 쉽게 들어 올릴 수 있을 정도로 가벼웠으며, 트럼프 용 탁자 위에 올려놓을 만큼 작았고, 장치의 대부분을 손으로 만들었다. 이러한 일은 곧 바뀌었다. 실험실에서 입으로 불어서 유리관을 만든다든가, 철사와 왁스로 한데 묶인 장치라든가, 거 짓말 안 보태고 모자 안에 숨겨 가지고 다닐 만큼 작은 원자 연구에 쓰이는 도구 등은 곧 사라지고 만다. 그때는 물리학자 가 국경을 넘나들 때 실험에 사용한 방사성 원소를 숨겨서 손 으로 들고 다녔는데, 그렇게 함으로써 세관 사람들이 익숙지 않은 물건을 분류하느라고 시간을 끄는 동안 붙잡혀 있지 않아 도 되었다.

전쟁이 끝난 후에 러더퍼드는 맨체스터를 떠나서 한때 그가 학생이었던 캐번디시 연구소의 소장이 되었다. 그의 은사였으 며 일생 동안 절친하게 지낸 J. J. 톰슨은 케임브리지 대학교에 속한 한 대학의 학장으로 임명되었으므로 러더퍼드가 J. J.의 이전 자리를 물려받았다. 캐번디시 연구소에서 이 뉴질랜드 사람은 핵물리학에 대한 실험을 계속했으며 '소년들'로 이루어진 새 연구팀을 지도했다. 이 소년들은 원자핵에 대해 더 많은 지식을 얻으려면 탄환으로 굉장히 높은 에너지를 지닌 기본 입자를 사용하는 것이 최상의 방법임을 배웠다. 그들의 탄환을 더 빠르게 만들기 위해 그들은 점점 더 강력한 전자기장과 그러한 장을 산출하기 위해 점점 더 큰 장치를 개발했다.

"…캐번디시에서 우리는 자연에 대해서 정말로 확고한 사실을 밝혀냈지"라고 러더퍼드는 자랑했다. 그는 소년들을 진실로 자랑스러워했는데, 그들 중에서 한 명이 중성자를 발견한 제임스 채드윅(James Chadwick)이었다. 그리고 그가 세상을 뜬 1937년에 이르기까지 쉬지 않고 연구 활동을 계속하면서 능동적이고도 떠들썩한 역할을 맡았다. 그의 연구팀에 속한 소년들 중에서 한 사람은 그들의 연구를 "실험 장치를 가지고 싸운다"라고 표현했다. 세월이 흘러간다고 해서 더 많이 발견하려는 그의 갈망은 물론 그의 사나움도 느슨해지지 않았다. 소년들은 자기들끼리 모였을 때는 그들의 스승을 "악어"라고 불렀는데, 그런 별명을 얻은 것은 "악어가 고개를 돌릴 수 없으므로 게걸스러운 입을 쳐들고 항상 앞으로만 나갈 수밖에 없기 때문"이라고 그들 중에서 한 명이 설명했다.

캐번디시에서 '성장한' 가속 장치가 1930년대에는 예를 들면 원형 가속기가 발명된 캘리포니아주의 버클리 같은 다른 곳에서도 싹이 텄다. 물리학을 연구하는 장치에 점점 더 많은 비용이 요구되었다. 이 비용 중에 정부에서 부담하는 비율이 점점 더 늘어났으며, 특별히 1930년대의 연구로부터 원자핵 분열과 여기서 생성된 막대한 에너지가 무기로 사용될 수 있음을 깨달고 난 뒤에는 더욱 그러했다. 19세기에서 20세기로 바뀔 무렵에 독일의 프레드릭 황태자는 물리학 교수인 허만 폰 헬름홀츠에게 군사적 자문을 구했다. 1939년 이후에는 더 많은 정부에 의해서 그러한 일이 더 광범위하게 이루어졌다.

물리학의 연구에 필요한 장비가 커짐과 동시에 물리학에 매력을 느끼는 사람의 숫자도 증가했다. 지난 3세기 동안에 세계의 과학이 얼마나 성장했는지는 출판된 연구 논문의 수와 과학에 종사하는 인력의 크기로 측정할 수가 있는데, 이 성장은 예외적으로 무척 빨랐다. 10년이나 15년의 주기로 과학계의 크기가 배로 증가했다. 물리학자이자 역사학자인 데렉 J. 드 솔라 프라이스(Derek J. de Solla Price)는 그것은 "지금까지 역사가 배출한 모든 과학자 중에서 80~90퍼센트가 현재 생존해 있음"을 의미한다고 말했다.

1930년대와 1940년대에 걸쳐서 급격히 팽창하고 있는 과학인 물리학의 중심지가 주로 미국으로 그리고 약간은 영국으로 이동했다. 한때는 물리학계의 통용어가 독일어였으나 지금은 영어이다.

유럽으로부터의 이동은 히틀러 초기에 시작했다. 독일의 나치는 1933년부터 1938년에 이르는 기간 동안 혈통이 소위 '비(非)-아리안'이라든가 정치적 신념이 다르다는 이유 등으로 거의 2,000명에 달하는 일류 과학자를 추방했다고 추정되었다. 어윈 슈뢰딩거는 폴 디랙과 함께 노벨 물리학상을 공동으로 수상했던 1933년에 베를린을 떠났다. 전쟁 기간 동안에 슈뢰딩거는 옥스퍼드 대학교에서 그리고 나중에는 더블린 고급 연구소에서 강의했다. 그는 1961년에 비엔나에서 사망했다.

막스 보른은 히틀러가 권력을 장악한 지 한 달 뒤에 괴팅겐 대학교에서 갑자기 '은퇴'한 일곱 교수 중에 포함되었고, 프랑크-헤르츠 실험을 수행한 제임스 프랑크는 그런 일이 있은 뒤에 곧 괴팅겐 대학교를 떠나 코펜하겐으로 옮겼고 그다음에는 미국으로 옮겼다.

알버트 아인슈타인은 히틀러가 독일의 총통에 올랐을 때 우연히 미국을 방문하고 있던 중이었는데, 그는 독일로 돌아가지 않기로 결정했다. 나치들은 그의 개인 재산을 몰수했고 상대론에 대한 그의 연구물을 불태웠다. 그에게 반대하는 개인적인 선전이 공식적인 것으로 변했다. 왕립 프러시아 학술원이 그를 추방하기를 기다리는 대신에 그는 오히려 그의 사임을 원하는 편지를 학술원으로 보냈다. 그가 사임한 것은 오랫동안 학술원의 임원이었고 가장 뛰어난 회원이자 그와 절친했던 막스 플랑크를 위해서였다는 말이 전해져 내려온다. 플랑크는 아인슈타인의 연구를 매우 초기부터 인정했고 그를 베를린으로 데리고 왔으며 다른 독일 과학자가 그를 공격할 때면 방어해 준 사람이었다. 아인슈타인은 학술원이 그를 추방하는 것이 피할 수 없는 일이라고 생각했으며, 이런 일을 해야만 할 플랑크의 고통을 덜어 주고 싶었다.

아인슈타인은 1933년 이후에 뉴저지 주 프린스턴 대학교에 위치한 개인이 기증한 기금으로 세운 고급 이론 연구소에서 연구했다. 그 연구소에서 일하는 다른 사람들처럼, 그에게도 강의를 하거나 다른 학교 일을 돌보아야 하는 의무가 부과되지 않았다. 그는 자신의 연구에만 집중할 수 있었다. 그것은 수년 전에 그를 독일로 유치해 갔을 때와 같은 종류의 대우였다.

전쟁이 계속되는 동안 폴 디랙과 볼프강 파울리도 역시 프린스턴 대학교의 고급 이론 연구소에 소속되었지만, 배타 원리로 노벨상을 수상한 파울리는 전쟁 기간을 제외하고는 취리히의 공과대학에서 강의했다. 그는 여러 대학교에서 주최하는 물리학 학술회의에 참석 차 자주 미국을 방문했는데, 그러한 여행 경비는 모두 초청자 측이 부담했다. 대학교들은 만일 파울리가 참석하면 다른 탁월한 물리학자들을 그 장소에 끌어들이는 것은 문제가 없다는 사실을 배웠다. "파울리만 잡아라" 그러면 다른 사람은 경비를 제공하지 않아도 온다는 말이 퍼졌다.

전과 마찬가지로 그들은 서로 한 일을 평가하기 위해 모였다. 젊은 물리학자들은 그들의 선배와 마찬가지로 파울리의 연구가 지닌 특징인 완벽한 형태로 만들려고 시도했으며, 무엇인가를 끝마치면 자신들에게 "이 일에 대해서 파울리가 무엇이라고 말할까?"라고 물었다.

이 비엔나 출신의 이론 물리학자는 핵물리학에 많은 공헌을 남겼다. 하이젠베르크나 디랙과 마찬가지로 그도 물질에 대한 새 일반적인 이론을 찾느라고 열심히 시도했다. 하이젠베르크와 공동으로 연구하면서 파울리는 1950년대에 그 이론에 거의 가깝게 도달했을지도 모르는 것처럼 보였다. 뉴욕에서 파울리는 당시에 상당히 자주 미국을 방문하던 닐스 보어도 포함된 물리학자들이 모인 자리에서 그들의 생각을 발표했다. 파울리가 말하기를 마치자마자 비판이 시작되었다. 청중 속에서 많은 사람들이, 특별히 젊은 사람들이 그 새 이론의 결점을 끄집어냈다. 토론이 다 끝난 뒤에, 보어가 물리학자들이 상대론과 양자론으로부터 상식에 대해 배운 교훈을 중심으로 결론을 내렸

다. 보어는 "우리 모두가 두 분의 이론이 얼마나 얼토당토않은
지에 대해 일치된 의견을 가졌다. 이제 우리를 갈라놓는 의문
은 그 이론이 옳을 기회가 있을 정도로 충분히 얼토당토 않느
냐는 점이다"라고 말했다.

결과를 말하자면, 그 이론은 다른 많은 결실을 보지 못했던
시도들과 마찬가지로 폐기되었다. 파울리는 1958년에 죽었는
데, 그때까지 그가 20년 동안에 걸쳐서 이해하려고 시도한 원
자핵의 신비는 여전히 풀리지 않고 있었다. 그는 그것을 알지
못하고 죽었다.

알버트 아인슈타인도 수십 년 동안이나 자기가 심혈을 기울
인 이론의 결과가 어떻게 되었는지 알지 못하고 1955년에 죽
었다. 1905년에 나온 광자 이론은 어떤 방법으로든 실질적으
로 불연속적인 물질의 원자 이론과 연속적인 복사의 파동[또는
장(場)] 이론을 결합시키려는 그의 소망으로 말미암아 시작되었
다. 앞에서 본 것처럼, 양자론에 대한 그의 이론은 계속해서 바
로 그 소망을 실현시키기 위해 추구되었다. 그리고 일반 상대
론을 완성한 후에 아인슈타인은 연속성을 기반으로 해서 소립
자와 광자에서 관찰된 불연속성을 설명할 수 있는 4차원의 시
공간 연속체로 이루어진 이론을 찾기 시작했다. 그는 몇 가지
서로 다른 통일장 이론을 완성했으나 그것을 증명해 줄 방법은
결코 출현하지 않았다. 그 이론은 이미 인정된 기초 이론과는
차이가 나지만 동시에 검증될 수 있는 예언을 하나도 내놓지
못했다.

아인슈타인과 마찬가지로, 닐스 보어도 일흔다섯 살이 넘도
록 살았다. 칼스버그 맥주회사 사장이 덴마크에서 가장 뛰어난

지식인인 닐스 보어가 일생 동안 사용하도록 기증한 성곽(대저택)이 1932년 그에게 주어졌다. 양조장 경내(境內)에 위치한 성곽에 살면서 보어 일가는 끊임없이 코펜하겐을 방문하는 물리학자들을 대접했다. 어떤 사람이 "그것은 굉장한 저택이었다"라고 그 위풍에 눌려 말했다. "그곳에는 칠판을 구비한 방도 여럿 있었다." 성곽에서 만찬을 함께 나누자고 초대받은 어떤 사람은 자기의 외출복이 그 만찬에 입고 가기는 적절하지 못하다고 생각하고, 모든 다른 사람들이 깜짝 놀라도록 휘황찬란한 예복을 입고 나타났다. 그것은 빨간색 그것도 아주 '야한' 빨간색이었다. 그것이 사실은 덴마크의 우체부가 입는 제복이었는데, 우체부 중 한 명에게 빌려 입은 것이었다.

1930년대에 코펜하겐을 방문한 물리학자 중에서 많은 사람은 자기의 고국으로 돌아가지 않았다. 그들은 "유럽이 위험한 정치 상황에 처해 있는데, 나를 당분간 방문하고 직장을 코펜하겐으로 옮길 의사가 없느냐"고 제의한 편지를 보어로부터 받고 왔다. 1938년에 정치적 이유로 말미암아 이탈리아를 떠난 한 물리학자는 떠날 때 많은 금액의 돈을 지니고 나올 수 없었다. 그는 우주선(字苗線)에 관한 연구에 종사하고 있었는데, 그가 코펜하겐에 도착한 지 얼마 지나지 않아서 보어는 주로 그 손님의 이익을 위해 여러 나라로부터 참석할 전문가를 초청하는 등 우주선에 대한 주제로 학술회의를 준비하기 시작했다. 학술회의가 끝난 뒤에 그 이탈리아 물리학자는 보어가 그의 사무실에서 만나고 싶다는 전갈을 들었다. 그곳에서 덴마크 사람은 상당히 오랫동안 이야기했는데, 여느 때보다도 훨씬 더 무슨 말인지 알아들을 수 없고 아주 낮은 목소리로 더듬거렸다.

그는 무엇인지 무척 당황해 하는 것 같아 보였다. 듣는 사람은 "…그리고 내 비서에게 가서 수표를 받으세요"라는 말을 간신히 알아들었다. 그의 말대로 하고 나서 그는 보어가 자신이 조직하고 준비한 학술회의에 참석해 준 대가로 그에게 돈을 지불하려는 것임을 알았다.

많은 과학자가 이렇게 어쩔 줄 몰라 하며 베푸는 보어의 도움을 받았다. 그들 중에서 많은 사람은 보어의 영향력에 힘입어 영국이나 미국에 일자리를 구해서 유럽을 떠날 수 있었다. 그러나 모두가 코펜하겐으로 오라는 초청을 받아들일 수 있다고 느끼지는 않았다.

막스 플랑크는 그러한 초대를 받았을 때, 친구에게 그 초대를 받아들일 수 없다고 말했다. 그는 "전에 내가 여행할 때는 내가 독일 과학의 대표자라고 느꼈으며 그것이 자랑스러웠다. 이제 내가 또 여행을 한다면 나는 수치스러움으로 내 얼굴을 가려야만 한다"라고 말했다.

나치들은 과학자를 추방했을 뿐 아니라 그들의 생각을 지워버리려고 시도했다. "나치주의(역자 주: 독일 국가 사회주의)는 과학의 적이 아니고 단지 이론의 적일 따름이다"라고 교육성 장관이 말했다. 상대론과 마찬가지로 양자론도 '유태인 물리학'이라는 딱지가 붙었으며 대학교에서 다루는 것이 금지되었다.

베르너 하이젠베르크는 공개적으로 이 정책을 반대한 독일 과학자 중의 한 사람이다. 그때 칠십 고개였던 플랑크는 침묵을 지켰다. 친구들은 그가 국가의 충성스러운 신하로부터 반역이라고 볼 수 있는 능동적인 반대자로 변하는 것은 불가능했다고 말했다. 분노하는 대신에 그는 수치스럽게 느꼈고, 그가 '독일 과학'이라고 부른 것을 나치로부터 지켜야만 한다는 의무감에 사로잡혔다.

한번은 나치 정권 초기에 자기 식으로 용감한 사람이었던 플랑크가 아돌프 히틀러와 따져 보려고 시도했다. 빌헬름 황제 연구소 소장의 직분을 가졌기에, 독일 정부의 수반에게 1년에 한 번씩 인사를 드리는 것이 플랑크의 의무였으며, 그는 이 기회를 이용해 유태인이기 때문에 독일에서 강제로 추방될 위기에 처해 있는 위대한 화학자에 대해 히틀러에게 말했다. 히틀러는 플랑크의 주장을 들으려 하지 않았다. 그는 유태인은 공산주의자며, 그 무엇도 자기의 '위대한 목표'에서 멀어지게 할 수는 없다고 말했다. "내가 그렇게 약한 마음의 소유자라고 생각하지 마시오…어떤 일이든지 마지막까지 완수될 것이오"라고 그는 단 한 명의 청중인 나이 많은 신사에게 소리 질렀다.

나치의 정책이 유태인 추방에서 유태인 말살로 바뀐 다음에, 플랑크도 그 사실을 모를 리가 없었다. 그것은 그의 아들 어윈이 반나치 운동에 참여하고 있었으며 자기 아버지에게 무슨 일이든지 자세히 알려 주곤 했다고 전해 내려오기 때문이다.

플랑크에게 원래 네 자녀가 있었다. 부인은 1909년에 죽었고 뒤를 이어 1차 세계대전 중에 세 아들을 잃었다. 그에게는 오직 어윈만 남았다. 플랑크는 재혼을 한 뒤에 한 아이를 더 얻었다. 그는 나이가 아주 많이 들었는데도 연구나 다양한 과학 단체에서의 활동했으며 등산 등을 계속했다. 그리고 비록 그가 2차 세계대전 중에 집을 잃었고 한때는 방공호가 포탄에 맞아서 굴속에 여러 시간 동안 갇혀 있기도 했지만, 어쨌든 2차 세계대전 말기의 독일에 대한 집중 포화에서 살아남았다.

친구들은 자기 아들의 운명을 알게 되기 전까지 살려는 그의
욕망이 강렬했다고 말했다.

전쟁 말기에 그의 아들 어윈은 히틀러를 제거하려고 계획하
는 암살단의 일원이었다. 신중하게 장치한 시한폭탄이 목표물
을 맞추지 못하자, 어윈은 다른 암살단원들과 함께 체포되어
게슈타포에게 끔직한 죽음을 당했다.

이 사실을 들었을 때 플랑크는 아무 말도 하지 않았다. 그는
피아노 앞에 앉아서 연주를 시작했다. 나중에 그는 친구에게
"만일 내가 이 아픔을 견딜 만한 힘을 갖고 있다고 생각한다면
나를 너무 좋게 보아 주는 셈일세"라고 쓴 편지를 보냈다.

플랑크는 여든아홉의 나이에 괴팅겐에서 세상을 떴다. 전쟁
중에 엘베 강에서 가까운 그의 피난처가 폭격으로 파괴된 후
플랑크가 진격하는 연합군과 퇴각하는 독일군 사이에서 헤매고
있다는 사실을 알게 된 미군이 보내 준 군용차에 태워져 그곳
으로 옮겨졌던 것이다.

베르너 하이젠베르크도 코펜하겐으로 오라는 초대를 거절한
또 다른 한 사람이었다. 플랑크와 마찬가지로, 그도 자기 나라
에 남아서 나치로부터 '독일 물리학'을 보호하도록 시도하는 것
이 자기의 의무라고 믿었다. 전쟁 기간 중에 그는 우라늄 원자
로를 건설하기 위해 연구하는 독일 과학 계획의 책임자로 임명
되었다. 그런 원자로로부터 생산될 수 있는 물질을 이용해 원자
폭탄을 개발하려는 시도는 시작하지도 않았다. 그러나 연합군이
독일에 상륙하기 전까지는 이 우라늄 계획이 얼마나 진척되었
는지 알지 못했다. 그렇지만 독일 밖의 물리학자는 그런 계획이
존재한다는 사실을 알고 있었으며, 그것을 아는 이상 나치가 원

자 폭탄으로 무장했을지도 모른다는 결과가 두려웠다.

이러한 두려움에 자극받아서, 유럽에서 미국으로 건너온 한 무리의 물리학자들은 루스벨트 대통령에게 원자력 에너지가 파괴 목적으로 사용될 수 있음을 알리고 독일 과학자들이 거의 확실하게 그러한 연구를 수행하고 있음을 경고하는 편지를 써 줄 것을 알버트 아인슈타인에게 부탁했다. 그와 같이 건의한 물리학자들이 그들이 설명하고 경고한 결과로 설치된 '원자 폭탄 개발 계획'에 대한 연구를 시작했으며, 이 계획에 다른 많은 사람들도 참여했다.

닐스 보어는 1943년에 원자 폭탄 계획 그룹과 합류했다. 그 때쯤 덴마크가 독일에 점령당했으며 '비-아리안' 태생을 광범위하게 체포하기 시작하자, 어머니가 유태인이었던 보어에게도 위험이 닥쳤다. 덴마크의 지하 저항 세력이 많은 사람의 국외 탈출을 도와주면서 그가 탈출하는 것도 도와주었다. 처음에 그는 작은 어선을 타고 스웨덴으로 갔다가 비행기를 타고 영국으로 건너갔다. 그가 탈출한 뒤에, 독일의 정보 기관원이 코펜하겐 연구소로 와서 (비서가 제발 흐트러뜨리지 말아 달라고 애원하면서 보고 있는 동안) 보어의 서류철을 뒤졌다. 그들은 군사적으로 응용할 수 있는 과학적 비밀을 찾고 있는 것 같았지만, 그들이 발견한 것은 그의 독일 친구인 하이젠베르크 교수가 보낸 편지뿐이었다. 전쟁이 두 사람을 갈라놓았다. 전쟁은 어려웠지만 두 사람의 우정을 막지는 못했다.

이것이 예외적인 경우는 아니었다. 예를 들면, 샘 구드스미트(Sam Goudsmit)라는 물리학자는 전쟁이 끝날 무렵 미국 정부에 의해서 독일로 보내졌다. 그의 임무는 전쟁 중에 수행된 독

일의 과학에 대한 연구를 조사하는 (그리고 그 연구 담당자를 체
포하는) 것이었다. 그는 비록 자기 네덜란드 출신의 부모가 나
치 수용소에서 영원히 '사라진' 사람 중에 끼어 있었음에도 불
구하고, 체포된 독일 과학자 한 사람 한 사람 모두가 그의 개
인적 적이라고 생각하지는 않았다. 같은 임무를 띤 미국의 다
른 부대에 의해 체포된 하이젠베르크를 처음으로 보고, 구드스
미트는 "나의 오랜 친구이자 동료를 정중하게 맞았다"라고 말
했다.

닐스 보어가 영국에 도착한 후에, 미국에서 원자 폭탄 계획
이 어떻게 진척되고 있는지에 대해 들었다. 원자 폭탄 계획의
한 지부인 뉴멕시코주의 로스앨러모스 연구소 전 소장이었던
로버트 오펜하이머는 시작에서부터 영국이 일반적으로 알려진
것보다 훨씬 더 많이 관계하고 있다고 말했다. 원자 폭탄이 현
실로 나타날 계획이 예정대로 진행 중이라는 소식을 듣고, 보
어는 전쟁이 끝난 후에 그러한 무기가 존재하는 것이 무엇을
의미할지 생각하기 시작했다. 러시아도 원자 폭탄을 만드는 방
법을 대단히 빨리 배울 것임은 피할 수 없다고 그는 생각했다.
아무리 과학적 비밀을 철저히 지키더라도 그런 일이 일어나는
것을 막을 수는 없었다. 만일 한 나라의 과학자가 그런 폭탄을
만들 수 있다면, 다른 나라의 과학자도 충분히 발전된 기술을
가지고 그렇게 할 수 있을 것이었다.

보어는 러시아의 과학자에 대해서 잘 알고 있었고 그 나라의
가혹한 정치적 조건은 물론 장래의 징조가 별로 좋지 못하다고
보는 서방 세계의 의구심을 잘 인식하고 있었다. 다른 일부 낙
관론자와는 달리 그는 당시에 연합국이었던 러시아와 서방 국

가가 전쟁이 끝난 후에도 우호적인 관계를 지속하기는 쉽지 않을 것이라고 생각했다. 그는 서로 다른 경제나 정치 제도 사이에는 긴장 관계가 생길 수 있으며, 러시아와 미국이 일단 원자폭탄으로 무장하게 되면 그 긴장은 대단히 위험할 것이라고 생각했다. 그러므로 보어는, 동서 긴장이라는 배경 아래서 전후(戰後) 긴장이 전개되기 이전에, 위협이 될 그 무기가 출현하기 이전에, 러시아와 새 무기에 대한 감독을 위한 계획이 당장 시작되어야만 한다고 믿었다. 그러한 기구는 국제적인 검사 단체를 의미하고 러시아에 원자력에 대한 지식을 제공하는 것을 의미했다. 그럼에도 불구하고, 그는 이러한 선물이 선물을 제공한 측에도 이득이 되리라고 생각했다. 그것은 러시아가 자기 나라의 이익을 위해 장애가 제거되고 정보가 자유롭게 교환되는 상황으로 끌려 들어올 것이며, 그러면 전과 같은 국가로 남아 있지는 못할 것이기 때문이다. 다시 말하면, 동서 긴장이 장래에 문제를 초래할 수 있으며 로버트 오펜하이머를 인용하면 보어는 이러한 문제가 충분히 일찍 제기되어서 문제 자체가 바뀔 수 있는 체제로 만들기를 원했다.

영국에서 이러한 입장을 따라 말하면서 보어는 처칠 수상과 그의 각료들에게 즉각적으로 러시아와 협상을 개시하는 중요성에 대해 설득하기 시작했다. 같은 목적을 마음에 품고 그는 1943년 미국으로 왔다. 그곳에서 그는 로스앨러모스 폭탄 계획에 그의 전문적 지식을 빌려 줄 수도 있었다. 그러나 그것이 그가 이 나라로 온 중요 목적은 아니었다.

4년 전에 보어가 어떻게 (실험은 독일에서 수행되고 그 해석은 스웨덴에서 내려진) 원자핵 분열을 발견했다는 첫 소식을 미국으로 가져왔는지에 대한 이야기는 이미 여러 번 보도되어 잘 알려져 있다. 그렇게 잘 알려지지 않은 것은, 그가 그 발견의 결과로 일어나리라고 느낀 것을 막기 위해 어떻게 노력했으며, 루스벨트 대통령과 그가 죽은 후에는 후임인 트루먼 대통령의 정치와 경제 자문역들을 수없이 방문하거나 편지를 보낸 것, 그리고 새로 설립된 유엔에 보낸 그의 공개편지 등에 관한 이야기이다.

폭탄이 제조되고 전쟁이 끝난 후에는 (다른 많은 물리학자의 경우도 마찬가지지만) 보어가 할 일은 과학적인 것뿐 아니라 정치적인 것도 남아 있었다. 그의 제안은 하나도 채택되지 않았다. 그는 동서(東西) 사이의 불신이 해소되지 않는 한 원자 무기(그리고 핵무기가 발명되면 그것도)에 대한 국제적인 통제는 현실적으로 실현될 수는 없겠다고 생각하게 되었다. 그래서 서로 다른 민족이 서로 상대방에 대해 배우기 위한 최대의 기회를 갖도록 (이것은 그가 믿기에 서로 신뢰를 키우는 데 필요조건인데) 여행하거나 생각과 정보를 교환하는 데 장애가 되는 국가 사이의 장벽을 제거하자고 주장했다. 그는 좀 더 열린 세계로 향해 나가는 데 과학이 지도적인 역할을 담당할 수 있을 것이라고 생각했다. 그것은 어떤 다른 인간 활동과는 달리 과학에서는 국가주의가 설 자리가 없기 때문이었다. 과학자는 국제적인 가족을 만들었다.

세상을 떠난 1962년까지 보어는 이 가족의 결합을 강화시키기 위해 여러 다른 과학 단체에서 진력했다. 그리고 그는 코펜하겐 이론 물리학 연구소의 소장 자리도 그대로 지켰다. 현재 보어의 자리는 그의 아들 중에 한 사람으로서 역시 물리학자인

362

이 사진은 칼스버그 성곽에 위치한 보어의 공부방 칠판에 아인슈타인이 제의한 빛이 담긴 상자를 보어가 대강 그린 그림을 찍었다. 그는 이 그림을 그가 세상을 떠나기 하루 전 저녁에 그렸다. 그는 대화를 나누면서 그의 생각이 어떻게 전개되었는지를 설명하고 있었다

아게 보어(Aage Bohr)에게 계승되었다.

이 마지막 장에서 우리의 가장 중요한 주인공인 닐스 보어와 알버트 아인슈타인을 마지막으로 살펴보고 끝마치는 것이 좋을 것 같다. 1948년에는 이 두 사람이 우연히 같은 장소인 프린스턴 고급 이론 연구소에서 일하게 됐다. 실제로 그때 보어는

아인슈타인의 연구실을 사용했다. 아인슈타인은 그에게 배정된 너무 큰 방이 싫어서 원래는 그의 조교가 사용할 방으로 만들어진 조그만 옆 연구실로 옮겼다. 아인슈타인의 연구실에서 보어는 아인슈타인과의 유명한 논쟁을 회고하는 논문을 작성하기 시작했다.

그들이 솔베이 토론회에서 처음으로 양자 역학의 문제에 대한 이해력을 겨눈 뒤로 20년이 흘렀지만 논쟁은 여전히 계속되었다. 아인슈타인의 연구실로 옮기기 수년 전에 보어는 다시 한 번 그의 굴하지 않는 적수에게 이기려고 시도해 본 적이 있었는데, 결과는 역시 예전과 마찬가지였다. 그 긴 논쟁을 마친 뒤에 이 덴마크 사람은 친한 친구를 찾아가서 씁쓸하고도 절망적으로 "나는 내 자신에게 진절머리가 나네"라고 말했다.

그러나 이제 아인슈타인의 연구실에서 보어는 또다시 자기 생각의 체계를 개선시키려고 시도하면서 한 번 더 아인슈타인과의 예전 논쟁을 되풀이해 보았다. 그가 아인슈타인과 논쟁했을 때의 실제 경우를 묘사하면서, 보어는 "그에게서 받은 감화와 또한 더 넓은 세계로 향한 눈을 뜨게 되고 마음을 열고 생각을 교환하는 것이 얼마나 필수적이었으며… 등에 대해 자기가 얼마나 감사하게 생각하는지를 보여주고 싶었다"고 말했다.

그가 논문을 쓰는 데 골몰하고 있을 때, 이 연구소에서 일하는 다른 물리학자인 아브라함 파이스(Abraham Pais)가 그를 보기 위해 잠깐 들렀다. 물론 보어가 실제로 글을 쓰고 있었던 것은 아니다. "그는 머리를 숙이고, 눈살을 잔뜩 찌푸리고, 방 한가운데 놓인 책상의 둘레를 화난 듯이 빙빙 돌고 있었다"라고 파이스가 말했다.

보어는 자기를 좀 도와줄 수 있겠느냐고, 자기 마음에서 몇 개의 문장이 튀어나온다면 그것을 좀 받아써 줄 수 있겠느냐고 물었다.

파이스는 그 일에 동의하고 종이와 연필이 준비된 책상 앞에 앉았으며, 보어는 여전히 책상 주위를 돌면서 가끔 부드러운 목소리로 몇 개의 단어를 뱉어 내곤 했다(보어의 구술을 받아쓰려면, "그가 원 주위를 도는 것과 같은 비율로 계속해서 머리를 빙빙 돌리는 회전 운동을 하는 것"이 필요했다고 전해져 내려온다).

받아쓰기는 천천히 진행되었다. 가끔 보어는 같은 낱말을 여러 번 다시 반복하곤 했다. 파이스는 "그는 한 단어를 계속 물고 늘어지곤 했는데, 연결 지을 단어를 찾기 위해 그 단어를 달래고 졸랐다"라고 말했다. 그리고 이날은 우연히도 계속 반복된 단어 중에서 하나가 '아인슈타인'이었다. 깊은 생각에 잠겨서, 그리고 책상 주위를 거의 뛰다시피 하면서, 보어는 "아인슈타인, 아인슈타인" 하고 되풀이하고 있었다.

그가 찾는 마땅한 연결 단어를 찾지 못하고 창가로 다가가 밖을 응시하면서 여전히 같은 생각 '아인슈타인, 아인슈타인'을 달래고 있었다.

바로 그 순간에 파이스는 연구실로 들어오는 문이 천천히 열리기 시작하는 것을 보았다. 문이 매우 부드럽게 열렸고 (보어는 그 소리를 듣지 못했다) 어떤 사람이 발끝으로 걸으며 방안으로 들어왔는데, 그가 바로 아인슈타인이었다.

파이스가 말하기를, "그때 아인슈타인이 손가락으로 입을 막고 얼굴에는 장난꾸러기 같은 미소를 띄우며, 조용히 하라는 신호를 보냈다." 소리를 죽이면서 그는 파이스가 앉아 있는 책상까지 일직선으로 다가왔다.

그리고 그가 책상 옆에 당도한 바로 그 순간에, 여전히 방문객이 온 것을 눈치채지 못하고 여전히 창문 옆에서 '아인슈타인'을 중얼거리던 보어는, 갑자기 그렇게 붙잡기 어려운 단어를 드디어 생각해 낸 듯이 보였으며, 단호하게 "아인슈타인"이라고 내뱉으면서 돌아섰다.

"거기에 그들이 서로 얼굴을 맞대고 서 있었지요"라고 파이스가 말했다.

나머지 두 사람과 마찬가지로, 그의 생각이 이렇게 불가사의하게 실물로 출현한 것에, 그가 불러낸 이 도깨비에, 이 감당할 수 없는 아인슈타인에, 보어는 너무 놀라서 말이 나오지 않았다. 아무 말도 못하고 세 사람은 서로를 쳐다만 볼 뿐이었다.

이때 아인슈타인이 자기가 왜 왔는지를 설명했다. 담배 때문이었다. 그의 의사가 담배를 못 피우게 금지시켰는데, 그는 "의사는 담배를 사지 말라고 금지시켰지만 담배를 훔치지 말라고, 보어의 연구실 책상 위에 놓여 있는 담배 상자로부터 훔치지 말라고 금지시키지는 않았어"라고 말했다. 이 설명으로 "주문(呪文)이 풀렸다"고 파이스가 회고했다.

"곧 우리는 모두 웃음을 터뜨렸다."

역자 해설

바바라 러벳 클라인(Barbara Lovett Cline) 여사가 지은 이 책
은 1965년 뉴욕의 크로웰 출판사를 통해 'The Questioners'
라는 제목으로 처음 출판되었고, 그로부터 20여 년이 지난
1987년 시카고 대학교 출판부를 통해 'Men Who Made a
New Physics'라고 게재되어 다시 출판되었다. 나는 지난해 이
책을 우연히 읽었는데 다음 두 가지 이유에서 매우 감탄했다.

첫 번째 이유는 내용을 누구나 이해할 수 있는 언어로 설명
했다는 것이다. 이 책은 20세기 초에 출현한 현대 물리학, 즉
상대론과 양자론 두 분야 중에서 양자론에 대한 이야기이다.
상대론은 아인슈타인 한 사람에 의해서 의도적으로 시작되었으
며 완성되었다. 반면에 양자론은 물리학자들이 정말 내키지 않
았지만 오로지 원자 세계에서 관찰되는 현상을 제대로 설명하
려고 하다 보니 달리 어찌할 도리가 없어서 어렵게 어렵게 만
들어졌다.

상대론과 양자론 모두 인간의 상식에 어긋나는, 아니 그 정
도가 아니고 도저히 받아들일 수 없는 절대적인 모순처럼 보이
는 개념들을 도입하지 않을 수 없었다. 그런데 상대론의 경우
에는 아인슈타인이 모든 것을 한 치의 빈틈도 없이 다 짜 놓은
다음에 그 결과를 제시해 주었다. 사람들은 그저 배우기만 하
면 되었다. 그러나 양자론에는 상대론에서 아인슈타인이 맡았
던 역할을 해줄 사람이 없었다. 많은 사람들이 모순에 가득 찬

368

실험 자료 앞에서 어찌할 바를 몰랐다. 이 책은 바로 그 사람들이 어떻게 고뇌하고 어떻게 방황했는지에 대한 이야기이다. 이 책은 또한 그렇게 탄생된 양자론이 무엇인지를, 양자론에 대한 개념이 생겨났을 때부터 마침내 완성된 양자론, 즉 양자역학의 중심 이론까지를 모두 설명해 준다.

그런데 이 책의 특징은 물리학을 전공하지 않은 일반 대중이 알아들을 수 있는 쉬운 생각에서부터 시작해서 낯선 개념들을 머리에 그려 볼 수 있도록 입체적으로 알려 준다는 점이다. 양자론에 대해 일반인을 위한 교양서는 많이 출판되었지만, 이 책처럼 누구든지 알아들을 수 있을 뿐 아니라 처음부터 끝까지 조리 있게 체계적으로 설명한 책은 찾아보기 힘들다. 나는 이 책을 쓴 클라인 여사가 물리학자가 아니었기 때문에 그와 같은 일이 가능했을 것이라고 믿는다. 이 책의 머리말에서 저자는 '물리학이 밖에서 보는 것처럼 누구에게나 천편일률적으로 똑같지도 않으며 피가 나오지 않을 정도로 냉정하지도 않다'는 사실을 발견하고 놀랐다고 썼다. 이때 발동한 호기심에서 배우기 시작한 결실로 이루어진 것이 이 책이다. 많은 책과 논문들을 공부하고 양자론의 발전에 참여한 바로 그 사람들로부터 직접 조언을 구하면서 자기가 품었던 의문과 호기심을 풀어나간 과정을 그대로 적었다. 바로 저자 자신도 물리학에 대한 문외한이었기에 이 책을 문외한이 읽어도 이해할 수 있는 언어로 쓴 것으로 생각된다. 단순히 쉽게 쓰였을 뿐 아니라 몇십 년 동안 물리학을 전공한 내가 양자론을 제대로 이해하도록 도와준 클라인 여사가 감탄스러울 뿐이다.

두 번째 이유는 무척 재미있게 읽었기 때문이다. 이 책은 마치 소설처럼 쓰였다. 그것은 지어낸 허구라는 의미의 소설이 아니고, 소설의 특징인 기승전결(起承轉結)을 따라 치밀하게 구성되었다는 뜻에서의 소설이다. 그렇게 구성해 놓고 보니, 물리학에서 양자론의 징조가 처음 나타난 때부터 양자 역학이 완성되기까지 20여 년에 걸친 기간의 이야기가 마치 한편의 흥미진진한 소설로 다시 태어난 듯싶다. 20세기가 시작되면서 물리학에서 상대론과 양자론이라는 혁명이 일어나던 시기의 이야기는 실제로 우리 물리학자들에게는 항상 큰 관심의 대상이었다. 그러나 비록 그와 같은 소재가 이미 거기에 있었더라도, 그 소재를 가지고 이와 같이 한편의 감동스러운 작품을 만들어 낸 클라인 여사의 솜씨가 여전히 감탄스럽지 않을 수 없다.

이 소설의 막이 오르고 맨 처음 등장하는 무대가 영국 맨체스터 대학교 러더퍼드 교수의 실험실이다. 러더퍼드는 당시 맨 마지막으로 영국의 식민지가 된 뉴질랜드 출신으로, 장학금을 받고 케임브리지 대학교 부설 캐번디시 연구소로 유학 온 촌뜨기였다. 처음에는 영국 상류 사회 계급 자제들이 대부분인 학생들 틈에서 따돌림을 받기도 했으나, 타고난 창의력을 발휘해 일류 실험 물리학자가 된 사람이다. 실험실에서 마스든이라는 어린 제자가 관찰한 도저히 납득할 수 없는 실험 결과를 러더퍼드는 실수 때문으로 돌리지 않고 진지하게 받아들여 원자핵을 발견하기에 이른다.

그때는 화학자들이 밝혀낸 물질의 화학적 성질로부터 물질의 기본 단위가 원자일 것이라고 막연히 짐작하고는 있었으나 그런 원자가 어떻게 생겼을지는 알아볼 엄두도 못 낼 형편이었다. 심지어 원자가 너무 단단해 그 속으로 들어가 볼 수는 도저히 없을 것이라고 주장하는 사람들도 있었다.

원자핵이 발견됨으로써 원자의 정체, 즉 물질이 만들어지는 원리를 찾아내는 데 물리학자들의 관심이 집중하게 되었으며, 당시까지는 그렇게 성공적일 수가 없었던 물리학, 즉 오늘날 고전 물리학 또는 뉴턴 물리학이라고 부르는 이론 체계로는 원자 세계를 도저히 설명할 수 없음이 차차 알려지게 되었다. 그러한 원자 세계를 설명해 줄 이론이 양자론 또는 양자 역학이며, 이 소설의 첫 장면은 바로 양자론이 적용될 세계의 장막을 처음으로 벗긴 러더퍼드의 실험실에서 시작한 것이다.

다음 무대는 장소가 영국에서 독일로 바뀐다. 러더퍼드와 거의 같은 시대에 두 번째 등장인물인 막스 플랑크가 혼자서 묵묵히 열역학 제2법칙에 대해서 연구하고 있다. 플랑크는 중학교에서 물리학의 중요한 원리인 에너지 보존 법칙에 대해서 설명을 듣다가 큰 감명을 받는다. 인간이 사고(思考)에 의해서 자연의 동작 원리와 영원불변의 진리를 깨달을 수 있다는 사실이 너무도 경이로웠기 때문이다.

플랑크는 오로지 열역학 제2법칙을 좀 더 일반적으로 성립하는 형태로 표현하기 위해, 생각해 볼 수 있는 모든 대상에 그 법칙을 적용해 보다가 당시에 물리학자들이 잘 설명할 수 없었던 검은 물체가 방출하는 복사 에너지의 분포를 기술하는 공식에 눈을 돌리게 된다. 그는 우연히 만일 검은 물체에서 나오는 빛이 나르는 에너지의 양이 연속적이지 않고 띄엄띄엄 덩어리져서 나온다고 가정하면 올바른 공식을 얻을 수 있음을 발견한다. 이것이 바로 양자라는 개념이 처음 탄생되는 순간이었다.

영국과 독일이 대조적인 만큼 러더퍼드와 플랑크도 대조적이
다(영국이 경험적이라면 독일은 관념적이고, 영국이 전원적이라면 독
일은 도시적이고 영국이 싱그러운 녹색이라면 독일은 암울한 회색이
다). 러더퍼드는 식민지 뉴질랜드의 목재상 아들로 태어났지만
스물일곱 살에 대학교 교수가 되고 실험실에서 많은 학생들과
조교들을 호령하며 정신 차릴 수 없을 정도로 새로운 사실들을
계속 발견해 나가면서 당시 실험 물리학계를 석권했다. 플랑크
는 아버지가 뮌헨 대학교의 헌법학 교수였으며 수많은 학자와
법률가를 배출한 전통적인 독일 명문 집안 출신으로 항상 단정
하고 꼿꼿한 자세를 유지하면서 자기가 연구하기로 작정한 외
길을 끈질기게 추구했다. 그러나 그 분야(열역학 제2법칙)는 당
시의 대부분의 물리학자들이 고전 물리학에서 이미 완성된 분
야라고 생각하고 아무도 별 관심을 기울이지 않는 빛을 못 보
는 분야였다. 러더퍼드는 시작부터 항상 물리학의 유행 첨단에
서 있었는데 반해, 플랑크는 자기 연구 업적을 누구도 알아주
는 사람이 없어서 "나는 내가 옳았다는 만족감을 결코 누리지
못할 운명이었다"라고 한탄했다.

이 책은 이렇게 당시 둘 사이에 특별한 관계를 찾기가 어려
웠음직한, 실험 물리학 쪽에서는 원자핵의 발견 그리고 이론
물리학 쪽에서는 양자 개념의 탄생이라는 두 가지 배경에서 시
작한다. 그리고 다음에 등장하는 인물이 아인슈타인이다. 양자
론이 주제인 이 소설에서 아인슈타인이 주인공이 될 수는 없
다. 그렇지만 이 소설의 시대를 같이 산 아인슈타인을 빼고 이
야기를 이어나갈 수도 없다. 실제로 아인슈타인이 양자론을 인
정하지 않았음은 유명한 이야기이다. 이 책에서 클라인 여사는

몇 가지 일화들을 엮어 나감으로써 아인슈타인이 양자론의 초기 발전에 어떻게 얼마나 중요한 역할을 맡았는지, 그럼에도 불구하고 아인슈타인은 양자론을 지지하는 확고부동한 실험적 증거들을 앞에 두고도 왜 양자론의 후기 발전에 전혀 참여하지 않았는지 생생하게 묘사해 준다.

이 소설의 제2막이 오르면 우리의 주인공 닐스 보어가 등장한다. 장소는 영국 캐번디시 연구소. 톰슨 소장을 비롯해 재학생, 졸업생, 조교 등 모두가 모이는 연례 동창회가 열리고 있는 와자지껄한 만찬장이다. 여기서 활달하고 큰 음성으로 모든 사람들의 이목을 집중시키며 화제를 독점하고 있는 사람은 지금 맨체스터 대학교에서 활약하는 졸업생 러더퍼드이다. 덴마크에서 캐번디시 연구소로 갓 유학 온 보어는 이 만찬장에서 러더퍼드에게 감명을 받고 그로부터 얼마 지나지 않아 러더퍼드와 함께 연구하기 위해 맨체스터 대학교로 옮긴다. 보어는 원래 맨체스터 대학교에서 원자핵과 방사능에 대한 실험을 해볼 예정이었지만 그리고 그런 실험 과제가 무진장 많았지만 그보다는 원자핵이 발견되고 난 후의 원자의 구조를 설명할 이론에 더 관심을 갖게 된다. 원자핵이 발견되기 전까지는 원자가 전기적으로 중성이며 원자 내부에 음전기를 띤 전자가 들어 있다는 사실을 알고 있었으므로 원자 속에는 양전기가 균일하게 퍼져 있으며 그 사이사이에 전자가 박혀 있으리라고 예상했다. 그런데 원자핵이 발견됨으로써 원자의 중심부에 양전기로 이루어진 무거운 원자핵이 놓여 있으며 그 주위로 전자가 회전하고 있으리라는 생각이 자연스럽게 나오게 되었다. 그러한 모형은 마치 태양의 주위로 행성들이 회전하는 태양계와 흡사했으며,

사람들은 이와 같이 원자 속에서 태양계가 반복된다는 것이 신기하지만 그럴듯하다고 생각했다.

그러나 당시에 알고 있던 고전 물리학에서 전기를 다루는 법칙에 의하면 전기를 띤 물체가 회전할 때는 에너지(전자기파)를 밖으로 내보내야만 했으므로 회전을 오랫동안 계속하지 못하고 원자핵으로 나선형을 그리며 떨어지지 않을 수 없었다. 그런데 자연에 존재하는 원자에서는 그런 일이 일어나지 않는다. 보어가 해결하겠다고 끈질기게 물고 늘어진 것이 바로 이 점이었다.

보어는 맨체스터에서 이 문제를 해결하지 못한 채 유학을 마치고 고향으로 돌아가 코펜하겐 대학교 교수로 부임한다. 그곳에서 그는 우연히 뜨거운 기체가 내는 빛을 프리즘에 통과시키면 만들어지는 선 스펙트럼에 관한 자료를 발견한다. 분광학자들은 이미 오랜 기간에 걸쳐 여러 가지 기체에서 나오는 이러한 선 스펙트럼에 대한 자료를 축적해 놓았을 뿐 아니라, 발머와 같은 사람은 그러한 선 스펙트럼의 진동수들이 만족하는 공식까지 만들어 놓았다. 원자 내부로부터 방출되는 이런 선 스펙트럼은 바로 원자의 모형에 대한 정보를 담고 있을 것임에 틀림없었다. 보어는 플랑크의 양자 개념을 도입하면 선 스펙트럼을 설명하는 공식을 유도할 수 있음을 발견한다. 즉 검은 물체 복사를 설명하는 데 가정되었던 양자라는 개념이 원자핵의 발견과 함께 밝혀지기 시작한 원자를 설명하는 데도 관계가 된 것이다. 이렇게 보어는 원자핵과 양자 개념을 연결하면서 그의 경험적인 원자 모형을 만들어 나간다. 그렇지만 보어의 원자 모형은 원자 세계를 체계적으로 이해할 수 있게 만들어 주는 근본 원리가 아니었다. 그 이상의 무엇이 필요했다.

제3막에서는 무대가 코펜하겐 대학교 부설 이론 물리 연구소, 일명 보어 연구소로 바뀐다. 이 연구소는 보어가 대학교 당국을 설득해 여러 나라로부터 뛰어난 젊은이들을 초청해 채용하고 덴마크 기업가들의 후원으로 건물을 장만해 세웠다. 많은 젊은이들이 보어와 함께 24시간을 함께 지내며 정열을 발산하고 꿈을 불태운다. 그들은 새로운 아이디어를 끝없이 토의하며, 그들이 물리학을 창조해 나가는 중심지라는 자부심으로 가득차 있다. 그중에서 가장 두드러지게 활동한 두 젊은이가 독일로부터 온 볼프강 파울리와 베르너 하이젠베르크이다.

보어가 제안한 경험적인 원자 모형에 의하면, 원자핵 바깥에 여러 개의 전자 궤도가 존재하며, 전자들이 그 궤도를 따라 돌면 에너지를 바깥으로 내보내지 않는다. 그리고 전자가 가장 안쪽의 궤도에는 두 개, 그 다음번 궤도에는 여덟 개 등으로 들어갈 수 있다. 기체를 뜨겁게 가열하면 안쪽 궤도의 전자가 바깥쪽 궤도로 옮기며 이 전자들이 다시 안쪽 궤도로 떨어질 때 에너지를 내보낸다. 이 모형으로 수소의 선 스펙트럼을 잘 설명할 수 있었다. 그러나 이 모형만으로는 전자들이 왜 그렇게 행동하는지 알 수 없었다.

보어의 원자 모형이 완전한 이론이 아니고 임시변통임은 보어를 비롯해 누구나 알고 있었다. 그렇지만 어떻게 할 도리가 없었다. 더디지만 한 걸음씩 또는 반 걸음씩 내디딜 수밖에 없었다. 제일 똑똑하고 완벽주의자였던 파울리가 당시에 알려진 선 스펙트럼 자료를 비롯해 모든 실험 자료들을 다시 분류해 나가기 시작했다. 그리해 그가 당도한 것이 오늘날 그의 이름으로 알려진 파울리의 배타 원리(排他原理)이다. 이 원리는 동일한 상

태에 두 개 이상의 전자가 존재할 수 없다고 말한다. 이 원리를
사용하면 전자가 왜 가장 안쪽의 궤도에 두 개, 그리고 다음 궤
도에 여덟 개 등으로 들어갈 수 있는지를 설명할 수 있다. 그러
나 왜 배타 원리가 성립하는지는 알지 못했다. 그러므로 그것도
아직 완전한 이론이 아니었다. 다음에 보어를 도운 사람이 하이
젠베르크였다. 그는 못할 일이란 아무것도 없다고 알려진 우수한
젊은이였지만 파울리와 같은 완벽주의자는 아니었다. 놀랄 만한
아이디어를 내놓지만 미주알고주알 자세한 것은 개의치 않고 다
른 사람에게 맡기는 스타일이었다. 그러나 그들 앞에 놓여 있는
것은 도저히 해결할 수 없는 문제처럼 보였다. 그것은 마치 '이
것은 책상이다'와 '이것은 책상이 아니다'라는 두 명제 중에서
하나는 꼭 옳아야만 할 텐데, 원자 내부의 전자는 그러한 ('상식'
이라는) 직관까지도 의심하지 않으면 안 되도록 행동하는 것이
다. 보어와 하이젠베르크는 밤낮을 가리지 않고 토의한다. 그렇
지만 아무런 실마리도 잡히지 않는다. 낮에는 같은 문제에 대해
걱정하고 밤에도 같은 문제에 대해 꿈꾼다. 모두 기진맥진이다.
하이젠베르크는 마침 유행성 열병에 걸려 북해에 위치한 헬리고
랜드라는 한적한 섬으로 휴양 차 떠난다. 그곳에서 홀로 지내며
깊이 생각하고 끊임없이 계산하며 긴장을 풀려고 높은 절벽을
기어오르곤 한다. 그는 끝내 유명한 불확정성 원리에 도달한다.
이것이 양자 역학의 기초가 되는 원리이다. 천성이 낙관적인 보
어마저도 지치고 평화를 원한다. 보어는 휴가를 얻어 노르웨이로
스키 여행을 떠난다. 그러나 노르웨이의 첩첩산중에서도 그의 생
각은 한 가지에 집중되어 있다. 몇 주가 지난 뒤에 살갗이 그을
리고 기분이 훨씬 상쾌해졌으며 (하이젠베르크와 함께) 그렇게 오

랫동안 찾아 헤맸던 해답에 훨씬 더 근접하고 돌아온다. 그는 가능한 최대의 이해를 얻기 위해서는 서로 배제되는 개념을 사용한다는 생각을 표현한 상보성 원리에 이른 것이다.

이렇게 우여곡절 끝에 양자 역학이 만들어진다. 또한 보어 연구소 사람들뿐 아니고, 프랑스의 슈뢰딩거, 괴팅겐 대학교의 막스 보른과 파스쿠알 요르단, 그리고 나중에 보어 연구소에 합류한 폴 디랙 등 많은 다른 사람들도 양자 역학을 연구했으며 여러 가지로 기여했다. 제3막에서는 보어와 슈뢰딩거의 토론으로 절정을 이룬다. 슈뢰딩거는 양자론의 불연속성을 제거하는 것이 목적이었다. 하룻밤을 꼬박 새운 토론에서 슈뢰딩거는 기진맥진해 "불연속성이 없어지지 않으리라고 미리 알았더라면, 이런 일은 결코 시작하지도 않았을 텐데"라고 불평한다. 보어는 "우리는 자네가 생각하는 것보다 훨씬 더 많은 점에서 같은 의견을 갖고 있네"라고 대답한다. 이제 원자 세계를 제대로 기술할 수 있는 원리가 발견된 것이다. 주어진 현상만을 설명할 수 있는 임시방편이 아니고, 무엇이든지 풀어 낼 수 있는 양자 역학의 코펜하겐 해석이라고 부르는 이론 체계가 만들어진 것이다.

제3막에서 이루어낸 이 양자 역학의 중심 이론에 대해 본 해설에서 감히 한두 마디로 설명하려고 시도할 수 없다. 클라인 여사는 이 책에서 아주 현명한 구성법을 시도했다. 그녀는 이 소설의 주인공들을 모두 잠시 쉬게 하고 선배와 후배가 대화를 나누는 장면을 삽입했다. 선배는 편리하게도 1924년에 남미의 밀림 지대에서 실종되었다가 최근에 구조되었다. 그래서 러더퍼드가 원자핵을 발견했고 플랑크의 양자 개념, 보어의 원자 모형 등에 대해서는 알고 있지만 그 이후에 발전된 물리학에 대해서는 아무것도 모른다. 선배는 그동안 일어난 일에 대해 후배에게 질문을 퍼붓는다.

그다음에 클라인 여사는 아인슈타인을 한 번 더 등장시키고 그의 일반 상대론과 인간 아인슈타인에 대해 이야기한다. 아인슈타인을 인도했던 그의 물리학에 대한 정열이 무엇인지 알려 주고, 보어가 가장 흠모하는 인물인 아인슈타인의 진면목을 보여 줌으로써 다음에 올 대단원을 예비한다.

제4막이 오르면 벨기에의 브뤼셀에서 열린 솔베이 토론회 회의장이 나타난다. 때는 1927년 봄이다. 솔베이 토론회는 3년마다 물리학자들이 모여서 그동안 물리학에서 새로 알려진 사항들에 대해 의견을 나누는 학술회의다.

보어는 솔베이 토론회에서 발표하기 위해 양자 역학의 코펜하겐 해석을 마지막으로 손질한다. 그러나 실제로는 오로지 아인슈타인에게 이야기하기 위해 브뤼셀로 향한 것이다. 아인슈타인의 의견이 몹시 궁금했다. 보어의 눈에는 아인슈타인이 상대론뿐 아니고 양자론에서도 위대한 선구자로 비쳤다. 자기가 한 것은 양자론에서조차 아인슈타인이 기여한 것에 비하면 아주 보잘것없게만 느껴졌다. 솔베이 토론회에서 아인슈타인과 보어의 논쟁은 유명한 사건이다. 그들 사이의 토론은 점점 더 두 과학자 사이라기보다는 두 철학자 사이의 토론으로 변해 간다. 보어는 솔베이 토론회 뒤에도 여러 해 동안 코펜하겐 해석을 가다듬는다. 보어는 생각 속에서 항상 아인슈타인과 논쟁을 나누고 있었다고 말했다.

20여 년에 걸친 대 드라마가 막을 내리는데 에필로그가 없을 수 없다. 클라인 여사는 가장 적절한 장면을 잡았다. 아인슈

378

타인은 독일에서 히틀러가 정권을 잡은 후 미국 프린스턴 대학교 고급 이론 연구소에서 연구하고 있다. 1948년 보어는 우연히 같은 연구소에서 일하게 된다. 그때 보어는 아인슈타인의 연구실을 잠시 빌려서 사용하면서 아인슈타인과의 유명한 논쟁을 회고하는 논문을 작성하기 시작한다.

보어는 늘 말하면서 생각하는 사람이다. 아인슈타인이라는 단어 뒤에 마땅한 말이 생각나지 않아 "아인슈타인"을 입속에서 어르고 있다. 창밖을 내다보며 생각에 잠긴 사이에 아인슈타인이 방안에 들어와 있는 것도 모르고 있다. 여전히 창문 옆에서 "아인슈타인"을 중얼거리던 보어는 그렇게 어려운 단어를 생각해 낸 듯이 단호하게 "아인슈타인"이라고 내뱉으며 돌아선다. 거기에 그들 둘이 얼굴을 맞대고 서 있다. 그의 생각이 이렇게 불가사의하게 실물로 출현한 것에, 그가 불러낸 이 도깨비에, 이 감당할 수 없는 아인슈타인에, 보어는 너무 놀라서 아무 말도 못하고 서로를 쳐다볼 뿐이다.

많은 분들의 도움이 없었더라면, 이 책을 이렇게 순조롭게 번역할 수 없었을 것이다. 무엇보다도 먼저 이 책의 출판을 흔쾌히 허락해 주신 전파과학사의 손영일 사장님께 감사드린다. 또 번역하는 과정에서 매장을 읽고 평하여 주신 인하대학교 교육대학원 과정의 김명철, 김기찬, 김동호 선생님과 초고를 처음부터 끝까지 꼼꼼하게 읽어준 인하대학교 핵물리 연구실의 김두환 군과 강경옥 양에게 감사를 표한다. 그렇지만 역시 전파과학사 편집부 여러분의 도움이 없었더라면 매끄러운 번역이 가능하지 못하였을 것이기에 특별히 감사드린다.

차동우

추천 도서 목록

● **위인전, 자서전, 회고록**

Andrade, E. N. da C. Rutherford and the Nature of the Atom. New York : Doubleday and Company, Inc., 1964.

Birks, J. B., ed. Rutherford at Manchester. New York : W. A. Benjamin Inc., 1963.

Born, Max. My Life : Recollections of Nobel Laureate. London: Taylor and Francis, 1978.

Dirac, P. A. M. The Developtment of Quantum Theory. New York : Gordon and Breach, 1977.

———. "Recollection of an Exciting Era."(C. Weiner가 편집한 "In History of Twentieth Century Physics" 중에서) New York : Academic Press, 1977.

Einstein, Albert. "Autobiographical Notes" (Paul Arthur Schilpp가 편집한 Albert tinstein : Philosopher-Scientist 제1권에서) New York : Harper and Brothers, 1959.

Heilbron, J. L. The Dilemmas of the Upright Man : Max Plank as Spokesman for German Science. Berkeley : University of California Press, 1986.

Heisenberg, W. Physics and Beyond : Encounters and Conversalions. New York : Harper, 1971.

Moor, R. Niels Bohr. New York : Knopf, 1966.

Pais, Abraham. 'Subtle is the Lord···' The Science and Life of Albert Einstein. New York : Oxford University Press, 1982.

Planck, Max. Scientific Autobiography and Other Papers. New York : Philosophical Library, 1949.

Pupin, Michael. From Immigrant to Inventor. New York : Charles Scribner's Sons, 1960.

Thomson, J. J. Recollections and Reflections. London : Bell, 1936. Wiener, Norbert. Ex-Prodigy: My Childhood and Youth. New York : Simon and Schuster, 1953.

Wilson, David. Rutherford : Simple Genius. Cambridge : The M. I. T. Press, 1983.

T. Kuhn과 그의 동료들이 Archives for the History of Quantam Physics를 편찬하기 위해 양자 역학의 발전에 기여한 지도적 인물들과 인터뷰한 내용은 물론 그들의 노트와 편지 그리고 그 밖의 것들로 이루어진 광대하고 비교할 수 없이 귀한 자료들을 수집했다.

또한 C. C. Gillispie가 편집한 Dictionary of Scientific Biography(Charles Scribner's Sons, 1973)에서 보어, 본, 파울리 등의 항목을 참조하기 바란다.

●현대물리의 소개

Amaldi, Ginestra. The Nature of Motter. Chicago : University of Chicago Press, 1986.

Andrade, E. N. da C. Approach to Modern Physics. New

York : Doubleday, 1957.

Barnett, Lincoln. The Universe and Dr. Einstein. Rev. ed. New York : The New American Libray, 1952.

Born, Max. The Restless Universe. New York : Dover Publications, 1951.

Bunge, M. and W. R. Shea, eds. Rutherford and Physics at the Turn of the Century. New York : Dawson and Science History Publications, 1979.

Einstein, A., and Leopold Infeld. The Evolution of Physics. New York : Simon and Schuster, 1961.

Feinberg, Gerald. What is the World Made of? New York : Doubleday, 1978.

Fierz M., and V. S. Weisskopf, eds. Theoretical Physics in the Twentieth Century. New York : Interscience, 1960.

Hendry, John. The Creation of Quantum Mechanics and the Bohr-Pauli Dialogue. Dordrech : D. Reidel, 1984.

Hoffmann, Banesh. The Strange Story of the Quantum. New York : Dover Publications, 1959.

Hund, F. The History of Quantum Theory. New York : Harper and Row, 1974.

Jammer, Max. The Conceptual Development of Quantum Mechanics. New York : Wiley, 1966.

Kuhn, T. S. Black Body Theory and Quantum Discontinuity 1894—1912. Oxford : Claredon Press, 1978 ; Chicago : University of Chicago Press, 1987.

Mehra, J., and Rechenberg. H. The Historical Development of Quantum Theory. Vols. 1-5 (further volumes in preparation). New York : Springer, 1982-.

Pagels, Heinz. The Cosmic Code. New York : Simon and Schuster, 1982.

Pais, Abraham. Inward Bound. New York : Oxford University Press, 1986.

Russell, Bertland. The ABC of Relativity. Rev. ed. Fairlawn, N. J. * Essential Books, 1958.

Sergre, Emilio. X-rays to Quarks : Modern Physicists and their Discoveries. New York : W. H. Freeman, 1980.

Trenn, T. J. The Self-splitting. London : Taylor and Francis, 1977. Weinberg, Steven. The Discovery of Subatomic Particles. New York : W. H. Freeman, 1983.

Weisskopf, Victor F. Knowledge and Wonder. New York : Doubleday and Company, Inc., 1963.

Woolf, Harry, ed. Some Strangeness in the Proportions : A Centennial Symposium to Celebrate tne Achievements of Albert Einstein. Reading, Penn. : Addison—Wesley Publishing Co., 1980.

• 다른 지식과 관계된 현대물리

Bohr, Niels. "Discussions with Einstein." In Albert Einstein : Philosopher-Scientist, edited by Paul Arthur Schilpp. Evanston, Ill. : Harper and Brothers, 1949.

——. Atomic Theory and the Description of Nature. London : Cambridge University Press, 1961.

Einstein, Albert. Ideas and Opinions. New York : Crown Publishers, 1954.

Fine, Arthur. The Shaky Game : Einsteins Realism and the Quantum Theory. Chicago : University of Chicago Press, 1986.

Forman, Paul. "Weimar Culture, Causality and Quantum Theory, 1918-1927" Historical Studies Physical Sciences 3(1971) : 1-116.

Hacking, Ian. Intervening and Representing. New York : Cambridge University Press, 1983.

Heinsenberg, Werner. Physics and Philosophy: The Revolution in Modern Science. New York : Harper and Brothers, 1962.

Kuhn, Thomas S. The Struclure of Scientific Revolutions. Chicago : University of Chicago Press, 1962.

MacKinnon, Eman. Scientific Explanation and Atomic Physics. Chicago : University of Chicago Press, 1982.

Schilpp, Paul Arthur, ed. Albert Einstein : Philosopher-Scientist, Vol. 1. New York : Harper and Brothers, 1959. Included here is Bohr's account of his debates with Einstein.

Scott, W. T. Erwin Schrodinger : An Introduction to His Writings. Amherst: University of Massachusetts Press, 1966.

384

• 물리학자와 그 밖에

Dickson, David. The New Politics of Science. New York :
    Patheon, 1984.
Goudsmit, Samuel A. Alsos. New York : Henry Schuman,
    1947.
Hewlett, R. G. and O. E. Anderson. The New World
    1939/1946. State Park : Pennsylvania State University
    Press, 1962.
Jungk, Robert. Brighter than a Thousand Suns : An
    Personal History of The Atomic Scientists. New
    York : Harcourt, Brace and Company : 1958.
Kevles, Daniel J. The Physicists. New York : Vintage,
    1979.
Price, Derek J. de Solla. "Diseases of Science." Chapter 5
    in Science since Babylon. New Haven : Yale
    University Press, 1962.
Sherwin, Martin J. A World Destroyed. New York :
    Knopf, 1975. Smith, A. K. A Peril and a Hope.
    Chicago : University of Chicago Press, 1965.
York, H. F. The Advisors. New York : W. H. Freeman,
    1976.

찾아보기

394

새로운 물리를 찾아서
물리학자와 양자론

초판 1993년 11월 10일
중쇄 2018년 06월 29일

지은이 바바라 러벳 클라인
옮긴이 차동우
펴낸이 손영일
펴낸곳 전파과학사
주소 서울시 서대문구 증가로 18, 204호
등록 1956. 7. 23. 등록 제10-89호
전화 (02)333-8877(8855)
FAX (02)334-8092
홈페이지 www.s-wave.co.kr
E-mail chonpa2@hanmail.net
공식블로그 http://blog.naver.com/siencia

ISBN 978-89-7044-526-7 (03420)